Astrid Drapela

Es war einmal das Huhn

ASTRID
DRAPELA

ES WAR EINMAL DAS HUHN

Eine Forschungsreise
durch die bewegte Geschichte
von Mensch und Huhn

GOLDEGG

Umschlaggestaltung: buxdesign | Daniela Hofner unter Verwendung eines Motivs von iStock
Coverfoto: iStock/Getty Images/ClarkandCompany
Illustrationen: iStock/Stocknick (Huhn), iStock/LNM (Krallenspuren)

Der Verlag und seine Autor*innen sind für Reaktionen, Hinweise oder Meinungen dankbar. Bitte wenden Sie sich diesbezüglich an verlag@goldegg-verlag.com.

Der Goldegg Verlag achtet bei seinen Büchern und Magazinen auf nachhaltiges Produzieren. Goldegg-Bücher sind umweltfreundlich produziert und orientieren sich in Materialien, Herstellungsorten, Arbeitsbedingungen und Produktionsformen an den Bedürfnissen von Gesellschaft und Umwelt.

ISBN: 978-3-99060-388-8

Unter den Linden 21 • D-10117 Berlin
Telefon: +49 800 505 43 76-0

Goldegg Verlag GmbH, Österreich
Mommsengasse 4/2 • A-1040 Wien
Telefon: +43 1 505 43 76-0

E-Mail: office@goldegg-verlag.com
www.goldegg-verlag.com

Layout, Satz und Herstellung: Goldegg Verlag GmbH, Wien
Printed in the EU

Inhaltsverzeichnis

DIE AUTORIN

© Martin Wacht

Astrid Drapela ist Biologin und hat ihre Liebe zum Huhn im Zusammenleben mit ihren eigenen Tieren entdeckt. Aus privatem Interesse entwickelte sich zunehmend eine wissenschaftliches Spurensuche, die Erstaunliches zu Tage brachte.

2023 erschien im Goldegg Verlag ihr erstes Buch »Ich wollt ich hätt ein Huhn«, das sich mit der Biologie und den erstaunlichen Fähigkeiten der Spezies Huhn sowie den aktuellen Formen der Mensch-Huhn-Beziehung beschäftigt. Beim Schreiben ihrer Sachbücher legt die Autorin großen Wert auf Informationen aus wissenschaftlicher Hand, Aktualität und Nachvollziehbarkeit ihrer Quellen.

Sie lebt mit ihrer Familie, ihren 40 Hühnern und vielen weiteren Haus- und Hoftieren bei Wien.

1

Einleitung: Vom Schlafbaum in den Hühnerstall

Das Huhn ist das häufigste Landlebewesen auf der Erde, das eine Wirbelsäule und ein knöchernes Skelett besitzt. Die Schätzungen schwanken stark, doch geht man aktuell davon aus, dass mindestens 34 Milliarden Hühner auf der Erde leben: Und genau wie bei den Menschen wächst diese Zahl kontinuierlich an. Das Huhn ist so häufig, dass Archäologen von ihm als ›Leitfossil‹ unserer Zeit sprechen. Kein Tier würde man so häufig und überall auf der Welt antreffen. Das Huhn ist zum Kosmopoliten geworden: In ländlichen und auch in städtischen Gebieten findet man Hühner in Freilandhaltung. Der Großteil von ihnen wird freilich in Stallungen zu Zigtausenden gehalten. Seit mehreren Jahrzehnten gibt es jeweils eigene Züchtungen für die Eier- und Fleischproduktion, die speziell für die industrielle Haltung designt wurden und für die ein Leben außerhalb dieser Nutzung nicht mehr möglich ist, weil sie etwa nach der eingeplanten Nutzungsdauer diversen Krankheiten erliegen oder deren Organismen für das Leben im Freien gar nicht mehr geeignet sind. Und doch wissen wir so wenig darüber, wie es eigentlich dazu kam, dass ein ursprünglich tropischer Vogel die gesamte Menschheit erreichte, der inzwischen auf allen Kontinenten (außer dem Südpol) vertreten ist und dessen Fleisch in so gut wie allen Kulturen verzehrt wird.

Die biologischen Ursprünge des Haushuhns sind in den letzten beiden Jahrzehnten (wieder) ins Zentrum der Forschung gerückt. Bereits Darwin hatte vermutet, dass das Haushuhn vom südostasiatischen Bankivahuhn (*Gallus gallus*) abstammt. Die heutige Forschung gibt ihm weitgehend recht. Diskutiert wird noch die Abstammung von einer oder mehreren Unterarten, wobei aktuell *Gallus gallus spadiceus* als Favorit rangiert. Zusätzlich vermutet man, dass sich noch andere der insgesamt vier *Gallus*-Arten ›eingemischt‹ haben könnten. Dieser genetische Einfluss dürfte allerdings erst nach der Domestikation, also der Zähmung der Wildhühner, erfolgt sein.

Das Bankivahuhn ist von seinem Wesen her ein äußerst scheuer, strikt tagaktiver Waldrandbewohner mit enger Bindung an den Bambus. Standorttreu leben Wildhühner in Familienverbänden, in deren Zentren ein dominanter Hahn und eine dominante Henne stehen. In der Dämmerung versammelt sich die Wildhühnerschar auf einem Schlafbaum, von dem sie sich auch untertags selten weiter als 150, aber niemals mehr als 500 Meter entfernt. Es gibt eine strikte, lineare Rangordnung, in die die anderen weiblichen und männlichen Tiere eingegliedert sind. Rangkämpfe unter den Hähnen sind selten, dienen aber der Klärung der aktuellen Hierarchien und werden gelegentlich ausgefochten. Die Hennen legen fünf bis 15 Eier pro Jahr im Frühling, die sie am Boden, überaus gut versteckt, innerhalb von ca. drei Wochen ausbrüten. Hennen wie Küken sind mit schlichtem Tarngefieder ausgestattet und verfügen über einen kleinen Kamm, sie verhalten sich zur eigenen Sicherheit sehr leise. Die Hähne hingegen sind, wie häufig in der Vogelwelt, in der Brutsaison mit leuchtend buntem Gefieder ausgestattet, und ihr Krähen, das zur Revierabsteckung dient, ist über Kilometer zu hören. Das Gefieder wird bei den Hähnen gewechselt und macht im Herbst dem Schlichtkleid Platz, sie verfügen außerdem meistens über einen fünften Zeh, den Sporn.

Der Kopfschmuck in Form von Hautlappen, die durch das durchscheinende Blut rot erscheinen, allen voran der Kamm, signalisiert den Artgenossen Gesundheitsstatus und Rang. Die Kehllappen dienen vermutlich hauptsächlich der Verstärkung des optischen Signals beim arttypischen Futterzeigen (*Tidbitting*).

Die wilden Vorfahren des Haushuhns sind gute Flieger und Gleiter, sind sie doch auch wesentlich kleiner als das heutige Durchschnittshuhn: Die Hähne wiegen nicht mehr als 1 kg, die Hennen sind noch leichter. So erreichten Bankivahühner etwa die Maße moderner Zwerghuhnrassen. Die Flugfähigkeit hilft nicht nur beim Erreichen des erhöhten Schlafplatzes, sondern auch bei der Flucht vor Beutegreifern, allen voran Marderartigen und Greifvögeln, seltener auch Großkatzen. Die Hühner suchen ihr Futter, das aus Samen, Früchten, Insekten und anderen Wirbellosen besteht, scharrend auf dem Boden.

Die größte Bedrohung für den weltweiten Bestand der Wildhühner, die, als eine Minderheit unter den Haustieren, als Wildform noch immer über weite Teile Süd- und Südostasiens verbreitet sind, ist neben Lebensraumverlust und Wilderei ganz besonders die Vermischung mit ihren gezähmten Nachfahren. Der Genpool der Bankivahühner gleicht sich zunehmend dem des Haushuhns an, weshalb es inzwischen sehr schwierig ist, die Wildform mit Sicherheit als solche zu identifizieren. Deutlich wird dies durch ein fast vollständiges Verschwinden des Schlichtgefieders bei den Wildhähnen, das auf eine ständige Durchmischung mit frei laufenden Dorfhühnern seit Jahrhunderten (Jahrtausenden?) hinweist. Werden die Schutzmaßnahmen in den nächsten Jahren nicht drastisch erhöht, so muss man mit einem baldigen Verschwinden der Bankivahühner zugunsten von verwilderten Haushühnern rechnen.

Abb. 1.1 – Wildhühner der Gattung *Gallus gallus* – Links (a): Henne, Indien (© Lip Kee); oben rechts (b): Hahn im Schlichtkleid, Indien (© Lip Kee); unten rechts (c): Hahn im Prachtkleid, fliegend in einem Park in Singapur (© M. Nonaka).

Die Biologie und Ökologie des Wildhuhns machen es ihm unmöglich, mehr als 15 Eier jährlich zu legen, und mit maximal 1 kg Lebendgewicht ist ein Wildhuhn ein äußerst kleiner Braten. Dem Menschen war es auch nicht möglich, das Huhn so schnell zu dem zu machen, was es heute – im Grunde genommen – für die Menschheit ist: eine sich ununterbrochen vermehrende Eierlegemaschine und/oder das einzige Nutztier, das sein Schlachtgewicht von 1,5 kg in fünf Wochen erreicht und somit sein Schlüpfgewicht verfünfzigfacht. Was hat die Menschheit dazu bewogen, einen scheuen, kleinen Wildvogel zu zähmen, zu züchten und in die Welt hinauszutragen? Und was geschah dazwischen? Das sind die Fragen, mit denen wir uns in den nächsten Kapiteln beschäftigen werden. Denn die Bedeutung des Huhns für die Menschheit hat sich mehrmals drastisch gewandelt. Gleichzeitig begegnet uns das Huhn heute nicht nur als Nationalgericht in Südamerika oder Wappentier in Westeuropa, sondern immer häufiger auch als (wiederentdecktes) Hobby- und Therapietier.

Diese drastische, aber auch interessante Entwicklung veranlasste mich dazu, eine kleine Forschungsreise quer durch Europa zu unternehmen, um zehn führende Köpfe aus der Domestikationsforschung, Archäozoologie, Genomik und Ethnogeografie zu treffen, von denen einige durch ihre revolutionären Erkenntnisse und Aussagen die bisher gängige Lehrmeinung und Interpretation ordentlich durchgeschüttelt haben. Man kann durchaus sagen, dass sie neue Bewegung in die Geschichtsforschung von Mensch und Huhn gebracht haben. Das Ziel der Interviews war, einen tieferen Einblick in die Expertise dieser Personen abseits ihrer wissenschaftlichen Publikationen zu gewinnen: einerseits in ihre Arbeitsmethoden und theoretischen Ansätze, andererseits in ihre persönlichen Motivationen, sich mit der Spezies Huhn zu beschäftigen und gängige Praktiken anzuzweifeln. Die Kernaussagen dieser äußerst informativen und auch menschlich bereichernden Gespräche eröffnen die folgenden Kapitel. Dann werden Grundbegriffe geklärt und das Haushuhn nach Möglichkeit in den jeweiligen gesellschaftlichen Kontext einer Kultur und Epoche eingebettet. Da einige Fachausdrücke später wieder vorkommen, steht am Ende des Buchs ein Glossar zum Nachschlagen zur Verfügung.

Zum besseren Verständnis der zeitlichen Abfolgen, die besprochen werden, wird in der Tabelle eine stark vereinfachte und für dieses Buch zugeschnittene Einteilung der archäologischen bzw. historischen Epochen in Europa, mit Fokus auf Mitteleuropa, gezeigt – konkret handelt es sich bei der folgenden Tabelle also nur um eine Übersicht über die Epochen, die in diesem Buch von Bedeutung sind. Historiker werden hiermit nicht zufrieden sein, doch geht es tatsächlich nur um einen Überblick für geschichtswissenschaftlich Ungeübte.

Bronzezeit		2200–800 v. Chr.
Eisenzeit	Hallstatt-Zeit (Mitteleuropa)	ca. 1050–800. v. Chr.
	La Tène (Mitteleuropa)	800–450 v. Chr.
Antike	Antikes Griechenland	800–30 v. Chr.
	Römerzeit (je nach Gebiet)	500 v. Chr.–500 n. Chr.
Mittelalter	Frühmittelalter	500–1050 n. Chr.
	Hochmittelalter	1050–1250
	Spätmittelalter	1250–1500
Neuzeit: 1500–heute	Renaissance	1420–1650
	Barock	1650–1750
	1. Industrielle Revolution	1750–1900
	Viktorianismus/Darwin (UK)	1837–1900
	2. Industrielle Revolution	1900–heute

Es ist zu beachten, dass die älteren Epochen in Europa und dem Nahen Osten nicht nach Jahren, sondern nach Entwicklung besonderer kultureller Errungenschaften oder Kulturen, wie zum Beispiel der Herstellung von Gegenständen aus Bronze oder Eisen, zugeordnet werden. Die Eisenzeit endet etwa im Nahen Osten früher als in Mitteleuropa und auch für Nordeuropa gelten andere Daten. In Griechenland bricht die Antike bereits um 800 v. Chr. an. Die Römerzeit beginnt in jedem Gebiet zur Zeit der Machtergreifung Roms vor Ort und dem damit verbundenen kulturellen Einfluss. Daher überschneiden sich hier die angegebenen Zeiten des antiken Griechenlands und der Römerzeit. Das Mittelalter unterteilt sich nach den jeweils herrschenden Reichen (zum Beispiel Karolinger) und ist daher durch große Machtverschiebungen gekennzeichnet. Die verschiedenen Epochen der Neuzeit sind je nach Betrachtung von Kunststilen und den vorherrschenden Weltanschauungen der damaligen Zeit geprägt. Im Buch sind zu den jeweiligen Beispielen üblicherweise die entsprechenden Zeiten bzw. Zeiträume explizit genannt.

Das Ei, als eigenes, umfassendes biologisches und kulturhistorisches Thema, wird absichtlich nur in Ausnahmen näher beleuchtet, da es diesen Rahmen sprengen würde. Das vorliegende Buch stellt auch sonst nicht den Anspruch auf Vollständigkeit der Darstellung der historischen Entwicklung der Mensch-Huhn-Beziehung, sondern soll, mit Schwerpunkt auf Europa und anhand ausgewählter Beispiele aus aller Welt, einen Einblick in ihren Wandel geben. Es ist durch eine grobe chronologische Abfolge gekennzeichnet, die aber immer wieder durch spezielle Themen durchbrochen wird.

Die ersten Kapitel beschäftigen sich gezielt mit den Arbeitsmethoden der Domestikationsforschung (Huhn mit Reis), Archäozoologie (Knochenarbeit) und Genomik (aDNA). Danach stellt sich die Frage, wie das Huhn als Neuankömmling auf die Menschen gewirkt haben könnte (Bunt, laut, exotisch!). Es folgt ein Überblick über die kulturhistorische Bedeutung der Hühner in verschiedenen Epochen und Regionen (Was macht das Huhn *unter* dem Tisch?), wobei im Weiteren den besonderen Praktiken von Opfer (Ein Geschenk an die Götter) und Hahnenkampf (Blutsport) zwei eigene Kapitel gewidmet sind. Im Kapitel ›Wer waren die Awaren?‹ fließen schließlich viele der vorangegangenen Themen zusammen in ein besonders herausstechendes Fallbeispiel. Erst ab dem zehnten Kapitel (Aufgetischt!) kommt das Huhn als Fleischlieferant für die Menschheit ins Spiel. Aberglaube und Medizin und wie nahe sie beisammenliegen (können) werden im darauffolgenden Kapitel (heiß) diskutiert. Die Schönheit der Hühner und ihre Zucht aus Liebhaberei thematisiert das zwölfte Kapitel. Abschließend wird Resümee über die aktuelle missliche Lage der meisten Hühner unserer Zeit gezogen und ein vorsichtiger, hoffnungsvoller Ausblick in die Zukunft gewagt. Die Gesichter zu den Interviews finden sich auf Seite 215.

Als persönliche Anmerkung möchte ich noch vorausschicken, dass ich selbst einem Huhn nie eine Feder krümmen könnte. Ich möchte mit der hier erzählten, quellenbasierten Geschichte jenen Menschen meinen Respekt erweisen, die die Tierart Huhn nicht einfach ignorierten, sondern in ihr sehr viel mehr sahen und sehen als nur ein billiges Stück Fleisch. Hühner sind (und bleiben!) unterschätzt. Vielleicht haben aber unsere Vorfahren ihren wahren Wert erkannt …

2

Huhn mit Reis

Es ist ein regnerischer Tag in München, als ich an einem Morgen im August aus der U-Bahn-Station trete. Das Institut, in dem Joris Peters sein Büro hat, ist nicht leicht zu finden. Er hält den einzigen Lehrstuhl für Haustierkunde in ganz Europa am Institut für Paläoanatomie, Domestikationsforschung und Geschichte der Tiermedizin an der Ludwig-Maximilians-Universität. Nebenbei ist er auch Institutsvorstand und Direktor der Staatssammlung für Anthropologie und Paläoanatomie in München.

Wenig überraschend war es also nicht leicht, einen Termin bei ihm zu bekommen. Mein größtes Interesse gilt Peters' allumfassendem Wissen über die Haustierwerdung und Verbreitung des Huhns über den Globus. Bereits seit den 1980er-Jahren publiziert er Artikel über Hühner in verschiedenen Epochen. Unter anderem hat er sich intensiv mit jenen antiken Agrarwissenschaftlern beschäftigt, die bereits 100 Jahre vor und nach Christi Geburt Know-how zur Hühnerhaltung verschriftlichten. Schließlich ist der gebürtige Belgier Erst- und somit führender Autor eines Artikels, der einen Paradigmenwechsel in der Hühnerdomestikationsforschung eingeläutet hat. Dabei wurden etliche Knochenfunde aus der ganzen Welt mit neuesten Methoden nachdatiert bzw. auf ihren archäologischen Kontext überprüft. Sprachwissenschaftliches Expertenwissen und Klimadaten wurden zusätzlich berücksichtigt. Durch die präzise Altersbestimmung der verschiedenen Funde konnten valide Rückschlüsse zur Verbreitung des Huhns über den Globus gezogen werden. Dadurch wurden aber auch etliche wissenschaftliche Erkenntnisse entkräftet. Und wie bei jedem Paradigmenwechsel haben diese Korrekturen verschiedenster Studien die Scientific Community erschüttert.

Beschäftigt, aber in sich ruhend wirkt Professor Peters, als ich ihn in seinem Büro besuche. Auf dem Tisch liegt ein Hühnertischtuch, und die freundliche Sekretärin fragt mich, ob ich einen Kaffee haben möchte. Als dieser serviert wird, füllt die Sekretärin das heiße Getränk in eine Tasse voller historischer Hühnerabbildungen, die sie meinem Gastgeber mit den Worten »Hier ist *Ihre* Tasse, Herr Professor, die geben wir doch nicht her.« überreicht. Ich tue meine ehrliche Bewunderung für das Stück kund und Peters erklärt mir lächelnd, dass es ein Geschenk seines Kollegiums sei. Meine Nervosität schwindet mit jedem Schluck, den mein Gegenüber aus seiner Hühnertasse nimmt. Ich bin mit vielen, wenn auch nicht allen seinen Publikationen vertraut, die mir bereits dabei geholfen haben, viele Dilemmata und Unsicherheiten der Domestikationsforschung und der Archäozoologie zu verstehen.

So plaudern wir erst mal über – Überraschung! – Hühner. Obwohl er selbst niemals Hühner hielt, weiß Joris Peters sehr gut über die Hühnerhaltung Bescheid. Seine (antiken) Informanten sind Varro und Columella, die sich bereits erstaunlich gut auskannten. Dass mit der Datierung so manches Hühnerfundes etwas nicht stimmen konnte, dämmerte ihm erstmals, als er in einem Fundensemble Hühnerknochen präsentiert bekam, die deutlich heller erschienen als die anderen Knochen. Der Fund von Hühnern und Kaninchen in der gleichen archäologischen Schicht, die als bronzezeitlich eingestuft worden war, machte das Ausmaß der Problematik offensichtlich: Denn Kaninchen wurden nachweislich erst im Spätmittelalter in Europa eingeführt.

Knochen lügen nicht. Man weiß, was man hat ... sofern man sich mit ihnen auskennt. Bildnerische Darstellungen in der Kunst oder schwer zu übersetzende Schriften haben in seinen Augen als Quellen ihre Grenzen: Künstler genossen immer schon künstlerische Freiheit. Und daher seien Artefakte für ihn nicht so verlässlich wie biogenes Material. Denn ob der Künstler den Hahn nun da oder dort gezeichnet habe, könne rein ästhetische Gründe haben. Auch dürfe man sich von den frühen Malern keine biologische Genauigkeit erwarten. Doch wenn ein Hühnerknochen aus der Erde geholt wurde, dann war das Tier zumindest da ... aber wann war es da? Ja, das ist die Frage.

Die Frage, die auch ihn umtreibt. Seit einiger Zeit liegen Herr Professor Peters und einige chinesische Forscher im Clinch. Der Disput dreht sich um eine mögliche erste Domestikation des Bankivahuhns in Nordchina, gegen die Peters und sein Team bereits viele Argumente vorbrachten, wie zum Beispiel unpassende klimatische Verhältnisse. Im Norden Chinas wäre es dem Wildhuhn erstens viel zu kalt gewesen und zweitens läge diese Region viel zu weit vom ursprünglichen Verbreitungsgebiet entfernt. Diese Diskussion wird weitgehend über Artikel in Fachzeitschriften geführt, in denen man auf die Erkenntnisse des jeweils anderen verweist und diese faktenbezogen hinterfragt. Dass im strittigen Artikel von Xiang et al.[1] mtDNA (die wir später noch kennenlernen werden) als Argument herangezogen wurde, scheint auf den ersten Blick durchaus seriös. Allerdings stammte sie aus Fasanenknochen und nicht vom Haushuhn. Außerdem wurden abgebildete Hundeknochen als Hühnerknochen ausgewiesen.[2]

Schnell wird klar, dass Peters für vieles Verständnis hat, jedoch nicht für Forschende, die sich nicht an das Kriterium der Wissenschaftlichkeit halten oder gar Knochen der falschen Tierart als Nachweise für ihre Theorien heranziehen.[3] »Ich denke, jeder von uns muss ordentlich arbeiten. Es gibt auch Meinungsfreiheit in der Wissenschaft, aber sie muss faktenbasiert sein. Wie ich die Fakten interpretiere, das ist die Freiheit, aber zumindest die Fakten müssen stimmen.«[4] Auch vermisst er bei Forschenden oft eine gewisse kritische Haltung gegenüber den eigenen Erkenntnissen: Man könne nie sagen, dass es sicherlich so und so gewesen sei. Forschung gehe immer weiter, und man könne den ein oder anderen Wurf dazu beitragen.

Ganz und gar nicht nachvollziehbar scheint ihm auch das Bedürfnis nach Rekorden, etwa, wer nun das älteste Haushuhn für sich beanspruchen könne. Hühner scherten sich nicht um ihre Nationalität, sondern bewegten sich in Ausbreitungsgebieten, die man anhand der rezenten Tierart und der Umweltbedingungen im Zeitverlauf ganz gut festmachen könne. Dieser Wissenschaftsstreit führte allerdings in weiterer Folge zu einem internationalen Durchbruch: Greger Larson und Naomi Sykes, die ich ebenfalls für dieses Buch interviewen durfte, hatten bereits ein Hühnerprojekt am Laufen, als sie sich mit Joris Peters zusammentaten, um dem tatsächlichen Alter möglichst vieler publizierter Hühnerfunde auf der Welt auf die Spur zu kommen.

Besonders in Südostasien sei die Situation schwierig, da man innerhalb des Verbreitungsgebiets der wilden Hühner der Gattung *Gallus* die Haushühner nur sehr schwierig identifizieren könne. Erst wenn Jungtiere im archäologischen Material mit dabei wären, könne man von einer Domestikation ausgehen. Gemeinsam mit dem Archäobotaniker Dorian Fuller sei es schließlich gelungen, nachzuweisen, dass die Kulturtechnik des Trockenreisanbaus sich langsam von China aus gen Süden ausbreitete und letztendlich dort auf das Verbreitungsgebiet der wilden Hühner traf. In Thailand hätte man schließlich die ältesten verlässlichen Haushuhnfunde nachgewiesen, weshalb der Hotspot der frühesten Hühnerdomestikation wohl dort läge. Eine andere nachvollziehbare Möglichkeit wäre eine gemeinsame Verbreitung über den Nassanbau in Vietnam, doch fand man dort keine Haushühner.

Welchen Nutzen diese Hühner für die frühen Bauern im thailändischen, südchinesischen oder laotischen Dschungel darstellten, wissen wir nicht. Peters vermutet, dass man sie »zumindest nicht mehr jagen musste«. Eine Domestikation zum Zwecke des Hahnenkampfes, wie von anderen vorgeschlagen, schließt er persönlich aus: Frühe Funde, die darauf hindeuteten, gebe es nicht. Hühner als Haushaltsabfall aber genauso wenig. Archäologie sei immer auch ein Glücksspiel: Wo gegraben wird, dort wird gefunden, und was im Boden bleibt, bleibt verborgen.

Haben nun andere einst ›schlampig‹ gearbeitet? Joris Peters verneint und meint, dass das gesammelte Wissen gemeinsam mit den technischen Möglichkeiten eine enorme Verbesserung erfahren hätte und damit auch die Fragestellungen ganz andere sein können. Er hofft, mit seinem Team nun einen neuen Standard gesetzt zu haben: Ganze Skelette könne man vermutlich beruhigt als Grabbeigaben interpretieren und im archäologischen Kontext verstehen. Einzelne Knochen deuteten hingegen oft darauf hin, dass ein Tier verspeist wurde: Wann, das könne man aber nur per Radiokarbonmethode sicher bestimmen. Und das solle man möglichst tun, bevor man mit sensationell alten Funden an die Öffentlichkeit gehe, die sich später vielleicht als Fehldatierung herausstellten.

Wissenschaft macht Gooo-ck!

Welche sind nun die Prinzipien der guten wissenschaftlichen Praxis, die – wie an den meisten Universitäten – an der Ludwig-Maximilians-Universität zu München gelehrt werden? Kurz zusammengefasst steht der Einsatz von rational begründeten und nachvollziehbaren Methoden, um Erkenntnisse zu erzielen, die überprüf- und handhabbar sein müssen, im Mittelpunkt. Das auf diese Weise generierte Wissen gilt so lange als ›wahr‹, bis jemand anderes das Gegenteil beweist. Wissenschaftliche Aussagen müssen also begründet und so formuliert sein, dass sie prüf- und gegebenenfalls widerlegbar sind: Sie sind dynamisch und stehen unter starkem Einfluss von gesellschaftlichem Wandel und technischen Innovationen.[5] Präzision und auch die Relativierung der eigenen Erkenntnisse, das Aufdecken von möglichen Schwachstellen oder Unsicherheiten in der eigenen Arbeit gehören dabei zum guten Ton, denn es kann leicht passieren, dass aufgestellte Theorien wieder fallen, weil etwa durch verbesserte technische Möglichkeiten lang bewährte Methoden veralten. Dennoch ist man natürlich bemüht, die eigene Hypothese mit möglichst vielen nachvollziehbaren Argumenten zu stärken.[6]

Die Archäologie gehört per se zu einer der Disziplinen, wo man zwar in der Methodik nachvollziehbar und objektiv vorgehen kann, die Interpretation der Funde jedoch immer einer gewissen Unsicherheit unterliegt, da ›ja keiner von uns damals dabei war‹. Auch in anderen Disziplinen gibt es keine einzig ›wahre Wahrheit‹, weshalb seriöse Forschende durchaus zurückhaltend sind, wenn es um die ›ewige Gültigkeit‹ ihrer Erkenntnisse geht.

Geht man nun mit seinen Forschungsergebnissen an die Öffentlichkeit, meistens in Form eines Artikels in einem wissenschaftlichen Journal, ist man bemüht, die Erkenntnisse anderer für die eigene Arbeit durch Zitate mitzuverwenden: Das Bestreben, gemeinsam möglichst viel Wissen zu kreieren und zu teilen, ist in der Scientific Community oberstes Prinzip. Problematisch ist dabei, dass bereits falsifizierte Aussagen ebenso zitiert werden und daher in Umlauf bleiben können. Das Prinzip des Peer-Review ist dabei ein Kontrollmechanismus, um die Plausibilität und Aktualität einer wissenschaftlichen Arbeit von (anonymen) Forschenden der gleichen Disziplin prüfen zu lassen. Hierbei wird auch Augenmerk auf die Methodik und Argumentationsketten gelegt. Auf solche Art geprüfte Publikationen dürfen üblicherweise die Einhaltung wissenschaftlicher Prinzipien für sich beanspruchen.

Paradigmenwechsel in der Hühnerursprungsforschung

Besonders revolutionäre Ansätze erwecken die Aufmerksamkeit der sogenannten Scientific Community. Gelegentlich erfolgen daher sogenannte Paradigmenwechsel. Kuhn definiert Paradigmen »als universell anerkannte wissenschaftliche Errungenschaften, die eine Zeit lang Problemmodelle und -lösungen für eine Gemeinschaft von Praktikern darstellen«[7]. Mehrere Paradigmen können parallel bestehen und über einen Zeitraum eine recht friedliche Koexistenz führen, bevor es schließlich zu einem Paradigmenwechsel kommt. Eine solche ›Revolution‹ wird nach Kuhn als notwendig und unvermeidlich erachtet, da sich durch die früher oder später eintretende Unzufriedenheit mit den herrschenden Erklärungen Gruppen formieren, die Neues ausprobieren und neue, ›bessere‹ Erklärungen finden. Ein Paradigmenwechsel bewirkt eine häufig radikale Umstellung der Weltanschauung der Scientific Community: »Was vorher Enten in der Anschauung der wissenschaftlichen Gemeinschaft waren, sind nachher Kaninchen.«[8]

Im Bereich der Hühnerforschung gab es gerade in jüngerer Vergangenheit mehrere radikale Brüche, an denen einige der hier Interviewten beteiligt waren. Ein Paradigmenwechsel ist aber erst dann vollzogen, wenn der Großteil der Experten eines Gebiets sich von einer Lehrmeinung abwendet und eine neue für gültig erklärt. Dass dieses Stadium noch nicht erreicht wurde, lässt sich unter anderem daran erkennen, dass der oben erwähnte Artikel von Xiang et al. zu Nordchina als Domestikationszentrum der Hühner, der bereits 2015 entkräftet wurde, noch unkritisch zitiert wird. Hierdurch lässt sich auch die Wichtigkeit eines fachkundigen, aufmerksamen Review-Teams demonstrieren, das die Argumentationskette und Methodik einer Publikation bereits im Vorfeld hinterfragen und mit dem aktuellen Stand der Forschung vertraut sein muss.

Nachdem das interdisziplinäre Team rund um Joris Peters 2022 die wichtigsten, bis dato aufgestellten Theorien zu den ›ältesten‹ Hühnern in verschiedenen Regionen untersucht und viele davon widerlegt hat, sind die Datierungen der meisten sehr alten Funde mit Vorsicht zu genießen. Sich in Gebieten, in denen in mehreren Epochen gesiedelt wurde, an den die Knochen umgebenden archäologischen Schichten zu orientieren, sei trügerisch: Hühnerknochen werden leicht umgeschichtet … von Tieren wie Dachsen, die oft 5 bis 6 Meter in die Tiefe graben, Hunden oder Füchsen. Aber noch mehr von Menschen: Manche Kulturen bauten eher in die Höhe, auf Hügeln, andere gruben Fundamente und Keller. Allein dadurch könnten Knochen, und dabei besonders die kleinen, unauffälligen, leicht in ganz andere Bodentiefen geraten als die, aus der sie eigentlich stammen. Ganz besonders die oberen Schichten sind häufig vermischt mit rezenten Ablagerungen.[9] Bekräftigt haben Peters et al. (2022) dies mit der heute validesten Methode – der Radiokarbondatierung – und/oder unter Einbeziehung zahlreicher Fachleute, die schließlich Methoden aus ihrem jeweiligen Spezialgebiet (Genetik, Genomik, Paläoklimatologie, Archäobotanik usw.) anwenden konnten und so die ursprünglichen Altersangaben in einem neuen Licht erscheinen lassen.

Unter die Lupe genommen wurden auch die 13 bis dahin vorrangig kursierenden Theorien zur Domestikation der Hühner: Einige davon erwiesen sich als schlichtweg nicht haltbar. Erstaunlich daran ist, dass auch in den beiden am meisten zitierten Publikationen[10] aus den Jahren 1963 und 1983 Belege fehlen, Funde falsch bestimmt wurden oder aber die Argumentationslinien nicht schlüssig erscheinen.[11] Dennoch wurden diese Publikationen nachweislich Hunderte und Tausende Male in der wissenschaftlichen Literatur zitiert, und das wohl nur in sehr geringem Ausmaß zum Zwecke der kritischen Hinterfragung.[12] Dadurch hat sich in unzähligen Quellen die Behauptung festgesetzt, dass das Huhn vor mindestens 8.000 Jahren oder aber »vermutlich schon viel früher« domestiziert wurde. Selbst wenn Massenmedien aktuelle wissenschaftliche Publikationen ›unters Volk‹ bringen, so haben die neueren Erkenntnisse die breite Öffentlichkeit noch lange nicht erreicht. Denn in den meisten Internetquellen, Handbüchern, Ratgebern und anderen Medien, die von Hühnerinteressierten gern zurate gezogen werden, ist das (nach heutigem Wissensstand!) viel zu früh angesetzte Datum fixiert, obwohl dieses als widerlegt bezeichnet werden kann.

Anhand der nun verlässlich datierten Funde zeichneten Peters und sein Team schließlich ein neues Bild der Haustierwerdung des Bankivahuhns und der Verbreitung des (nunmehr Haus-)Huhns über den Globus, wobei Amerika ausgespart wurde, da momentan vieles dafür spricht (oder zu wenig dagegen), dass das Haushuhn erst mit Columbus auf den Kontinent kam (Abb. 6.1).[13] Peters selbst meinte in unserem Gespräch, dass in Zukunft wahrscheinlich noch mehr Funde auftauchen würden, aber er wünsche sich, dass diese dann gleich verlässlich datiert würden, um weitere Konfusion auf Basis ungeprüfter Schätzungen zu vermeiden. Er schließe auch nicht aus, dass sich die Zahlen dann noch leicht nach hinten verschieben könnten, doch meint er, dass die Erkenntnisse seines Teams auch in Zukunft Bestand hätten.[14] Denn diese Theorie verknüpft die Zähmung des Geflügels mit den Menschen, nämlich den frühen Bauern Südostasiens, die etwa 2000 v. Chr. durch den Ackerbau eine radikale Verbesserung ihrer Lebensumstände erfuhren und so vermutlich auch erst zu diesem Zeitpunkt Haustiere halten konnten.

Durch die bereits damals übliche Brandrodung verloren die in Südostasien beheimateten Bankivahühner ihren Lebensraum, wenn nicht sogar ihr Leben. In freier Wildbahn bewegen sich Bankivahuhngruppen nicht weiter als 500 Meter von ihrem Schlafbaum weg, um nicht in das Nachbarrevier zu geraten. Und diesem Baum bleiben sie lange Zeit treu. Es könnte also durch die menschliche Ansiedelung für die Wildhühnerpopulation ›eng‹ geworden sein. Peters vermutet, es seien diese Schaffung offener Flächen, der anschließende Trockenreisanbau auf kleinen Parzellen und damit das Angebot von Futterquellen und nachwachsendem Sekundärwald gewesen, die die Wildhühner anlockten und schließlich auch in die Nähe der anfangs kleinen Siedlungen brachten. Die frühen Kleinbauern wären mit anderen Haustieren (Schweinen, Rindern) angekommen und hätten somit auch indirekt das Insektenangebot erhöht, das Hühner so besonders schätzen.[15] Dass sich die eigentlich sehr scheuen Bankivahühner von Generation zu Generation immer näher an die Siedlungen heranwagten und dadurch die furchtlosesten Individuen bei der Futtersuche wohl einen klaren Vorteil hatten, könnte ihre Zähmung vorangetrieben haben:[16]

Denn Zahmheit wird beim Huhn nachweislich vererbt und multipliziert sich erstaunlich schnell, sodass sich nachfolgende Generationen wesentlich risikofreudiger zeigen.[17] Ungeklärt bleibt, ob die Hühner selbst in die Dörfer marschiert sind, gefangen oder aber ihre Küken mit der Hand aufgezogen wurden.[18] Denn aus diesem Teil Asiens fehlen Überlieferungen menschlichen Ursprungs: Es gibt keine schriftlichen Zeugnisse und nur wenige Artefakte, die uns etwas über die Mensch-Huhn-Beziehung in ihren Anfängen berichten würden.

Viele Fragen bleiben also offen, bei denen selbst Archäologie und Genetik nur bedingt weiterhelfen können. Auf der Distributionskarte (vgl. Abb. 6.1) von Peters et al. liegen die *Wölkchen* mit besonders großer Funddichte in Europa, wo es eine lange und geschätzte archäologische Tradition gibt, im Gegensatz zu Afrika und Asien.[19] Die Genetik betreffend kann in der ganz frühen Haustiergeschichte das Wildtier vom Haustier noch nicht klar unterschieden werden (vgl. Kapitel 4). Erst dann, wenn die urigen Haustiere das Verbreitungsgebiet ihrer Ahnen verlassen, weil sie etwa mit den Menschen weiterziehen, können sie sich unabhängig von ihren Vorfahren weiterentwickeln.

Doch wird es noch eine lange Zeit dauern, bis man insofern von Haushühnern sprechen kann, als sich diese etwa durch Größe und Gewicht maßgeblich abheben, sodass man auch einen deutlichen Unterschied am Skelett erkennen könnte. Die frühen Haushühner waren klein, wahrscheinlich sogar kleiner als ihre wilden Verwandten, welche wiederum die Maße der heutigen Zwerghühner erreichen. Rezente Studien zeigen: Ein Rückgang in der Körpergröße ist festzustellen, wenn wilde Bankivahühner in Gefangenschaft gehalten werden, ebenso Veränderungen an einzelnen Lang- und Flügelknochen.[20] Doch bleibt unklar, inwiefern sich die Haltungsbedingungen der Bankivahühner in diesen Studien mit den frühesten Zähmungen decken[21] und in welchem

Ausmaß sich der Wildtyp selbst in den letzten Jahrtausenden weiterentwickelt hat,[22] nicht zuletzt unter dem Einfluss der Vermischung mit Haushühnern über eine lange Zeit.[23]

Frühe Haustiere wurden noch nicht bewusst *gezüchtet.* Bei der sogenannten unbewussten Zuchtselektion werden Tiere von der Urpopulation getrennt und erfahren maßgebliche Veränderungen in ihren Lebensbedingungen: Einerseits sind sie vom Druck befreit, sich gegen viele Sexualpartner durchzusetzen, Futter selbst zu finden und sich und den Nachwuchs bestmöglich vor Beutegreifern zu schützen.[24] Andererseits werden durch Inzucht genetisch bedingte Krankheiten begünstigt,[25] Gene gehen verloren,[26] und auch das Gehirn verliert an Volumen im Vergleich zum Wildtyp.[27] Dennoch kann man anfangs seriöserweise keine allgemeingültigen genetischen Merkmalsunterschiede zwischen Wild- und Haushühnern festmachen:[28] Das einzige Domestikationsmerkmal, das alle Haustiere aufweisen, ist die bereits besprochene Zahmheit, was sie wiederum als Haustiere definiert.[29] Eine ausgefeilte und vor allem gezielte, also ›bewusste‹ Zucht etablierte sich erst in der Römerzeit.

Mit einer gewissen Selbstverständlichkeit wurden hier schon verschiedene Quellen der Hühnergeschichtsforschung erwähnt: Knochenfunde, genetische Bestimmung, Radiokarbonmethode, Sprachforschung, Klimaforschung, archäologische Artefakte usw., und dass ein Zusammenspiel der entsprechenden Fachgebiete in der Forschung zu einem kompletteren Bild führt. Es lohnt sich, in diese Disziplinen und ihre Methoden noch etwas tiefer einzutauchen, weshalb einige Fachbereiche in den nächsten Kapiteln vorgestellt werden, bevor wir uns den entsprechenden Erkenntnissen zuwenden.

3

Knochenarbeit

Das Naturhistorische Museum (NHM) in Wien ist ein beeindruckender Ort für alle, die sich für Biologie interessieren. Die Ausstellung selbst ist riesig: Man könnte sicherlich einige Tage im Museum verbringen, ohne alles gesehen zu haben. Ich persönlich halte mich besonders gern dort auf, weil der Prunkbau auf der Wiener Ringstraße Altes, sehr Altes und Modernes gekonnt miteinander verbindet. Man kann sich kaum vorstellen, dass sich hinter den Kulissen, oder besser gesagt in den Kellern, ein Archiv befindet, das weitere unzählige Objekte beherbergt. Und es ist schön, zu wissen, dass das NHM noch dazu ein Ort lebendiger biologischer Forschung ist. Es war ein großartiger Moment, als ich hier offiziell den Nebeneingang benutzen durfte, um eine der großen Wissenschaftlerinnen dieser historischen Einrichtung zu treffen: Konstantina Saliari ist eine äußerst temperamentvolle Archäozoologin, die Tierknochenfunde in ganz Österreich beforscht. Ihr Spezialgebiet sind die Haustiere, im NHM ist sie die Kuratorin der Archäozoologischen Sammlung.

Es ist faszinierend, zu hören, wie sich die Wissenschaft einen Weg durch die Erde hin zur Erkenntnis über die Lebensweise früherer Zivilisationen bahnt ... und welche Rolle Hühner dabei spielen. Ich frage, wie sie sich den Weg dieser tropischen Tiere in unsere Gebiete vorstellt. Saliari zeigt mir ein Bild von Hühnerkäfigen, die am Sattel eines Esels baumeln: So transportiere man auch heute noch lebende Hühner in Asien, in diesem Fall in der Himalaja-Region. Wieso nicht auch damals?

Hühnerfunde sind lange Zeit eine Seltenheit in Mitteleuropa. Erst die Römer haben sie richtig groß gemacht. Besonders in archäologischen Kontexten, Begräbnisriten usw. kommen Hühner in der Eisenzeit und auch nach dem Zerfall des römischen Imperiums nur sehr spärlich vor. Besonders wichtig waren sie dann noch für die Awaren und auch die Langobarden. Später waren Tieropfer vielerorts gang und gäbe. Sogar Saliaris griechischer Großvater ließ bei der Einweihungsfeier seines Hauses noch einen Hahn opfern. Das sei alte Tradition, die allerdings zunehmend ausstirbt.

Konstantina Saliari erzählt mir über die Wichtigkeit einer guten Referenzsammlung für ihre Arbeit mit alten, oft stark beschädigten Tierknochen. Sie zeigt mir diesen faszinierenden, sehr stillen, lichtdurchfluteten Ort, den man sich tatsächlich gut als Refugium für das wissenschaftliche Personal vorstellen kann. Hier ist alles sehr aufgeräumt. Aus weißen Regalen leuchten Tausende weiße Knochen, beschriftet mit spezieller, besonders haltbarer Tusche. Stunden für Stunden kann man hier mit der Zuordnung von Gebeinen zur richtigen Tierart verbringen. Nur anhand der Fundstücke, die man in der Hand hält. Die Vögel seien allerdings in einem anderen Stockwerk untergebracht. Und die Sammlung dort sei noch wesentlich größer, da sie so gut wie alle heimischen Vogelarten abdecken müsse. Hier seien nur die wichtigsten Säugetiere, aber natürlich auch alle gängigen Haustiere vertreten. Vor dem Hühnerreferenzskelett mache ich ein Foto von Konstantina Saliari. Und das Lächeln, das sie darauf zeigt, scheint tatsächlich ganz besonders zufrieden. Referenzsammlungen haben für viele Forschende aus diesem Gebiet eine besondere Bedeutung.

Ihre Aufgabe ist, die Tierfunde der richtigen Tierart zuzuordnen, nach Möglichkeit das Geschlecht zu bestimmen, krankhafte Veränderungen festzustellen, die taphonomischen Prozesse (siehe unten) einzuschätzen. All das ist Teil eines riesigen Puzzles, das dennoch oft unvollständig bleibt. Dieses müsse man dann im Befundkontext interpretieren. In dauerhaft bewohnten Siedlungsgebieten sei dies durch eine eindeutigere Schichtung der archäologischen Lagen leichter möglich, wie sie Saliari aus Griechenland kennt. Eine Störung, etwa durch ein grabendes Tier wie Dachs oder Fuchs, sei leicht erkennbar. Auch die Geologie spiele eine große Rolle. Gerade in Mitteleuropa findet man aber auch häufig Gruben für Haushaltsmüll, in denen alles durcheinandergeraten ist. Hier müsse man mit moderneren Methoden arbeiten, um eine klare Alters- und manchmal auch Artenbestimmung durchführen zu können.

»Schauen Sie mich an, ich trage heute Jeans und trinke Kaffee aus einer Tasse. Wenn mich die Archäologen der Zukunft finden, werden sie sagen: ›Schwierig. Von der Kleidung her amerikanisch, vom Becher her chinesisch.‹ Ich kann auch Sachen behalten, ich habe heute noch eine Münze von meinem Urgroßvater. Das ist das Problem bei der Materialkultur. Bei den Tieren ist das anders, da habe ich die Knochen und aus.« Deshalb sei die Radiokarbondatierung oft unverzichtbar, wie man auch an der Forschungsarbeit von Joris Peters und Kollegen sehen könne.[30]

Konstantina Saliari versucht, aktuelle Ausgrabungen mindestens einmal persönlich zu besuchen, um sich ein Bild der Lage zu machen. Häufig arbeite sie aber mit Material, das in Bananenkisten gebracht werde und dessen Kontext in Form von Fotos und Beschreibungen vorliege. Nie wisse man alles über den Kontext. Die Besitzverhältnisse in Gesellschaften seien nicht mehr nachvollziehbar, sofern es keine schriftlichen Aufzeichnungen gibt. Vieles andere versuche man sich zusammenzureimen: Bei der Interpretation könne man dann verschiedene Aspekte betonen: kulturelle, wirtschaftliche, numerische, symbolische usw. Die Knochen werden in Wien sofort beschriftet und bestimmt und werden stets archiviert. So lagern im Naturhistorischen Museum weit über 800.000 Tierknochen.

Tierknochen aus der Bananenkiste

Die Archäologie ist eine Wissenschaft, bei der nicht selten Zufall und Glück am Anfang stehen. Denn viele Ausgrabungsstätten werden gefunden, obwohl niemand nach ihnen gesucht hat. Gräberfelder oder alte Siedlungen werden oft im Zuge von Bauarbeiten für Straßen oder Häuser entdeckt. Dabei ist die Freude über diese Entdeckung meist auf die archäologische Seite beschränkt. Denn der Bau muss voranschreiten und so stehen auf Ausgrabungsstätten oft alle unter großem zeitlichem Druck. Archäologie ist in Österreich außerdem »Bauherren-Risiko, das heißt, wenn sich auf Ihrem Grundstück eine archäologische Fundstelle befindet und Sie dort etwas bauen wollen, müssen Sie dafür bezahlen, dass die Fundstelle von Fachleuten ausgegraben und dokumentiert wird. Vielleicht bekommen Sie dafür eine Förderung vom Bundesdenkmalamt, aber einen Großteil der Kosten werden Sie schon selber stemmen müssen. Eine archäologische Ausgrabung ist auch nicht unbedingt kostengünstig [...]. Dass die meisten Auftraggeber danach froh sind, uns wieder loszuwerden, und nicht unbedingt bereit sind, noch ein paar Tausend Euro mehr für eine kleine Ausstellung oder eine Publikation auszugeben, ist daher leider auch irgendwo verständlich«, berichten etwa Binder und Hangartner in ihrem Archäologieblog.[31] Auch in Deutschland herrscht dieses ›Verursacher-Prinzip‹.[32]

Je nach Dringlichkeit, mit der Grabung fertig zu werden, und verfügbarem Budget werden die Fundstücke mehr oder weniger eingehend vor Ort untersucht. Ist die unmittelbare Erledigung vorerst nicht möglich, werden die Fundstätten entweder wieder zugeschüttet, um sie so gut wie möglich zu erhalten, oder aber die Fundstücke werden fotografiert und eingelagert.[33] Eine genaue Dokumentation ist dabei unerlässlich, denn nicht selten muss schnell alles in Kisten verpackt weggeschafft werden, damit das in Arbeit befindliche Bauprojekt voranschreiten kann. Was zuerst chaotisch klingt, kann auch Vorteile haben: Werden die Funde erst später analysiert, können eventuell bereits wesentlich bessere Untersuchungsmethoden zur Verfügung stehen.[34]

Die Tierknochen auf solchen Ausgrabungen rufen eigene Fachleute auf den Plan: Die Archäozoologie (im Englischen häufiger *zooarchaeology*) beschäftigt sich ausschließlich mit den tierischen Überresten in archäologischen Kontexten.[35] Im Gegensatz zur Paläontologie untersucht die Archäozoologie nicht versteinerte Fossilienfunde von Wildtieren aus prähistorischer Zeit, sondern Überreste – hauptsächlich Knochen, seltener auch Eierschalen, Felle, Häute, Federn –, die häufig als Grabbeigaben fungierten oder im Abfall gelandet sind und somit die Mensch-Tier-Beziehung der jeweiligen Zeit widerspiegeln.[36] In den meisten Fällen handelt es sich um Haustiere oder Jagdbeute. Überreste von Wildtieren ohne menschlichen Kontext sind äußerst selten, weil sie in der Natur meist sofort ›recycelt‹ werden.[37]

Ein Vorteil an faunischen Überresten in der Archäologie ist, dass sie nicht von Menschen, sondern von der Natur ›gemacht‹ sind und daher nach biologischen Kriterien bestimmt und zugeordnet werden können.[38] Sehr viel schwieriger ist hingegen die Einordnung des menschlichen Verhaltens zu diesen Tieren: Aufschluss darüber geben nicht nur Tierart, Ort und Art der Positionierung, sondern auch Schnittspuren, Zerlegungs- und Brandspuren, die dann zur Interpretation herangezogen werden können.[39] Ging man früher davon aus, dass Tierknochen in Gräbern einzig als Speisebeigabe für die Reise der verstorbenen Person ins Totenreich zu deuten sind, so weiß man heute, dass eine genauere Untersuchung solcher Beigaben durchaus weitere Rückschlüsse zulässt: besonders auch auf die gesellschaftliche Position des oder der jeweiligen Verstorbenen.[40] Drastisch gesprochen macht es einen Unterschied, ob einem Toten eine Lammkeule oder ein ganzes Pferd beigegeben wird. Und in feineren Nuancen: Es ist ebenso wenig egal, ob das Tier, das mitbestattet wird, männlich oder weiblich, gebraten oder ungerupft, alt oder jung ist usw.

Grabbeigaben neu interpretiert

Bei Ausgrabungen in der Vergangenheit spielten Tierfunde dennoch die meiste Zeit über eine untergeordnete bis keine Rolle. Dabei können sie sehr viel über Menschen, ihr Verhalten, ihre Lebensweise und ihre einstige Beziehung zu verschiedenen Tieren aussagen.[41] Dieser neuere Zugang wird auch als *Social Zooarchaeology* bezeichnet.[42] Es war (und ist sogar noch mancherorts!) üblich, nur die menschlichen Überreste und Artefakte zu katalogisieren und zu untersuchen, während Tierknochen einfach weggeworfen wurden/werden.[43] In anderen Fällen bewahrte man nur Knochen ab einer gewissen Größe auf, etwa die von Haussäugetieren.[44] Doch es erscheint vermessen, kleinere Tiere auszunehmen, weiß man doch aus schriftlichen Aufzeichnungen, dass sich die Einstellung zu verschiedensten Lebewesen im Laufe der Zeit verändert hat. Vögeln wurde häufig eine große symbolische Bedeutung beigemessen:[45] In Ägypten wurden sie gar mumifiziert, die Römer deuteten ihr Verhalten (Vogelflug,

Hahnenkampf) als Orakel, und ihre rituelle Wichtigkeit besteht bis heute (vgl. Kapitel 7 und 8). In vielen Kulturen war die Tötung bestimmter Vogelarten, wie etwa Krähen und Raben, die begabte Sprachimitatoren sind, lange Zeit tabu, da sie als Mediatoren zu den Göttern galten; dafür begleiteten sie so manchen Schamanen als Haustiere.[46]

Viele andere Vogelarten wurden hingegen gegessen, auch wenn wir uns das heute kaum vorstellen können: So galten Singvögel (bei einem Lebendgewicht von 10 bis 100 Gramm) als Delikatesse, und auch etliche andere Wildvogelarten wurden noch im Mittelalter verspeist.[47] Auch Greifvögel hatten eine durchaus wandelbare Bedeutung für diverse Völker in unterschiedlichen Zeiten: Sie konnten Jagdgefährten, aber auch Konkurrenten, eine Plage oder kostbare Grabbeigabe sein, doch so gut wie immer und überall waren sie als Nahrungsmittel tabu.[48] Ein Greifvogelfund in einem Grab würde also per se schon das Interesse der Wissenschaft wecken … doch ein Huhn?

Als man im englischen Weston Down ein Huhn mit einer gut verheilten Oberschenkelfraktur in einem Grab fand, wurde klar, dass es sich bei diesem etwa zweijährigen Tier nicht um eine schiere Speisenbeigabe handeln konnte. Denn offensichtlich wurde die Henne unter menschlicher Obhut gesund gepflegt.[49] Im Gegenteil wurde klar, dass bronze- und eisenzeitliche Haushühner als damals seltene Spezies eine ganz andere Bedeutung für die Menschheit hatten, die in den späteren Kapiteln noch beleuchtet werden wird. Es bedurfte jedoch eines grundlegenden Sinneswandels in der Archäologie, um diese Funde überhaupt adäquat wahrzunehmen und anders zu interpretieren, als es ursprünglich üblich war.[50]

Man muss bedauerlicherweise davon ausgehen, dass im Laufe der Geschichte der Archäologie bereits viele Informationen aus mangelnder Aufmerksamkeit oder falschen Grundannahmen (auch Bias genannt) einfach vernichtet wurden. Betrachtet man aber nun die Mensch-Huhn-Beziehung mit den Vorzeichen einer späteren Domestikation und wesentlich langsamer voranschreitenden Verbreitung des Haushuhns in Europa, erscheinen viele Funde in einem neuen Licht.

Das Huhn liegt im Detail

Vogelknochen, aber besonders auch die der Hühner, unterscheiden sich im Allgemeinen von denen der Säugetiere in erheblichem Maße. Es ist ungemein schwieriger, die Überreste eines Huhns unversehrt zu bergen.[51] Es bedarf sogar einer besonderen Akribie, die winzigen und noch dazu hohlen Vogelknochen zu sichern. Dabei müssen Ausgrabungen nicht selten geflutet und die fragilen Knochenteile anschließend ausgesiebt werden: Die Verwendung unterschiedlicher Maschenweiten wird dabei empfohlen, der Erhaltungsgrad in Gebäuden ist üblicherweise größer als im Freien.[52]

Jedes Skelett durchwandert vom Tod des Tiers bis zur Auffindung durch eine Ausgrabung verschiedene Stadien und ist einer Vielzahl taphonomischer Prozesse ausgeliefert, wie schematisch in Abbildung 3.2 gezeigt. So ist ein Kadaver bereits vor seiner Ablagerung im Boden mehreren möglichen Einflüssen ausgesetzt, etwa Tierfraß, Schlachtung, Zerlegung und Hitze. Wird ein Knochen dann am oder im Boden abgelegt, wirken Feuchtigkeit, pH-Wert, Dichte und Feinheit des Bodens auf ihn ein.[53] Allein die rasche Austrocknung des Bodens kann einen Vogelknochen in kürzester Zeit schwer beschädigen.[54] Je länger er im Boden bleibt, desto fragmentierter wird er wieder ans Licht gebracht, wobei Bauarbeiten, archäologische Grabungen, unvorsichtige Behandlung und Lagerung weitere Schäden anrichten können.

Mit Glück, findet man einen Vogelknochen in einem Zustand auf, in dem er für weitere Analysen zu gebrauchen ist: Das liegt sowohl an der Tierart als auch an der Art der Gebeine. Bei Hühnern sind etwa Oberschenkelknochen so stabil, dass sie nur selten zerbrochen gefunden werden, die Rippen sind hingegen sehr brüchig (vgl. Abb. 3.1).[55]

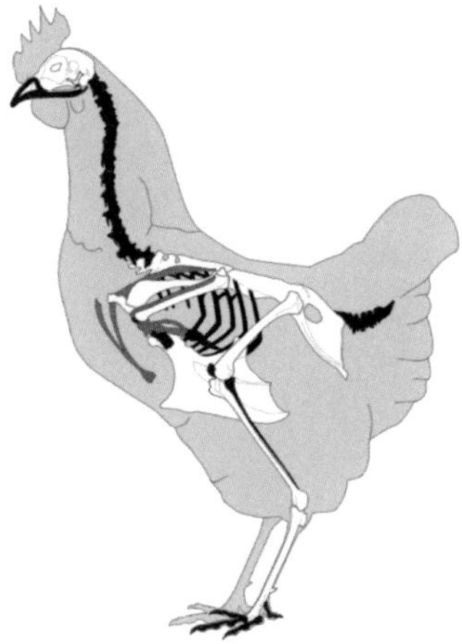

Abb. 3.1 – Skelettelemente beim Huhn, die aufgrund ihrer geringen Größe mit sehr hoher (schwarz) und hoher (grau) Wahrscheinlichkeit bei der Bergung verloren gehen (© H. Baron/M. Coutureau).

Darüber hinaus können Hühnerknochen besonders leicht durch verschiedene Bodenschichten ›wandern‹ und so zwischen Objekten aus einer völlig anderen Zeit landen.[56] Das liegt einerseits daran, dass Hühnergebeine von verschiedenen Beutegreifern und Aasfressern gern vergraben und so in tiefere Schichten transportiert werden. Sie können aber auch von Menschen in der Erde ›entsorgt‹ (zum Beispiel in Müllgruben) oder durch Ackerbau und durch die Errichtung von Bauwerken umgelagert werden.[57] Man nennt diesen Umschichtungsprozess Intrusion, und er stellt in der Archäozoologie ein großes Problem für die korrekte Datierung dar. So waren fast 80 % der europäischen Hühnerfunde, die Best et al. (2022) genauer unter die Lupe nahmen, bisher falsch datiert, da man sich üblicherweise an dem leichter bestimmbaren kulturhistorischen Alter der umliegenden Artefakte orientiert hatte: Nur fünf Autoren von 23 lagen mit ihrer Altersbestimmung der Hühnerknochen richtig. Bei einer Ausgrabung in Bulgarien hatte sich etwa ein Hühnerknochen aus den 1950er-Jahren in eine archäologische Stätte ›verirrt‹ und war daher auf das gleiche Alter wie die restlichen Funde geschätzt und auf 5500 v. Chr. datiert worden.[58]

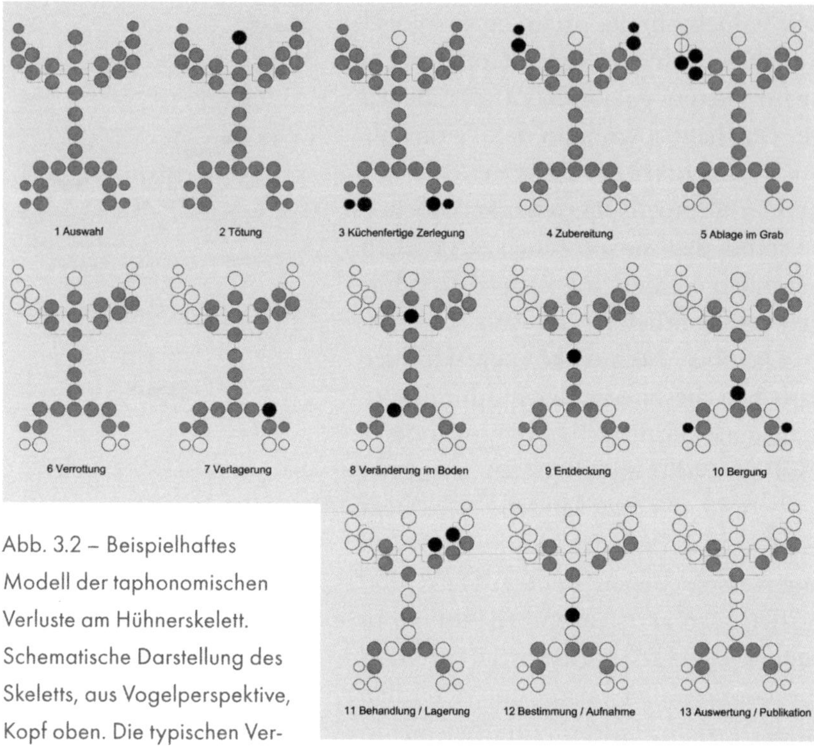

Abb. 3.2 – Beispielhaftes Modell der taphonomischen Verluste am Hühnerskelett. Schematische Darstellung des Skeletts, aus Vogelperspektive, Kopf oben. Die typischen Verluste in jedem Schritt werden in Schwarz dargestellt, die noch vorhandenen in Grau. Die Erhebung fand anhand der frühmittelalterlichen Knochenüberreste in den Awarengräbern der Wiener Csokorgasse statt (© H. Baron; bearbeitet).

In einem geschlossenen Grab ist es relativ einfach, die Teile der einzelnen Skelette zusammenzusetzen. Abfallgruben stellen eine komplexere Forschungsaufgabe dar, wobei zuerst die Fundteile der richtigen Tierart zugeordnet werden müssen. Dazu benötigt man, wie oben geschildert, jedenfalls eine gute Referenzsammlung, in der sich ganze Skelette vieler Tierarten finden, denn es müssen dabei (heimische) Wildtiere und Haustiere in Betracht gezogen werden.[59] Henriette Baron bezeichnete etwa die Referenzsammlung im norddeutschen Schleswig, in der sie viel Zeit bei der Analyse der Tierknochenfunde aus der Wiener Csokorgasse verbrachte, als ihren ganz persönlichen ›Happy

Place‹.[60] Und auch Konstantina Saliari im Naturhistorischen Museum in Wien gibt die ›Knochenarbeit‹ nur ungern an andere ab.[61] Ebenso Angela Trentacoste in Rom: Sie schätzt diesen Part der archäozoologischen Arbeit besonders, da er ruhig und fokussiert sei. Man könne Stunden damit verbringen.[62] Während der Bestimmung wird jeder einzelne Knochen beschriftet, außer sie sind für eine spätere molekulare Analyse vorgesehen.[63] Dann sollte man sie am besten gleich in eine Plastiktüte verpacken, um Kontaminierung zu minimieren (vgl. Kapitel 4).[64]

Bei Überresten von Haustieren ist allerdings zu beachten, dass es eine große innerartliche Variation in der Anatomie geben kann.[65] Man denke nur an die bunten Spielarten der Hunde, vom *Dackel* bis zum *Irish Wolfhound*, die dennoch alle derselben Art angehören. Die Römer hielten bereits riesige *Molosser*, die anatomisch mehr an Bären als an Wölfe erinnern, und winzige Schoßhunde: Größen zwischen 18 cm und 72 cm Schulterhöhe wurden bisher gefunden.[66] Bei Haushühnern gibt es ähnliche Varietäten: Ein modernes ist mit einem mittelalterlichen Huhn mitunter gar nicht vergleichbar, da es wesentlich schneller wächst als in allen bisherigen Epochen.[67] Ein Hahn aus der Römerzeit war nicht selten erheblich größer als das mitteleuropäische Landgeflügel des 15. Jahrhunderts. Gleichzeitig züchteten die Römer auch Zwergrassen wegen ihrer ›Niedlichkeit‹.[68] Da Hühnerknochen keine Wachstumsfugen (Epiphysen) haben, kann die individuelle Lebensaltersbestimmung bei einzelnen Knochen, aber auch beim Auftreten verschiedener Rassen mit unterschiedlichen adulten Größen an einer Fundstätte zu Verwechslungen von adulten und juvenilen Tieren führen.[69]

Weiters sehen andere Geflügelknochen denen von *Gallus gallus* ›zum Verwechseln‹ ähnlich. Die Bestimmung allein anhand morphologischer Eigenschaften birgt also bereits die Gefahr, dass Funde der falschen Tierart zugeordnet werden. Dass das in der Vergangenheit nur allzu oft passiert ist, haben Peters et al. sowie Best et al. im Jahr 2022 beeindruckend aufgedeckt, als sie die vermeintlich ältesten Hühnerfunde als Fasanen- und Gänseknochen identifiziert haben. Dabei geholfen haben moderne technische Verfahren: die Analyse von stabilen Isotopen, ancient DNA (aDNA, vgl. Kapitel 4), und die bereits erwähnte Radiokarbonmethode. Diese wurden früher naturgemäß nicht angewendet, weil es sie noch nicht gab.

Methoden der Molekularen Archäozoologie

Die Radiokarbonmethode wurde 1946 von Willard Libby (und seinem Team) in Chicago entwickelt, der 1960 den Nobelpreis für Chemie dafür erhielt. Die Funde müssen für ihre Anwendung nicht beschädigt werden, eine Datierung kostet heute etwa 300 Euro.[70] Die Gründe für die mangelnde Genauigkeit bei der Altersbestimmung in der Archäozoologie sind seit dieser Erfindung nicht die unterentwickelten technischen Möglichkeiten, sondern fehlendes Interesse oder finanzielle Ressourcen.[71]

Bei der Radiokarbonmethode (auch Radiokohlenstoffdatierung, ^{14}C-, C14-Datierung oder Radiokarbondatierung) orientiert man sich an radioaktiven Isotopen von Kohlenstoffatomen (C14), die in der Natur immer vorkommen. Isotope sind Varianten eines chemischen Elements, die zwar gleich in der Anzahl der Protonen und Elektronen, jedoch schwerer oder leichter sind, weil sie mehr oder weniger Neutronen im Kern haben. Neutronen wirken nur auf die Masse des Atoms, nicht aber auf dessen chemische Eigenschaften.[72] C14-Atome entstehen durch die kosmische Strahlung in den oberen Schichten der Atmosphäre und werden über das während der Fotosynthese aufgenommene CO_2 in pflanzlichem Material gebunden (die sogenannte Kohlenstofffixierung). Durch die Nahrungskette gelangen auch C14-Atome in den Tierkörper und werden ab dem Tod des Tiers nicht mehr weiter abgebaut. Ein Massenspektroskop ermittelt das Verhältnis zwischen radioaktivem Kohlenstoffisotop und klassischem Kohlenstoff, wodurch eine Altersbestimmung mit einer Genauigkeit von 50 Jahren möglich ist.[73] Ein Problem kann der Abbau von Kollagen, das den wichtigsten Teil an organischem Material im Knochen für die C14-Datierung stellt, bringen: Unter Einfluss von Zeit, starker Hitze und Trockenheit oder Nässe schwindet das Kollagen oder kann für die Altersbestimmung unbrauchbar werden.[74] Außerdem gilt: Je älter der Knochen, desto mehr Kollagen wird benötigt. Reichen normalerweise 60–200 mg Kollagen für die Bestimmung, kann dieser Wert entsprechend steigen.[75]

Erstaunlich detaillierte Informationen liefern auch andere chemische Spuren: Die Analyse von nicht radioaktiven, stabilen Isotopen kann Aufschluss darüber geben, in welchen unterschiedlichen geografischen Lagen Tiere gelebt, was sie gefressen und wie sich die klimatischen Bedingungen um sie herum verändert haben. Wurden Haustiere etwa über weitere Strecken bewegt, ist dies in ihren Knochen und im Zahnschmelz nachweisbar. Strontium-Isotope befinden sich in unterschiedlicher Konzentration in Gesteinen. Das Muttergestein gibt Strontium (Sr) an den Boden ab, auf dem wiederum Pflanzen wachsen, die solche Atome aufnehmen und einbauen. So gelangen Sr-Isotope über den Nahrungskreislauf in tierische Skelette. Die Sr-Konzentration ist an unterschiedlichen geografischen Orten zwar nicht jeweils einzigartig, aber im Zusammenspiel mit Isotopen anderer Elemente lässt sich die Herkunft eines Individuums relativ gut eingrenzen. Für die Mensch-Tier-Beziehungen im Wandel der Zeit liefern solche geochemischen Daten äußerst aufschlussreiche Einblicke: Stabile Kohlenstoff- und Stickstoff-Isotope im Knochen helfen darüber hinaus bei der Analyse des Speiseplans des Tiers, dem das vorliegende Skelett einst angehörte. Dabei kann etwa eingegrenzt werden, ob Tiere frei (und wild) lebten und verschiedene Flächen beweideten oder aber in einem eingegrenzten Bereich gehalten wurden und so eine topografisch limitierte Auswahl an Pflanzen zur Verfügung hatten oder gar gefüttert wurden.[76]

Stabile Schwefel-Isotope können wiederum dabei helfen, festzustellen, ob Tiere sich längere Zeit eher in Küstennähe oder im Landesinneren aufhielten, da die Meeresluft den Schwefelgehalt der (Futter-)Pflanzen beeinflusst.[77] Sauerstoff-Isotope aus dem Körperwasser der Tiere verraten viel über ehemalige klimatische Verhältnisse und andere Umweltbedingungen.[78] Kombinationen aus stabilen Isotopen, die an vielen organischen Verbindungen teilhaben, also besonders Kohlenstoff, Sauerstoff und Stickstoff, lassen Rückschlüsse auf Differenzen und Parallelen der individuellen Ernährung von Mensch und Tier zu, die besonders für die Interpretation des Zusammenlebens von Allesfressern wie Menschen und Hühnern (oder Hunden) interessant sein können.[79] Da es sich um ›leichte‹ Elemente handelt, können ihre Isotope, die sich allein durch ihre veränderte Masse zum Standard-Atom unterscheiden, relativ einfach ermittelt werden.[80]

Wenn wir uns nun der molekularbiologischen Seite zuwenden, unterscheidet sich die Arbeit mit ancient DNA (aDNA) – also der DNA aus (teilweise sehr) alten tierischen Überresten – insofern von der üblichen Genforschung, als sie besonders in den letzten Jahrzehnten durch technologische Neuerungen der Archäozoologie das ›Missing Link‹ liefern konnte, das zwischen morphologischer Artbestimmung mit Vergleichssammlungen einerseits und der Altersbestimmung mittels Radiokarbonmethode andererseits gefehlt hatten. Doch wie wir im nächsten Kapitel sehen werden, fehlt diesen Missing Links oft selbst ein großes Stück.

4 aDNA: Das Bisschen, das vom Erbgut übrig blieb

Zum besseren Verständnis gleich zu Beginn ein Vergleich

Stellen Sie sich vor, Sie haben ein Puzzle zu lösen. Die vielen Teile kommen in verschiedenen Schachteln, manche können doppelt oder 100-fach vorhanden sein, manche hängen glücklicherweise in der Schachtel zusammen. Sie wissen nicht, wie das Bild, das Ihr Puzzle ergibt, genau aussieht, wohl aber seine Größe und dass es viereckig ist. Nun haben Sie auch noch ein neues Puzzle mit einem ähnlichen Bild, auf dem zum Beispiel ein bewaldeter Hügel mit einer Burg in weiter Entfernung zu sehen ist. Sie versuchen, den Wald Ihres Puzzles nachzubauen, wobei sich auch die Formen der Teile beider Puzzles ähneln, obwohl der ein oder andere Baum anders ist und die Burg vielleicht ein Fenster mehr oder weniger hat oder eine andere Fahne trägt. Die Krux: Das Puzzle hat 1,2 Milliarden Teile.

Trotz meiner großen Liebe zu allem Lebendigen bevorzuge ich doch das Studium jener Elemente der Biosphäre, die man mit freiem Auge beobachten kann. Und obwohl ich mit vielen Prozessen, die hinter dem Wunderwerk Natur stehen, vertraut bin, sind für mich die Sparten der Biologie, die alles, was man nicht sehen kann, fokussieren, also biochemische, molekularbiologische und mikrophysikalische Vorgänge, von einem zauberhaften Schleier umgeben. Die Forschenden, die all diese Prozesse nicht nur verstehen, sondern auch entdeckt haben oder zu ihrer weiteren Aufschlüsselung beitragen, verorte ich in einem Raum unerreichbarer Intelligenz. Verstärkt wird dieses Gefühl dadurch, dass sie sich meistens einer Geheimsprache bedienen, wie etwa in der Genetik. Sie ist für mich nur unter erheblichem Aufwand entschlüsselbar.

Ich habe mir daher besondere Mühe gegeben, mich auf das Treffen mit Greger Larson in einem Vorort von Oxford inhaltlich vorzubereiten. Ich hatte mir fix vorgenommen, noch die halbe Nacht nicht nur die Abstracts seiner hühnerrelevanten Publikationen zu lesen, sondern all seine Artikel genauestens durchzugehen. Leider scheiterte ich kläglich an diesem Vorhaben: Mein Gehirn hatte beschlossen, mich in einen tiefen Schlaf zu schicken, anstatt alle Abkürzungen und Zeichenkombinationen sowie mir völlig neue englische Fachbegriffe bis ins Detail zu verstehen. Ich tröstete mich am Morgen mit dem Gedanken, dass es wohl dem Großteil der Menschheit genauso gehen würde und dass es ja eigentlich einen guten Grund gab, warum ich Professor Larson treffen würde: nämlich, um ihm Fragen zu stellen: auch im Namen meiner Leserschaft. Und das tat ich schließlich.

Wie so oft wurde mir schnell klar, dass meine Sorgen unbegründet gewesen waren. Greger Larson kam zu Fuß, lud mich auf einen Kaffee auf seine Kundenkarte ein und war gut gelaunt, freundlich und relaxt. Sein amerikanischer Akzent, der mir vertrauter ist als das Britische, half mir dabei, mich in die neue Situation und den quirligen Ort – offenbar Larsons Stammcafé – rasch einzufinden. Anfangs dachte ich noch: »Du hast es leicht, locker zu sein ... du bist ja auch ein Genie!«, doch mit der Zeit machte ich mir bewusst, dass das Genie zugesagt hatte, mich zu treffen, und ich mich für meine mittelmäßige genetische Bildung nicht schämen musste. Larson ist offenbar – wie die meisten seiner Zunft – daran gewöhnt, so über seine Forschung zu sprechen, dass auch Durchschnittsmenschen wie ich etwas damit anfangen können.

Dazu kommt, dass er sich gern mit Hühnern beschäftigt (oder zumindest mit ihrem Erbgut), da – wie er betont – die Hühnerprojekte des letzten Jahrzehnts durchaus befriedigend waren. So konnte Larson, als Experte der Domestikationsforschung von genetischer Seite, anhand zweier Beispiele aus der Haushuhngeschichte seine Theorie untermauern, dass es »das universelle Gen, das domestizierte Tiere von ihren wilden Vorfahren von vornherein unterscheidet«, nicht gibt.[81] Das vorrangige Problem dabei ist, dass Haustiere und ihre Stammformen einander genetisch sehr ähnlich sind: was wenig überrascht, denn sie gehören zur gleichen biologischen Art und können sich auch nach jahrtausendealter Haustiergeschichte noch miteinander fortpflanzen (in Hinblick auf die Gene, auch wenn es tatsächlich aus anatomischer Sicht nicht immer möglich ist, Beispiel: *Wolf* und *Chihuahua*). Im Gegenteil wären schon oft die Ausgangspunkte bei der Suche nach einem solchen ›Domestikations-Gen‹, das über mehrere oder gar alle Haustierarten zu verfolgen sei, eine große Fehlerquelle. Meistens versuche man zuerst, Merkmale zu finden, die schon bei frühen Haustieren nachweisbar gewesen sein müssten, um diese dann in modernen Haustierrassen wiederzufinden, während man sie in der Wildform vermisse. Der Trugschluss dabei sei: Was ist ›die‹ wilde und was ›die‹ moderne Form? Man könne schließlich immer nur Stichproben aus einem Pool ziehen, wo allein innerhalb der Arten eine große Variabilität bestünde. Ein generell großes Problem sei zudem, dass man nur anhand der kombinierten Analyse (möglichst) vieler verschiedener Organismen einschätzen könne, für welche Merkmalsausprägungen bestimmte Gene tatsächlich verantwortlich seien.

Man müsse hier sehr vorsichtig sein, betont Greger Larson: Was etwa aussieht wie ein lupenreines *Ceylon-Kammhuhn* (*Gallus lafayettii*), habe eine Veränderung an einem Gen aufgezeigt, das man für ein eindeutiges Domestikations-Gen gehalten hatte. War das gefragte Huhn etwa gar kein ›pures‹ *Ceylon-Kammhuhn*, sondern ein Haushuhnmischling? Frei laufende Haushühner gibt es schließlich überall, auch im Verbreitungsgebiet der wilden *Gallus*-Arten.[82] Oder stammt diese Genmutation gar vom *Ceylon-Kammhuhn* selbst, das zwar nur eine Schwesternart des *Bankivahuhns* ist, aber sich offenbar dennoch genetisch mit diesem mischen kann? Greger Larson unterstreicht, dass man noch am Anfang der Erkenntnisgewinnung stehe und nur eine sehr große Vergleichssammlung an Genomen ermögliche, valide Schlüsse zu ziehen, da nur sie imstande sei, die Vielfalt der genetischen Variationen innerhalb einer Art abzubilden.

Viele Genetiker seien vorschnell, sich ihrer Sache zu sicher, meint Larson. Viele gut erhaltene DNA-Proben, die man miteinander vergleichen könne, antike und rezente, seien die besten Voraussetzungen, um von Genen auf die Entwicklung von Haustieren schließen zu können. Doch sei stets Vorsicht bei der Verwendung von ancient DNA (aDNA), die man aus Knochen entnimmt, geboten: Man wisse schließlich so gut wie nie, wie die Individuen, die hinter den entnommenen Proben stehen, ausgesehen (abgesehen von ihrem Skelett, aus dem man zumindest einige Rückschlüsse ziehen könne) oder welches Verhalten sie gezeigt hätten.[83] Auch über die Haltungsbedingungen und andere Einflüsse wisse man oft zu wenig. Die Komplettsequenzierung des Erbguts verschiedener Hühner von heute sei jedenfalls ein wichtiger Schritt, um die Frage der tatsächlichen Funktion bestimmter Gene besser beantworten zu können (freilich bestehe hier aber noch Forschungsbedarf).

Einige genetische Grundbegriffe

Zur Genanalyse können zwei Arten von DNA herangezogen werden: Erstens ist da die mitochondriale DNA (mtDNA), die in tausendfacher Ausführung in jeder Zelle zur Verfügung steht, da sie aus jenen Zellorganellen, die in unserer Zelle aus Zucker Energie gewinnen können, stammt. mtDNA ist ringförmig, wird mütterlicherseits vererbt und ist relativ leicht zu analysieren, da sie eine überschaubare Menge von 14.000 bis 42.000 Basenpaaren (auch Nukleotiden) aufweist.[84] Diese Paare formen üblicherweise 37 Funktionseinheiten, sogenannte Gene, die wiederum den Bauplan für 13 Proteinmoleküle bilden, also für sie codieren, so der Fachjargon der Genetik.[85]

Die zweite Möglichkeit ist die Analyse von DNA aus den Zellkernen (nukleare DNA, meist nur DNA genannt): Bei alten Proben spricht man von ancient DNA (aDNA), also (sehr) alter DNA aus paläontologischen oder archäologischen Kontexten. In beiden Fällen gilt: Sowohl die Quantität als auch die Qualität toter DNA nehmen mit der Zeit drastisch ab. Die ältesten gut brauchbaren Proben stammen von einem 700.000 Jahre alten Pferd, das im Permafrost eingefroren war.[86] Diese Art der Probe wird im tropischen Klima wohl auf sich warten lassen, doch kann man dort dennoch erstaunlich oft verwertbare DNA finden, nämlich in den Hartteilen der Knochen, wo die DNA am besten erhalten bleibt. Ihre Analyse wird durch die technischen Möglichkeiten, die sich in den letzten Jahrzehnten etabliert haben, enorm erleichtert. Die aus der Analyse von aDNA resultierende neue Wissenschaft der Paläogenetik konnte sich nur entfalten, da kurz zuvor die Entwicklung der PCR-Methode die Wissenschaft revolutioniert hatte: Die exponentielle Vervielfältigung von DNA bei der Polymerase-Kettenreaktion (PCR) ermöglichte den Paläogenetikern in den Anfängen, mit marginalen Überresten von mtDNA zu arbeiten.[87]

Genomik und Verwandtschaft

Die Paläogenomik, der sich Greger Larson zugehörig fühlt, beschäftigt sich hingegen mit der Analyse ganzer Genome, also der gesamten Erbinformation eines Individuums bzw. einer Art. Das Erbgut im Zellkern, das den gesamten Bauplan eines Organismus enthält (nukleare DNA), besteht aus mehreren sehr langen Molekülen (Chromatiden), von denen ununterbrochen Teile abgelesen werden, um daraus Proteine zu bauen. Beim Neubau ganzer Zellen wird hingegen die gesamte DNA kopiert und um sie herum die neue Zelle aufgebaut. Die Anzahl der Chromatiden (besser bekannt in ihrer verdichteten Form als Chromosomen) variiert dabei von Art zu Art: Der Mensch hat 46 Chromosomen, das Haushuhn 78. Jedes Chromosom besteht beim Menschen dabei aus 50 bis 300 Millionen Basenpaaren. Das entscheidende Geschlechtschromosom (X oder Y) wird vom Vater vererbt. Bei Vögeln steuert hingegen die Mutter das geschlechtsbestimmende Chromosom (X oder Z) bei. Das Genom des Menschen enthält insgesamt rund 2,8 Milliarden Basenpaare, das des Huhns rund 1,2 Milliarden. Im Rahmen des *Chicken Genome Project* wurde 2004 das *Bankivahuhn* als erster Vogel und erstes Nutztier (wenn auch in der Stammform) genomisch vollständig entschlüsselt. Das Huhn ist, trotz der geringeren Anzahl an Genen, hundertfach ›diverser‹ als der Mensch,[88] wurde es doch im Laufe seiner relativ kurzen Geschichte als Haustier derart verändert, dass wir heute vor einer unvergleichlichen Hühnervielfalt stehen.

Bei der Kopie der DNA kommen ständig körpereigene Reparaturmechanismen zum Einsatz. Die DNA unterliegt nach dem Tod keinen natürlichen Reparaturprozessen mehr, sondern wird im Gegenteil sogar rasch abgebaut.[89] Dies geschieht durch verschiedene taphonomische Prozesse, die – wie in Kapitel 3 beschrieben – grundsätzlich großen Einfluss auf den Erhaltungszustand haben.[90] Die DNA betreffend spielen auch mikrobielle Prozesse eine große Rolle, da nicht nur alle Weichteile eines Kadavers Nahrung für andere darstellen, sondern der auch letzte noch so kleine Rest an DNA durch Bakterien abgebaut wird. Knochen mit großer Muskelmasse bleiben verhältnismäßig besser erhalten. Das Kochen oder Braten kann DNA zwar einerseits zerstören, aber andererseits diese vor mikrobieller Zersetzung bewahren, weil die DNA-Moleküle hitzeresistenter sind als Bakterien.[91] Sehr unterschätzt hat man auch die Verbringung von geborgenen Proben. Werden diese aus dem bisherigen Mikroklima entnommen, kann etwa die Lagerung bei Zimmertemperatur verheerende Folgen auf die enthaltene DNA haben.[92]

Um mit aDNA zu arbeiten, reicht eine Probenmenge von 50 bis 100 mg, die allerdings schonend entnommen werden muss. Verschiedene Faktoren können die empfindliche DNA beschädigen, zerstören, oder auch chemisch verändern, was wiederum zu Kopierfehlern und Kopierhemmungen bei der PCR führt. Dies waren aber nicht die einzigen Probleme, mit denen man in den Anfängen der Paläogenetik zu kämpfen hatte.[93]

Anhand der Erfahrungen der letzten Jahrzehnte empfehlen Loog und Larson (2020), die geborgenen biogenen Proben sofort in sauberen Plastikbeuteln zu verstauen. Auch Mundschutz, Ganzkörperanzüge usw. sollten bereits bei der Ausgrabung getragen werden, wenn es sich um einen besonders alten und/oder kostbaren Fund handelt. Mikrobielle Sauberkeit, die in jedem Genlabor sowieso Standard sein sollte, wird durch eine bestimmte Anordnung der unterschiedlichen, durch Türen getrennten Arbeitsräume gewährleistet. Eine Skizze des aDNA-›Musterlabors‹, das über mehrere Schleusen verfügt, wird von Loog und Larson (2020) präsentiert. Die Genauigkeit, mit der sie Angaben zum richtigen Handling machen, lässt bereits schlechte Erfahrungen aus der Vergangenheit mitschwingen. In Zeiten, als man eine genetische Analyse derart alter (und kaputter) Knochenteile nicht für möglich hielt, wurde noch recht sorglos mit ihnen umgegangen.

Kontaminierung der DNA-Proben hatte in den Anfängen der Paläogenetik eine Reihe falscher Ergebnisse zur Folge: »Während die Untersuchung alter DNA aus menschlichen Überresten unglaublich strenge Laborprotokolle erfordert, um Kontaminationen zu verhindern, umgeht die Arbeit mit zooarchäologischem Material unbeschwert viele dieser Probleme, da die Arbeit mit ausgestorbenen Arten, seltenen Exemplaren und domestizierten Tieren mit geringeren Risiken verbunden ist«, beschreibt Ross Barnett diese Problematik.[94] In Zeiten der Paläogenomik ist man sich mancher Gefahr bewusster: Bereits das Waschen der Knochen kann zu irreführenden Verunreinigungen führen, da selbst das reinste Wasser genetische Spuren von Fremdorganismen enthalten kann. Ebenso spielen Reste von Pflanzen, Pilzen oder Fingerabdrücken eine unerwartet große Rolle. Wie bei allen molekularbiologischen Analysen ist daher auch hier größte Vorsicht beim Handling mit Grabungsfunden gegoten. Neue, ›intelligente‹ Methoden haben es aber auch möglich gemacht, dass Kontaminierungen eine geringere Auswirkung auf die Analyse haben als in Zeiten von PCR, die auch Fehler wieder und wieder kopierte.[95]

Revolutioniert wurde die Arbeit mit aDNA durch die HTS-Technologie (*high-throughput sequencing*) oder kurz *next generation sequencing* (NGS). Ohne genauer darauf einzugehen, wie diese Verfahren funktionieren,[96] soll doch kurz erklärt werden, was sie leisten können. Das Ziel jeder Gensequenzierung ist die Aufschlüsselung der Abfolge der einzelnen Basen A, C, G und T in der DNA. Daraus ergeben sich schließlich Ketten, die aus Millionen und Abermillionen Basen bestehen: der genetische Code. Das Material, mit dem aDNA-Genetiker arbeiten müssen, ist häufig beschädigt und unvollständig oder scheint gar unbrauchbar.[97] Die Paläogenomik ist daher umso mehr auf Hightech angewiesen. Einerseits wäre die anfallende Datenflut nicht beherrschbar,[98] und andererseits müssen die ramponierten DNA-Moleküle erst sinnvoll zusammengefügt werden. Man bedient sich auch der kleinsten Teilchen, die oft weniger als 30 Basenpaare lang sind.[99] Zuerst wird alles, was vorhanden ist, vervielfacht, um das Material besser vergleichen zu können. Anschließend können mithilfe von NGS viele kurze Fragmente parallel sequenziert werden. Die so identifizierten Abschnitte werden durch Computer mit anderen, bekannten Genomen verglichen. Meistens werden dazu Genome moderner, aktuell auf der Erde lebender Individuen als Referenz herangezogen, da diese meist vollständig und daher besonders aussagekräftig sind.[100]

Einzelne alte Stückchen können nun anhand ähnlicher Abfolgen eingeordnet werden, bis sich ein möglichst vollständiges Bild aus den einzelnen Fragmenten ergibt. Aber jedes Genom ist anders: Nicht nur (zufällig) vererbte, durch geschlechtliche Vermehrung bedingte Neukombinationen, sondern auch plötzlich entstandene Veränderungen in der DNA (›spontane Mutationen‹), auch solche durch Retroviren[101] sowie Einflüsse des Lebens selbst (Epigenetik), machen jedes Individuum genetisch einzigartig. Deutlich wird dies bei Geschwistern: Obwohl sie dieselben Eltern haben, sind

Brüder und Schwestern oft völlig unterschiedlich. Selbst eineiige Zwillinge sind nicht identisch. Da sich Arten fließend im Laufe der Zeit durch evolutionäre Prozesse herausgebildet haben, weisen sie immer Ähnlichkeiten mit anderen auf: Die meisten jedoch mit ihren nächsten Verwandten. Forschende auf dem Gebiet der Paläogenetik zeichnen daher phylogenetische Bäume, anhand derer Verwandtschaften und Abstammungen veranschaulicht werden können (vgl. Abb. 4.1).[102]

Es lassen sich also aus bloßen Bruchstücken von DNA oft gute Rückschlüsse auf Verwandtschaft, Artzugehörigkeit und Geschlecht ziehen. Im besten Fall, wenn verschiedene ausschlaggebende Informationen vorliegen, geben sich sogar individuelle Unterschiede zu erkennen. Um das Bild vom Beginn dieses Kapitels nochmals zu bemühen: Das Puzzle gleicht der Arbeit der Paläogenomiker. Die alten Puzzleteile stehen für die aDNA, das fertige Puzzle für die moderne ähnliche Art. Das Bild wird schließlich Lücken aufweisen, aber man kann sich vorstellen, was es abbildet, und auch einige Unterschiede erkennen.

Freilich gilt: Je vollständiger das alte Genom vorliegt, desto besser. Jedenfalls machen nur Hochleistungscomputer es möglich, die DNA und aDNA zu sequenzieren, zu analysieren, nach Erhaltungsqualität zu bewerten und invalide Daten auszusortieren. Durch verschiedenste digitale Errungenschaften der letzten Jahrzehnte sind die Methoden der Genomsequenzierung inzwischen nicht nur sehr verlässlich, sondern auch kostengünstig geworden. Betrug der Preis für die erste Sequenzierung des ersten menschlichen Genoms noch 3 Milliarden USD, so kann man sich jetzt das eigene Genom für weniger als 1.000 USD aufschlüsseln lassen.[103]

Hühnergenetik: Vorfahren und andere Verwandte

Vergleiche lassen sich also anhand bekannter Sequenzierungen ziehen. Doch erst die Entschlüsselung des genetischen Codes macht das Bild vollständig: Man weiß, dass bestimmte Basen-Abfolgen als Start-und-Ende-Signal für Enzyme dienen, die hieraus einen Bauplan für Proteine erhalten. Auch Mensch und Huhn teilen sich 60 % dieser Gene.[104] Dazwischen liegen aber auch oft sehr lange Teile, deren Aufgabe unbekannt ist oder die vielleicht tatsächlich funktionslos sind. Beim Menschen macht der Anteil dieser repetitiven DNA immerhin 90 % aller Nukleotide aus.[105] Hierzu muss man die Genexpression beforschen. Welches Gen codiert für welches Protein? Und was bedeutet das für die Biodiversität? Wie kam es, dass so viele unterschiedliche Lebewesen diesen Planeten bevölkern?

Bereits Darwin hat im Bankivahuhn den Vorfahren des Haushuhns vermutet. Er sollte recht behalten. Doch inzwischen wurden auch innerhalb des Bankivahuhns (*Gallus gallus*) fünf Unterarten unterschieden. Durch Genanalyse konnte man die direkten Vorfahren des Haushuhns identifizieren, indem man phylogenetische Bäume erstellte (vgl. Abb. 4.1). Dabei wiesen das Haushuhn und die Unterart *spadiceus* die meisten Ähnlichkeiten auf. Nach heutigem Stand der Forschung ist das Burma-Bankivahuhn (*Gallus gallus spadiceus)* also der direkte Vorfahr unseres Haushuhns. Später gab es jedoch Vermischungen mit anderen Unterarten (*Gallus gallus murghi* und *Gallus gallus gallus*) und anderen, wesentlich weiter entfernten Verwandtschaften. Sogar andere Arten aus der Gattung *Gallus* wurden eingekreuzt.[106]

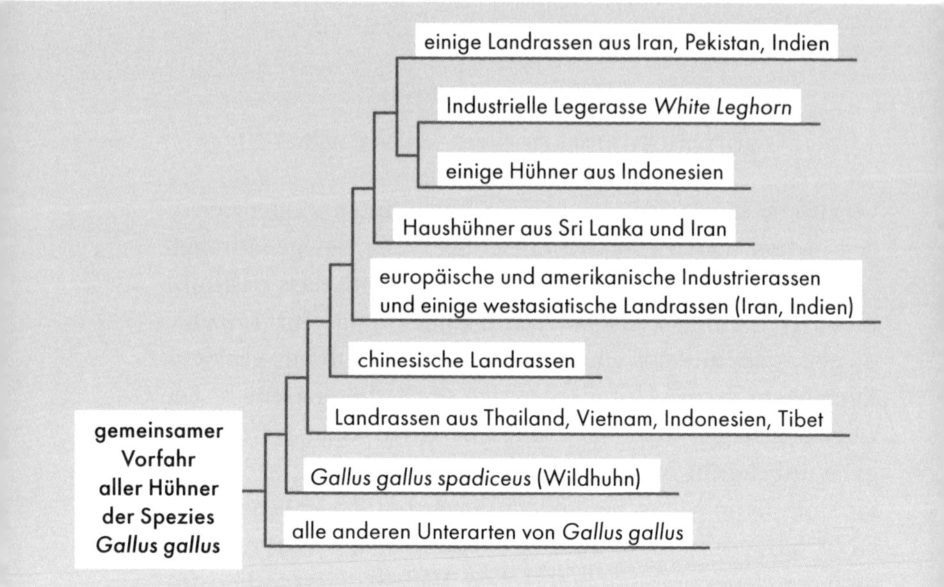

Abb. 4.1 – Phylogenetischer Baum, erstellt anhand von 863 Hühnergenomen, deren größte Gemeinsamkeiten berechnet wurden. Je näher die Namen einander sind, desto enger die Verwandtschaft. *Gallus gallus spadiceus* (= red junglefowl) ist die Wildhuhnart, die die meisten genetischen Parallelen zu modernen Haushühnern aufweist. Die Klammern fassen Gruppen mit gemeinsamen Vorfahren zusammen (© Autorin).

Für die Domestikationsgeschichte unerlässlich ist auch die Ergründung der Fähigkeit unserer Haushühner, bis zu 300 Eier im Jahr zu legen (»Ich legte jeden Tag ein Ei …«, jedoch nicht während der Mauser), sind es bei Wildhühnern doch maximal fünf bis 15 pro Jahr während der Brutsaison im Frühling. Eine britische Forschungsgruppe hat anhand der Genome moderner und alter Haus- und Wildhühner gezeigt, dass eine genetische Mutation des TSHR (*thyroid stimulating hormone receptor*) erst relativ spät in der Art fixiert wurde, also nun bei allen Haushühnern zu finden ist.[107] Dieser TSH-Rezeptor spielt eine wichtige Rolle im Haushalt des Schilddrüsenhormons T4. Von ihm gibt es bei Haushühnern deutlich weniger als bei der Wildform. Man denkt, dass mit der TSHR-Mutation die Abkoppelung des Reproduktionszyklus vom Tageslicht in Verbindung steht und mit ihr die Abhängigkeit der Eiablage von den Jahreszeiten einhergeht.[108] Die Mutation scheint außerdem mit einer einige Stunden längeren Brutdauer, verminderter Scheu und geringerer Aggression bei Hähnen zusammenzuhängen.[109]

Bis zum 16. Jh. n. Chr. war diese TSHR-Genmutation zwar vorhanden, aber bei Weitem noch nicht bei allen Haushühnern nachweisbar. Der älteste archäozoologische Fund, der auf sie hinweist, stammt aus dem Griechenland des 3. Jh. v. Chr.[110] Erst aus der Römerzeit wissen wir jedoch, dass die Menschen sich diese (neue!) Eigenschaft des Eierlegens bewusst zunutze machten und Eier bereits regelmäßig verzehrt oder für medizinische Zwecke genutzt wurden.[111] Etwa 43 % der untersuchten Haushühner aus dem Zeitraum zwischen 200 v. Chr. und 1800 n. Chr. waren mit dieser Genmutation noch nicht ausgestattet.[112] Das wiederum bedeutet, dass Hühner ursprünglich nicht wegen ihrer Eier gezüchtet wurden.[113] Oder wie es Christine J. Nicol ausdrückt: »Bei einem Gelege von 5 bis 6 Eiern pro Jahr wäre das ein äußerst luxuriöses Frühstück gewesen.«[114] Tatsächlich erreichen Bankivahühner das jährliche Maximum von 15 Eiern nur dann, wenn das Gelege ausgeraubt wird. Dann wird die hormonelle Umstellung der ›Brütigkeit‹ wieder rückgängig gemacht und eine neuerliche Eiablage ermöglicht.[115]

Das Bankivahuhn und die meisten modernen Rassen unterscheiden sich anhand zahlreicher äußerlicher Merkmale. Größen- und Farbveränderungen lassen sich durch die besseren Lebensbedingungen einerseits und gerichtete Selektion andererseits erklären. Interessant ist dabei, dass die meisten modernen und so gut wie alle industriellen Rassen gelbe Haut (und Beine) aufweisen, während Bankivahühner ausschließlich dunkle Beine und weiße Haut haben. Weiße Haut erscheint erst bei Einlagerung von Carotinoiden gelb.[116]

Man vermutet, dass bereits weit nach der ursprünglichen Domestikation asiatische Haushühner mit dem *Sonnerathuhn (Gallus sonneratii)* (vgl. Abb. 4.2) gekreuzt wurden, dem das carotinoidabbauende Enzym in der Leber – genetisch bedingt – fehlt. Vor etwa 200 Jahren, in der viktorianischen Zeit, stieg der Anteil gelbfüßiger Hühner in Europa plötzlich sprunghaft an, was mit der Einkreuzung asiatischer Rassen in Verbindung gebracht wird.[117]

Abb. 4.2 – Das Sonnerathuhn *Gallus sonneratii* hat nachweislich beim Haushuhn ›mitgemischt‹ (© S. Adikarla).

Nachgewiesen wurden auch Einflüsse von *Gallus lafayettii* und *Gallus varius*, welches ebenfalls im Gelbe-Beine-Stammbaum der Haushühner aufscheint.[118] Bei diesem genetischen Potpourri spielen drei biologische Arten mit, und es ist ungewöhnlich, dass sie überhaupt gemeinsame Nachfahren miteinander zeugen können. Dieses Kuriosum, gemeinsam mit der unglaublichen Varietät der Hühner (und damit sind alle *Gallus*-Arten gemeint, wild wie kultiviert), macht das Taxon *Gallus* für die Genomik besonders interessant, und es ist nicht auszuschließen, dass der Stammbaum der Kammhühner bald neu geschrieben werden muss: schon wieder, denn dies ist schon einige Male in der Biologiegeschichte passiert und in der Taxonomie, der Namensgebungs- und Stammbaumkunde der Biologie, nicht unüblich.[119]

Die bereits öfter erwähnte große Anzahl an Genomen, die notwendig ist, um in der Hühnerverwandtschaftsforschung weiterzukommen, wird gerade rund um das Team von Laurent Frantz in München gesammelt. In unserem – leider viel zu kurzen – Interview hat Professor Frantz über seine Arbeit an diesem Genomprojekt gesprochen. Um eine möglichst umfassende Datenbank zu erhalten, wurden bereits 150 archäologische Hühnerskelette sequenziert und mit Tausenden modernen Hühnergenomen aus aller Welt verglichen. Das Projekt ist in erster Linie auf der Suche nach den Wurzeln der heutigen ›Hochleistungshühner‹, die seit dem Zweiten Weltkrieg bewusst auf schnellen Fleischansatz bzw. maximale Eiproduktion gezüchtet wurden.[120]

Einige der Trends, die sich bisher gezeigt haben, sollen hier zusammengefasst werden: Unter anderem konnte man den Ursprüngen des gefürchteten Marek-Virus auf den Grund gehen. Man weiß, dass zur Zeit seiner Erstbeschreibung 1907 Marek eine seltene, hauptsächlich ältere Hühner betreffende Krankheit war, die nur verhältnismäßig wenige Verluste zur Folge hatte. Man fand heraus, dass das Virus bereits seit mindestens 1.000 Jahren in Europa grassiert, aber erst in den letzten 100 Jahren zunehmend letale Lymphtumore verursacht.[121] Bedingt durch die industrielle Massentierhaltung und den damit riesigen Pool an Wirten ist das Virus nachhaltig mutiert. Die Ansteckungsrate ist enorm, die Sterblichkeit erkrankter Hühner liegt heute bei 90 %. Weitere Mutationen, die die aktuell verwendeten Impfstoffe aushebeln, sind zu befürchten. Die Genomforschung hilft dabei, sowohl die Genetik des Erregers als auch die der Wirtsorganismen besser zu verstehen und dadurch wirksamere Impfstoffe zu schaffen.[122]

Die ersten nach Europa importierten Hühner der Antike blieben Tausende Jahre lang ›unter sich‹. Es gab verhältnismäßig wenige genetische Neuerungen, die über die üblichen Farb- und Größenvariationen hinausgingen. Eine völlig neue Dynamik wurde erst im 19. Jahrhundert durch die Wieder-Einkreuzung fernöstlicher Rassen im Zuge des *Hen Craze* (vgl. Kapitel 12) angestoßen. Es scheint, dass dieser asiatische Genpool einiges zu der enormen Leistungsfähigkeit der heutigen Hühner beigetragen hat.[123] China hat eine sehr lange Tradition der Haustierzucht, die sich auch bei Schweinen abzeichnet, und hat nachweislich schon parallel zu den Römern eine Vielzahl eigenständiger Rassen hervorgebracht.[124] Die europäischen und asiatischen Haushuhn-Genpools vermischten sich aber lange nicht. Welche Rolle nun die Gene anderer Wildhuhnarten, wie oben erwähnt, bei den asiatischen Haushuhnrassen und in weiterer Folge auch bei den heutigen modernen Rassen Europas, Amerikas sowie bei zu den modernen Hochleistungshühnern spielten, treibt die Forschung – auch finanziell – an. Fördermittel dazu kommen unter anderem aus Afrika, wo man danach strebt, leistungsstärkere Hühner zu züchten. Gespannt kann man weitere Ergebnisse des Projekts rund um Laurent Frantz erwarten, die ab 2025 veröffentlicht werden.[125]

Am Rande sei hierzu noch erwähnt, dass genau solche Überlegungen bereits einst von einer amerikanischen Non-Profit-Organisation angestrengt wurden. Man versuchte damals, *Rhode Island Reds*, eine amerikanische Zweinutzungsrasse mit rotbraunem Gefieder, in Westafrika zu etablieren, um den Menschen eine ertragreichere Hühnerhaltung zu ermöglichen. Aufgrund ihrer Farbe wurden die importierten Hühner aber sehr beliebt für diverse Rituale und unter anderem als Orakel genutzt (vgl. Kapitel 7). Bei einem solchen werden bereits als Opfer getötete Hühner geworfen und anhand ihrer Fallrichtung Deutungen zu diversen Fragen des Lebens vorgenommen. Da diese riesigen, auf Brustfleisch gezüchteten Hühnerkörper aber immer wieder auf dem Bauch landeten, musste – so wollen es die Regeln – das Opfer wiederholt werden. So wurden wohl sehr viele dieser fremdartigen Hühner geopfert und recht stark dezimiert. Das Programm wurde daraufhin rasch wieder eingestellt und man kehrte zurück zu den ›altbewährten‹ Dorfhühnern.[126]

5

Bunt, laut, exotisch!

Als ich Naomi Sykes nahe der geschichtsträchtigen Universitätsstadt Oxford treffe, weiß ich bereits einiges über ihr Interesse an Hühnern der Vergangenheit und der Gegenwart. Die Professorin unterrichtet an der Universität von Exeter und ist eine der wenigen, die ihre persönlichen Erfahrungen nicht nur still in ihre Forschung einfließen ließ, sondern sie zur Begründung einer Theorie veröffentlichte. Als ihre Familie sich dazu entschloss, Hühner im eigenen Garten zu halten, war unter den Küken auch der prächtige Hahn Gunter, der später das Familienleben einigermaßen auf den Kopf stellen sollte. Gunter war – wie viele seiner modernen Artgenossen – ein ruppiger Typ. Er zwang ›seine‹ Hennen zur Kopulation, scheuchte sie durchs Gehege, um den Paarungsakt zu vollziehen. Wie viele Hühnerhalterinnen fühlte auch Naomi mit den derart ›vergewaltigten‹ Hennen mit und beschloss, dem ein Ende zu setzen. Die Ausführung oblag ihrem Mann, der sich dazu Instruktionen von lokalen Bauern holte. Die Tötung des Hahns hinterließ Spuren an ihm, traumatisierte ihn offenbar nachhaltig. Doch abgesehen von diesem einschneidenden Erlebnis, dem kein anderes Familienmitglied beiwohnen wollte, schien Gunter in seinem Leben sehr viel mehr bedeutet zu haben als nach seinem Tod: Der Braten war klein und an einem Abend gegessen, auch wenn sich Sykes als Vegetarierin nicht an dem Mahl beteiligte.

Die Familie spricht heute noch von der Zeit, als sie Hühner im Garten hielt, und darüber, was Gunter und die Hennen zu Lebzeiten in ihrem Garten, ihrer Nachbarschaft, bei Gästen und bei der Familie selbst bewirkt hatten. Olfaktorisch, akustisch, haptisch, optisch und ihren Alltag betreffend war das Leben mit Hühnern eine turbulente, aufregende und polarisierende Zeit. Doch war das Management zu schwierig geworden. Die Tiere hätten sich unkontrolliert vermehrt, und der Kampf um den Deckakt unter den (inzwischen vielen) Hähnen, auf Kosten der Gesundheit der Hennen, sei für sie nicht mehr mitanzusehen gewesen, meint Sykes. Darüber hinaus hätten sich Füchse und Marder mehr und mehr an der Hühnerschar bedient, bis schließlich kein Huhn mehr übrig war.

Dieses Erlebnis brachte die Archäozoologin, die sich beruflich bereits seit langer Zeit mit Nutztieren beschäftigte, zu dem Schluss, dass die (positiven wie negativen) Erschütterungen, die eine Hühnerschar in ihrem Leben verursacht hatte, doch noch viel größer für diejenigen gewesen sein müssen, die noch nie in ihrem Leben einen Hahn gesehen hatten. Ein Tier von einer solchen bunten Pracht, sein unverwechselbarer Gesang, dargeboten in einer Lautstärke, die selbst für die Tierwelt extrem ist, der alles andere in der Umgebung übertönte. Hennen, die sich überfürsorglich um ihren Nachwuchs kümmerten. Hähne, die rituell anmutende Kämpfe fochten. Was heute viele noch nachvollziehen können: Hühner zu halten ist ein Fest für alle Sinne. Ganz wichtig bei dieser Betrachtung ist die Perspektive der Menschen der Eisenzeit: Reisen war limitiert, Informationen wurden nur mündlich weitergegeben. Das ›normale Volk‹ kannte, was es in Gehdistanz zu finden gab. Es gab noch keine ›Weltreligionen‹, die Natur wurde verehrt, manche ihrer Kreaturen zu Göttern oder deren Botschaftern erhoben, ihr Handeln als Orakel für alles Mögliche gedeutet. Von der Tierzucht verstand man noch nicht genug, um ›erwünschte‹ Merkmale herauszuzüchten. Dafür fehlte das Verständnis.

Was als persönliche Anekdote aus Naomi Sykes' Leben begann, fand als Leitgedanke in einer ihrer wichtigsten Publikationen Eingang und brachte schließlich eine Diskussion in Gang, die bis dato in Fachkreisen noch nicht geführt worden war: Wenn man davon ausgeht, dass Hühner auch eine andere Bedeutung als die eines Nahrungsmittels gehabt haben könnten, was waren sie sonst für die Menschen?

Über damals bereits gut ausgebaute Handelswege kamen Hühner nach Europa und Nordafrika. Sie waren ein exotisches rares Gut. Man hätte ein solches Tier nicht einfach geschlachtet, um es zu braten, meint Sykes. Im Gegenteil wurden Hühner wohl lange Zeit auf eine spezielle Weise verehrt. Selbst die Römer hätten Hühner lange Zeit nicht einfach nur getötet, um ein schnelles, und schon gar kein billiges, Essen zu haben.

Ein neuer Blick auf alte Knochen

Naomi Sykes, eine Vertreterin der *Social Zooarchaeology*, sieht die Hauptaufgabe der Archäologie in der Interpretation.[127] Es mache keinen Sinn, Knochen, Tonscherben, Gräber zu zählen und zu vermessen, zu archivieren und zu publizieren, ohne darin ihre Bedeutung für die damalige Lebenswelt zu suchen.[128] Die Rekonstruktion solch komplexer Beziehungen ist aber natürlich eine heikle, weil stets umstrittene und niemals gänzlich beweisbare Behauptung. Naomi Sykes findet daher, dass man Archäozoologie neu denken sollte, indem man die Mensch-Tier-Beziehung selbstbewusst mehr in den Mittelpunkt stellt. Denn anders als früher angenommen, geht es dabei nicht bloß um Essgewohnheiten. Wie sie selbst an sich und ihrer Familie beobachten konnte, kommt man anhand tierischer Funde der Natur der Menschheit viel näher als etwa über deren Haushaltsgegenstände.[129] Am meisten Sinn machen aber integrative Zugänge: »Menschliches Verhalten und Gedankengut sind nicht trennbar; wir interagieren nicht jetzt mit Tieren, später mit Pflanzen und morgen Nachmittag mit Keramik – unsere Leben sind ganzheitlich.«[130] Und so wäre es auch mit den Tieren von damals und heute: Jedes von ihnen hätte eine Biografie.

Da auch Archäologen Menschen sind, nehmen sie oft ganz unbewusst die Perspektive der heutigen Lebenswelt und ihrer eigenen Erfahrungen darin als Ausgangspunkt und legen diese auf die Realitäten der Vergangenheit um. Das Huhn ist dabei der Prototyp der (zu) schnellen Schlüsse: Hühner, heute viermal mehr an der Zahl als alle Menschen zusammen, wurden und werden noch oft einfach als Schlachtvieh und Eierproduzenten eingeordnet. Man ging auch oft von der Größe der heutigen Haushühner als bereits ewig bestehendes Maß aus: Nur wenige kamen auf den Gedanken, hier genauer hinzusehen … Vor diesen Trugschlüssen warnt Naomi Sykes.

Dass Hühnerknochen von vornherein als unwichtig, weil als Speisebeigabe abgetan wurden, stört auch Henriette Baron, wie sie in einem 2023 veröffentlichten Interview rund um das Spannungsverhältnis von Ethik und Archäologie betont: »Das Phänomen, dass in der Archäologie die Rolle, die Tiere im Alltagsleben hatten, vielfach nicht beachtet wird, dass Forscher*innen auf dem Auge geradezu blind sind und die Bedeutung der Tiere massiv unterschätzen. Ich denke, dass das zu einem gewissen Grad daran liegt, dass Tiere heutzutage in unseren Leben eine so untergeordnete Rolle spielen. Wir sehen sie nicht mehr.«[131]

Die Beziehung zwischen Mensch und Tier war früher, in Kulturen, wo Priester und Fleischhauer noch derselbe Beruf war,[132] so komplex und miteinander verwoben, dass die Tötung eines Tiers keine simple, selbstverständliche Sache gewesen sein kann. Tiere waren nach damaliger Ansicht Götterboten (ohne es selbst zu wissen und daher besonders unvoreingenommen!), Verbündete, Wesen auf gleicher Augenhöhe. Die Weltanschauung, der Mensch stehe an der Spitze der Schöpfung, wäre den Menschen von früher vermutlich bizarr erschienen.[133] So wie es für uns Europäer heute undenkbar ist, junge Hunde zu schlachten und zu essen, so könnte es möglicherweise früher (als man Hunde auch in Mitteleuropa noch sehr regelmäßig aß!)[134] undenkbar gewesen sein, ein Huhn einfach nur seines Fleisches wegen zu töten. Tabus wie diese sind freilich wandelbar und unterschiedlich in den diversen Kulturen.[135] Dies zeigt uns auch die Geschichte.

So wurde beobachtet, dass die einst sehr seltenen Haushühner am Beginn der Haustierwerdung in Asien und kurz nach ihrem Erscheinen in Europa ein eigenes Grab erhielten. Die ältesten Hühner in Thailand, China, Italien und England wurden als ganze Skelette ohne Schlacht- und Schnittspuren gefunden: beerdigt in individuellen Gräbern.[136] Was könnte das nun bedeuten? Da die Fortpflanzung der Hühner noch lange nicht von den Jahreszeiten abgekoppelt war, war die Reproduktionsrate gering, und Hühner blieben über lange Zeit ein Ausnahmephänomen im europäischen Haustierallerlei.

Abbildung 5.1 zeigt, wie selten Hühner in den archäologischen Funden Mitteleuropas verschiedener Epochen auftraten. Wie in Kapitel 3 bereits erläutert wurde, muss man jedoch beachten, dass früher viele Funde links liegen gelassen und nicht dokumentiert wurden. Wie viel diese Verluste am großen Bild ändern würden, können wir leider nicht wissen.

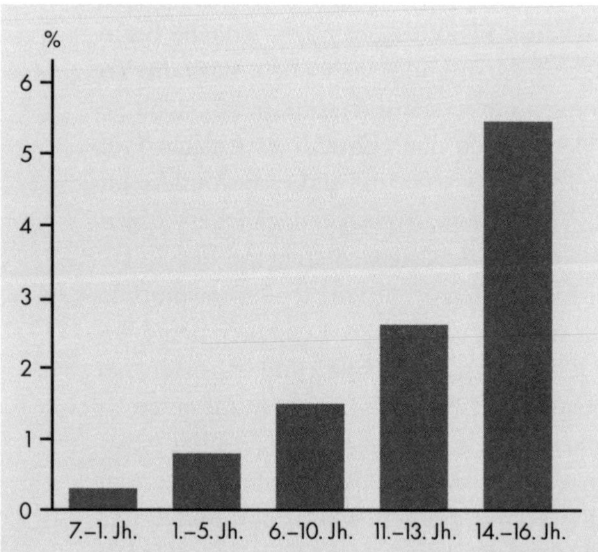

Abb. 5.1 – Anteil der Hühnerfunde in 364 archäologischen Stätten Mitteleuropas in Prozent (© N. Benecke; bearbeitet).

Die frühen, noch besonders Wärme liebenden Hühner konnten sich offensichtlich auch nur langsam an das trockene und kühlere, ja oft sogar kalte Klima in Europa gewöhnen. Nur die Härtesten überlebten die frostigen Jahreszeiten; oder aber, sie wurden gut umsorgt, wie etwa die bereits erwähnte gesund gepflegte Henne aus Weston Down (vgl. Kapitel 3).[137] In Schottland, Irland und Island sowie Skandinavien dauerte es noch ein weiteres Jahrtausend, bis das Haushuhn sich etablieren konnte.[138] Auch der Hühneranteil in den Küstengebieten der Nord- und Ostsee war lange marginal.[139]

Hühner waren weit vor ihrer wirtschaftlichen Bedeutung als Fleisch- und Eierlieferanten besonders im Zusammenhang mit kultisch-rituellen Praktiken zu finden. In ihrem Buch *Beastly Questions* aus dem Jahr 2014 beschäftigt sich Naomi Sykes durchaus kritisch mit Grundkonzepten, die ihrer Meinung nach in der Archäo(zoo)logie zu wenig hinterfragt werden und wurden. Der Ausdruck *Ritual* werde hauptsächlich als Allerweltsbegriff kaum definiert, dafür aber großzügig verwendet, durchaus nicht nur im religiösen Kontext.[140] Wir meinen damit auch säkulare Praktiken zu ›besonderen Anlässen‹ und Wiederkehrendes aus dem Alltag.[141] Für die Rituale, die im archäologischen Kontext üblicherweise gemeint sind, lassen sich nach Maaike Groot[142] gewisse gemeinsame Verhaltenselemente feststellen:

- Kommunikation mit höheren Wesen: Man tritt mit einer Bitte an sie heran. Häufig wird dafür eine Gegenleistung angeboten (ein Geschenk, Verzicht, ein Opfer).
- Formalität und Regeln: Rituale haben einen bestimmten Ablauf, der gewissen Regeln folgt. Diese sind oft nicht selbsterklärend oder augenscheinlich, sondern werden ›von außen‹ vorgeschrieben.
- Wiederholungen: Häufig tritt ein repetitives Element auf. Da man mit der höheren Macht nicht diskutieren kann, kann man sein Anliegen nur bestärken, indem man die Bitte oder damit Verbundenes wiederholt.
- Öffentlicher Aspekt: Meistens gibt es Publikum (selbst, wenn nur die höhere Macht anwesend ist).
- Räumliche Struktur: Ort bzw. Anordnung und Bewegung im Raum spielen eine Rolle.

Rituale haben etwas gesellschaftlich Verbindendes an sich, sie stärken die Gemeinschaft, den Zusammenhalt. Sie können Ordnung in chaotische, verzweifelte Situationen bringen. Darüber hinaus haben sie für das Individuum eine wichtige psychologische Funktion. Unter diesen Aspekten machen Rituale also auch – abgesehen von ihrer unklaren tatsächlichen Wirksamkeit – durchaus Sinn.[143]

Hahn oder Henne?

Ein Grund für die Ausnahmestellung der Hühner dabei könnte – neben ihrer Seltenheit und daher Eignung als besonders kostbare Gabe – auch der große Unterschied in der Erscheinung der Geschlechter (Geschlechtsdimorphismus), der sich morphologisch deutlich an lebenden Tieren, aber kaum im Skelett zeigt, sein. Es gibt drei Anhaltspunkte, an denen man sich dabei orientieren kann:

- Körpergröße: Hähne werden größer als Hennen. Man kann aber nicht immer mit Gewissheit sagen, ob das Tier schon ausgewachsen war, da es bei Vögeln keine Wachstumsfuge (Epiphyse) gibt. Daher kann das Alter am besten anhand der Laufbeinknochenlänge eruiert werden. Diese variiert aber mit der Rasse.
- Hennen: Nur während der Legeperiode bilden Hennen sogenanntes *medulläres Knochengewebe* in den Langknochen aus. Darin wird Kalk für die Eierschalen gelagert.
- Hähne: Hähne tragen ab einem gewissen Alter Sporne, die dann ein Leben lang weiterwachsen. Problematisch daran ist nur, dass nicht alle Hähne über einen Sporn verfügen.

Gunter, Sykes' stattlicher, gesperberter Hahn, hatte zum Beispiel bis zu seinem Tod im Alter von acht Monaten keinen Sporn, ja nicht einmal einen solchen Ansatz entwickelt. Ein Detail, das in seiner Halterin, der Archäozoologin, verständlicherweise Zweifel aufkommen ließ, ob denn die gängige Praxis der Geschlechterbestimmung beim Haushuhn anhand des Sporns wohl immer zum richtigen Ergebnis geführt hatte: Vor allem, da ihr eigener, testosterongesteuerter, krähender und prachtbefiederter Haushahn nur anhand seines Skeletts wohl mit großer Wahrscheinlichkeit als Henne identifiziert worden wäre.[144] Pikantes Detail: Auch manche Hennen entwickeln einen Sporn, der allerdings häufig erst im Alter auftritt und nur geringere Dimensionen der männlichen Sporne erreicht (vgl. Abb. 5.2.a und 5.2.b).[145] Tatsächlich sind auch die Sporne chirurgisch kastrierter Kapaune (vgl. Seite 154f.) deutlich länger als die ihrer intakten Artgenossen. Es stimmt auf jeden Fall, dass die Geschlechterbestimmung beim Huhn anhand der Sporne allein nicht besonders aussagekräftig ist.[146]

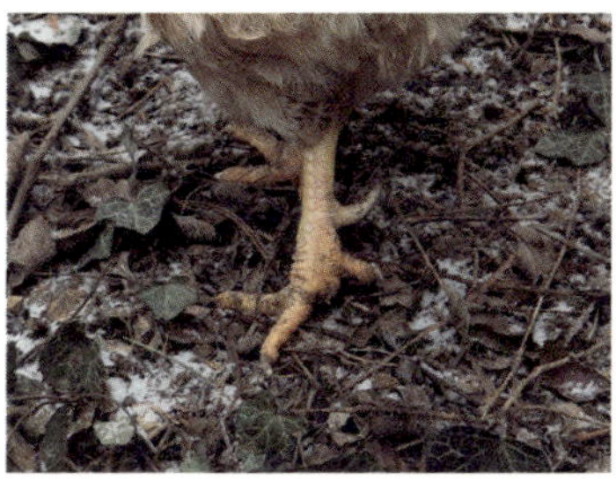

Abb. 5.2 – Links (a): Ottilie, eine bespornte Henne; rechts (b): Ottilies Fuß mit Sporn (b) (© P. Radeczki).

Angeregt durch Gunters Skelett, das der Wissenschaft gespendet worden war, fand man an der University of Exeter heraus, dass eine valide Geschlechts- und Altersbestimmung am besten anhand des Verhältnisses der Länge des Sporns und der des Tarsometatarsus zu berechnen ist, und entwickelte ein entsprechendes Modell.[147]

Eine der wichtigsten Erkenntnisse aus dieser Studie ist, dass bisher das Alter der Hähne wohl drastisch unterschätzt worden war. Man kann davon ausgehen, dass viele besonders alte Hähne (bis über vier Jahre) in der prärömischen Antike anzutreffen waren, was wiederum Naomi Sykes' These, dass Hühner nicht einfach gegessen wurden, untermauert. Der wandelnden und vielseitigen Bedeutung der Hühner für die Menschheit, abseits des schieren Lebensmittels, wendet sich das folgende Kapitel zu.

6 Was macht das Huhn *unter* dem Tisch?

Lieber würde ich in Rom aus dem Zug steigen, um meine nächste Interviewpartnerin persönlich zu treffen, als im herbstgetrübten Österreich in einem Zimmer zu sitzen und aus dem Fenster in den Nebel zu blicken. Doch Angela Trentacoste erhellt die Stimmung, als sie mit fröhlichem Blick auf meinem Bildschirm erscheint. Gut gelaunt lächelt sie mir aus dunkler Lockenpracht entgegen und fragt mich, welches Monster mit mir in diesem Raum sei, als sich eine Fliege unbemerkt auf meine Webcam setzt. Angela scheint mir eine echte Kosmopolitin zu sein: Sie trägt einen italienischen Namen, arbeitet für die *British School at Rome*, eine Dependance der *British Academy*, hat eine universitäre Laufbahn in England hinter sich und spricht wohl erstsprachig amerikanisches Englisch. Als ich sie zwei Jahre zuvor das erste Mal kontaktiert hatte, arbeitete sie gerade in Kiel für die Humboldt-Stiftung. Selbst hätte sie nie Hühner gehalten, weil sie zu viel herumkomme, erzählt sie mir.

Ihr Interesse für das Studium der Archäologie brachte sie an ihre erste Ausgrabungsstelle in Italien. Sie machte dort die Erfahrung, dass man sich bei Knochen in erster Linie Gedanken darüber machte, ob sie menschlich seien oder nicht. Sobald man sich einig war, dass es sich um Tierknochen handelte, herrschte Ratlosigkeit. Auch der sorglose Umgang mit diesen oft unidentifizierten, vernachlässigten Überresten befeuerte ihr Bestreben, sich auf Tierknochen zu spezialisieren, da es offensichtlich noch genug Bedarf an Fachleuten in diesem Bereich gab. Mit der Keramik nie ›warm geworden‹, glüht sie hingegen heute noch für die Archäozoologie. Das Wunderwerk des tierischen Organismus, der diese Knochen einmal geformt hatte, das Wissen darum, dass sie einem Lebewesen gehört haben, mit einer eigenen Biografie, fasziniere sie nach wie vor. Speziell die Bestimmung der Knochen sei eine besonders intensive, konzentrierte und ruhige Beschäftigung, in die man sich wunderbar vertiefen könne. Der haptische Aspekt hätte ihr immer schon besonders gefallen. Man müsse sich Zeit nehmen, um keine Fehler zu machen. Und besonders aufregend seien die Knochen, bei denen man nicht sofort wisse, worum es sich handelt: Zuerst mache man Fotos, schicke Textnachrichten an befreundete Kolleginnen und Kollegen, mit der Frage, was das denn sein könne. Dann nehme man solche Knochen auch mal mit auf Konferenzen, um sie anderen Fachleuten zu zeigen.

Bevor ich sie noch näher zu ihrem Lebenslauf befragen kann, legen wir auch schon los. Wir müssen reden. Über Hühner.

Angela Trentacoste forscht viel zu antiken Handelswegen und zur Lebensmittelversorgung in Italien. Besonders interessiert mich aber ihre Forschung zu den präromanischen Gesellschaften im mediterranen Raum. Dazu hat sie einen interessanten Artikel veröffentlicht und auch viel zu erzählen. In ihrer Arbeit stellt sie die Haus- und dabei besonders die Nutztiere im eisenzeitlichen Italien in den Mittelpunkt der ökonomischen und sozialen Entwicklung. Denn anhand der archäozoologischen Funde, aber auch der Kunstwerke, die vorliegen, kann man die frühe Verbreitung des Haushuhns über Europa und seine Bedeutung für die Menschen der Eisenzeit und der Antike nachzeichnen.

Die ältesten in Italien gefundenen Hühner wurden per Radiokarbondatierung auf das 8. bis 6. Jh. v. Chr. bestimmt und stammen aus Gräbern in Orvieto (Latium) und Forcello (Lombardei). Dorthin gekommen sind sie vermutlich über Verbindungen zu griechischen Händlern. Ihre Bedeutung in der Landwirtschaft war nicht gegeben, doch dürften die frühen Hühner – und dabei besonders die Hähne – schon bei den Etruskern als Luxusgüter bei der Elite einen großen Eindruck hinterlassen haben. Wenig produktiv, aber eindrucksvoll. So wurden Hühner vermutlich als besondere Geschenke in den kommerziellen und diplomatischen Beziehungen des Mittelmeerraums hochgeschätzt. Mehr als man früher annahm, trugen diese Aufwartungen zur Verbreitung exotischer Kleintiere bei.

Als Hühner den Mittelmeerraum erreichten, bestand bereits eine reiche Tradition, mit Vögeln kultisch zu interagieren. Seit jeher wurden ihnen Verbindungen zu einer anderen Sphäre nachgesagt. Hühner passten daher vermutlich gut in das damalige Weltbild, weshalb sie relativ schnell in die Riten der damaligen Kulturen aufgenommen wurden. Schließlich haben diese bunten, tropischen Vögel auch ein reiches Verhaltensrepertoire, in das sich schnell Symbole für verschiedene Phänomene interpretieren lassen.

Abb. 6.1 – Weltkarte, die die Verbreitung der Hühner über die Welt (Amerika ausgenommen) zeigt. Rote Ecken: Älteste verifizierte Funddaten (in Jahren vor heute). Der Farbverlauf von hell nach dunkel symbolisiert die angenommene historische Verbreitung (© Peters et al. 2022).

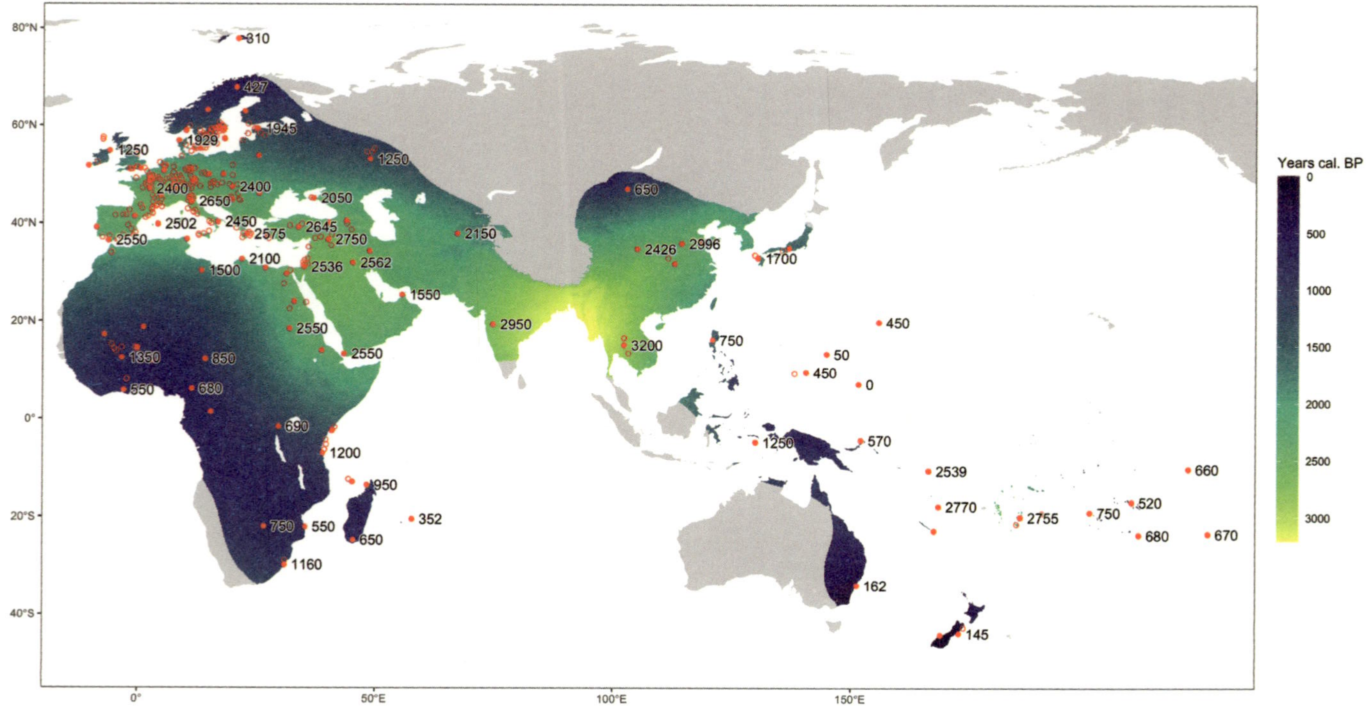

Auszug aus Asien

In Zeiten, in denen die meisten Menschen nur das kannten, was sie zu Fuß erreichen konnten, muss die Ankunft eines Hühnerpaars eine Sensation gewesen sein. Zusätzlich zu ihrer ungewöhnlichen Erscheinung (*Kammhühner* gab es ja nur im Fernen Osten) zeigen Hähne aber auch noch viele, recht extreme Verhaltensweisen. Die damaligen Hähne waren zwar klein, aber wohl genauso sexuell hyperaktiv, polygam, inzestuös, unerbittlich laut und überaus kampfwillig gegenüber ihresgleichen wie die von heute.[148] Wie viele andere exotische Tiere, die von weit herkamen und etwas noch nie Dagewesenes verkörperten, waren sie für die Menschen nicht nur zu wertvoll, um einfach gegessen zu werden.[149] Sie wurden vielmehr mit übernatürlichen Kräften oder einer Verbindung zum Jenseits assoziiert, vielleicht auch schlicht als Ziervögel gehalten.[150] In vielen Ländern war das Schlachten von Hühnern lange Zeit entweder per Gesetz verboten oder aber tabuisiert.[151]

Der bereits erwähnte Bias, also die Verzerrung des Bildes, das Forschende zeichnen, weil sie etwa von falschen Grundannahmen ausgehen (häufig solchen, die auf ihrer eigenen Lebenswelt basieren), führte zu der Theorie, dass bereits die Ägypter Hühner gehalten hätten. Sogar wegen ihrer Fähigkeit, »täglich zu gebären«, wie es die Interpretation einer vorantiken Schrift will. Auf einer etwa 10x10 cm großen Kalkscherbe nahe dem Grab Tutanchamuns aus der Zeit zwischen 1425 und 1123 v. Chr. wurde das Abbild eines Hahns gefunden (vgl. Abb. 6.2). Verlässliche Evidenz für die Hühnerhaltung dort gibt es nach neueren Erkenntnissen erst ab 500 v. Chr. Auch fehlt es in Ägypten an gesicherten Hühnerknochenfunden und anderen ikonografischen Darstellungen. Joris Peters interpretiert das Tier auf der Abbildung als einen *wilden* Hahn einer (nicht genauer bestimmbaren) *Gallus*-Art, der vielleicht als Geschenk für den Pharao aus Südostasien oder dem näheren Indien (dem westlichsten Verbreitungsgebiet von *Gallus gallus murghi*) mitgebracht und aufgrund seiner Schönheit und Exotik bildlich festgehalten wurde.[152] Vielleicht hat der Zeichner aber auch das betont, was ihm besonders ge- oder auffiel, wie zum Beispiel Kamm oder Schwanzfedern. Noch dazu könne man keine Rückschlüsse auf die Färbung des porträtierten Tiers ziehen, da es sich um eine Schwarzzeichnung handle. Und außerdem: Woher solle man wissen, dass dies ein domestizierter Vogel war, so wie ganz selbstverständlich von seinem Beschreiber Carter 1923 postuliert?[153]

Abb. 6.2 – Älteste Darstellung eines Hahns auf einem Ostrakon, gefunden nahe dem Grab Tutanchamuns (© H. Carter).

Die natürlichen Grenzen, die dem Wildgeflügel gesetzt sind, gründen auf seiner vorhandenen, aber limitierten Flugfähigkeit und eingeschränkten Toleranz gegenüber Kälte und Vegetationstyp: Hühner können nicht über lange Strecken ziehen, keine hohen Berge oder große Wasserflächen überwinden, nicht durch Wüsten laufen. Von selbst konnten sie sich also nicht verbreiten. Da (ungezähmte) Bankivahühner in tropischen Klimaten heimisch sind und als scheue Wildtiere einen langen Transport wahrscheinlich nicht gut überstanden hätten, ist es zwar möglich, dass sie in Einzelfällen an andere Orte verbracht wurden, so wie bei dem ägyptischen Hahn vermutet. Regelmäßig transportiert wurden aber erst bereits domestizierte, an den Menschen gewöhnte und Ortswechsel tolerierende frühe Haushühner (*Gallus gallus f. domestica*).

Diese wurden vermutlich von der Levante aus nach Südeuropa gebracht und über den gesamten Mittelmeerraum verbreitet. Auch in England und Wales gab es sie schon sehr früh, was dem milden Klima geschuldet sein dürfte. Im Norden (Skandinavien, Schottland) waren Haushühner erst im Spätmittelalter häufiger anzutreffen. Vermutlich konnte sich die Art nur langsam an dauerhaft kältere Klimabedingungen anpassen. Selbst die Römer, die zu diesem Zeitpunkt bereits jahrhundertelange Erfahrung mit der Hühnerhaltung hatten, brachten sie in den nördlichen Landen nur in Südschweden durch.[154]

Frühe Eisenzeit im Mittelmeerraum

Als früheste Knochenfunde von Hühnern aus dem 8. Jh. v. Chr. aus Thailand und Italien wurden vollständige Skelette identifiziert, teilweise individuell bestattet, andere als Grabbeigaben, doch niemals als Küchenabfälle, Schlachtmale fehlen.[155] Diese Tiere dürften auch schon älter gewesen sein, wie man an den langen Spornen der Hähne erkennen kann.[156]

Für die Etrusker war der Hahn ein Symbol für »die Toten und alles Erotische«.[157] Auch auf Wandmalereien und in Gräbern aus dem Mittelmeerraum des 6. und 5. Jh. v. Chr. (Griechenland, Italien, Türkei) ist der Hahn Teil des abgebildeten Festbanketts: Allerdings findet man ihn dort nicht gebraten auf dem Tisch, sondern unter den Sitzbänken, gemeinsam mit Katze, Hund und Rebhuhn, offenbar nach herabgefallenen Köstlichkeiten suchend. Die Kombination aus diesen vieren scheint ein wiederkehrendes Motiv zu sein (vgl. Abb. 6.3). Sie wurden daher in der Geschichtsforschung regelmäßig als »Heimtiere« eingeordnet.[158] Andere, wie Angela Trentacoste, gehen davon aus, dass Hühner in vielen Haushalten der Eisenzeit und frühen Antike gar nicht bekannt waren, sondern etwa bei den Etruskern als seltene, sehr luxuriöse Haustiere nur von den Reichsten gehalten wurden – dann vielleicht tatsächlich als Ziergeflügel und mitunter im Haus.[159]

Abb. 6.3 – Hühner in der Bestattungskunst des Mittelmeerraums – Oben: Klazomenischer Sarkophag, Akanthos, Griechenland (ca. 500–470 v. Chr.); Mitte: Wandmalerei, Grab Tricliniums, Tarquinia, Italien (ca. 470 v. Chr.); unten rechts: Steinsäule, Arezzo, Italien (spätes 6. Jh. v. Chr.); unten links: Wandmalerei, Grab Karaburun II, Türkei (ca. 475 v. Chr.) (© Trentacoste; bearbeitet).

In der Eisenzeit fehlen schriftliche Aufzeichnungen über den Alltag der Völker. Erst die Römer überlieferten Schriften, doch stellten diese stets eine Außensicht der ›barbarischen‹ Völker und ihrer Bräuche und Gepflogenheiten dar. Die Britonen, so schrieb Cäsar in *De bello gallico*, verzichteten auf den Verzehr von Hühnern, hielten sie hingegen zur Freude und zum Vergnügen. Ob damit Hahnenkämpfe oder die schlichte Freude an deren Schönheit gemeint war, bleibt unklar. Bezüglich der Hasen lag Cäsar falsch, bei den Hühnern ist man sich nicht ganz sicher.[160] Man kann sich nur auf die Interpretation archäologischer Funde und die Berichte griechisch-römischer Zeitzeugen stützen.[161] Obwohl ohne nennenswerten Einfluss durch die Griechen, kannten die Kelten bereits Hühner, hielten sie doch in äußerst geringen Zahlen, wie Ausgrabungsfunde zeigen.[162] Das Huhn war zum Beispiel auf den Britischen Inseln nicht weitverbreitet, aber dennoch nicht gänzlich unbekannt.[163] Hühnerknochenfunde machten in England zumeist weniger als 1 % der Tierknochenfunde aus, in Mitteleuropa nur ca. 0,3 %.[164] Besonders in kühleren Regionen treten sie nur als seltene Ausnahmefälle auf.[165]

Antikes Griechenland und Rom

In der frühen Antike (ca. 800 bis 480 v. Chr.) waren Hühner kaum bekannt, geschweige denn verbreitet.[166] Homer erwähnte sie nicht, und es fehlt an archäologischen Funden.[167] Der erste griechische Dichter, der Mitte des 6. Jahrhunderts von Hühnern erzählt, war Théognis, ein Snob, der das Volk genauso verachtete wie die Arbeit auf dem Hinterhof.[168] Aristophanes schrieb Ende des 5. Jahrhunderts in seiner Komödie *Vögel* über eine orientalische Tradition, die dem Athener

Publikum des späten 5. Jahrhunderts offenbar bekannt war und von einem Hahn als König Médé erzählt, der noch vor Darius und Kambyses über die Perser herrschte. In Erinnerung an diese »antike Herrschaft« wurde er zum »Vogel von Persien«.[169] Diese Bezeichnung bleibt den Haushühnern in der Antike erhalten und wird oft als Beweis für die Einfuhr des Hausgeflügels über Persien angesehen.[170] In der griechischen Literatur dieser Zeit taucht der Hahn immer wieder als orientalischer Edelmann auf, was auf seine exquisite Stellung für die Griechen hinweist.[171] Auch in den persischen Volksmärchen (unbekannten Alters und Ursprungs) kommen Hühner häufig vor.[172] In der griechisch-römischen Mythologie kommt das Huhn ebenfalls vor: Da die Personen dort je einen griechischen und lateinischen Namen haben, werden im Folgenden meistens beide Namen genannt, aber bestimmt immer der zuerst, für deren Kultur er offenbar wichtiger war.

Der älteste bisher gefundene Hühnerknochen Griechenlands wurde auf ca. 500 v. Chr. datiert, doch gab es bereits davor zahlreiche ikonografische Darstellungen in der Kunst.[173] Im süditalienischen Reggio Calabria, das einst eine Kolonie der Magna Graecia war und stark unter dem Einfluss der altgriechischen Kultur stand, befindet sich ein Museum, das ganz der antiken Stadt Locri Epizephyrii gewidmet ist. Bekannt ist es für seine riesige Sammlung kleiner quadratischer Täfelchen, die Pinakes. Ein Pinax ist eine kleine Terrakottafliese, die religiöse Szenen darstellt, besonders rund um den Kult von Hades und Persephone (auch: Kore). Die Menschen brachten diese Täfelchen in das Persephoneum, den Tempel der Persephone, um der Göttin ein – unblutiges – Opfer zu bringen und sie gütig zu stimmen. Sie ist in der griechischen Mythologie die Tochter von Zeus, dem Göttervater, und Demeter, der Fruchtbarkeitsgöttin.

Abb. 6.4 – Pinax, Heirat von Persephone und Hades, mit Hahn unter der Bank. 490–450 v. Chr. (© Daderot).

Hades verliebte sich in die junge Göttin und entführte sie, als sie auf der Erde ein paar Blumen pflückte. Nach verzweifelter Suche fand sie ihre Mutter schließlich mit der Hilfe von Helios, dem Sonnengott. Leider hatte Persephone bereits einige Granatapfelkerne genascht, die ihr Hades angeboten hatte – wohlwissend, dass er sie damit auf ewig durch Liebe an sich binden würde. Als Demeter verzweifelt damit drohte, die Welt unfruchtbar zu machen, handelte Zeus mit Hades aus, dass Persephone die Hälfte des Jahres mit Hades und die andere Hälfte des Jahres bei ihrer Mutter verbringen durfte. So käme es zu Winter (bei Hades) und Sommer (bei Demeter).[174]

Unter der Sitzbank des frischvermählten, widersprüchlichen Paares steht der Hahn, der seit jeher als symbolischer Vermittler zwischen Tag und Nacht, Leben und Tod, Himmel und Erde galt. Da er nicht in der Sage erwähnt wird, hat er auf den Pinakes symbolische Bedeutung.[175] Er wird in den unterschiedlichsten Zusammenhängen rund um Persephones Geschichte dargestellt, teilweise in etwas bizarren Situationen: In einigen Darstellungen ihrer Entführung sitzt der Hahn auf dem Kopf oder Hals der Pferde, die Hades' Kutsche ziehen. In anderen Szenen gestikuliert die Göttin während ihrer Entführung, mit einer Hand um Hilfe rufend, während sie in der anderen einen Hahn hält.[176] Die Omnipräsenz des Hahns kann auch darauf hinweisen, dass Hühner im Tempel gehalten wurden.[177]

Der Hahn begegnet uns in der Antike als Zeichen der Männlichkeit, (exzessiven) sexuellen Verlangens, der Homoerotik.[178] Er steht für Kampfeslust und Krieg.[179] Bei den Römern stand er später aber auch als Überzeichnung dieser Attribute als Symbol für Vergewaltigung und Ehebruch, als Impuls, Geschenk und Zeichen der Hingabe, als Mediator zwischen Liebenden und als Omen.[180] Auch existieren Skulpturen, die den schönen Jüngling (oder eher das Kind) Ganymed zeigen, wie er von seinem Geliebten und Entführer Zeus (= Jupiter) festgehalten wird: Mit einer Hand führt er einen Reifen, auf dem anderen Arm trägt er einen Hahn. Eine häufige antike Darstellung ist auch Eros (= Amor), der versucht, eine Handvoll Nüsse vor einem Hahn zu retten. Die Deutungen rund um dieses Bild sind vielfältig. Terrakottafiguren rund um das Jahr Null mit diesem Motiv wurden als Grabbeigaben für Kinder gefunden, doch ist unklar, ob sie als Spielzeug oder stellvertretend für ein Tieropfer dienten.[181] Der Gott der Liebe wird auch häufig dargestellt, wie er sich an einen (überdimensionalen) Hahn schmiegt oder auf einem solchen reitet.

Auch Ares, der Gott des Krieges, wird mit dem Hahn *(alektôr)* assoziiert, offensichtlich aufgrund seiner Kampfbereitschaft. Doch wurde auch folgende Sage überliefert:

Alektryon war ein Freund des Ares. Ares ließ sich unerlaubt mit Aphrodite (der Ehefrau des Hephaistos) ein. Er bat seinen Freund, er solle Wache stehen. Alles lief gut, es entstanden zwei Kinder aus dieser Liaison (Harmonia und Eros). Alektryon schlief jedoch ein, und Helios, der alles sieht, weckte mit seinen Sonnenstrahlen Hephaistos, der das Liebespaar überraschte. Er umschlang sie sodann mit unsichtbaren Fesseln und schleifte seine Frau und ihren Liebhaber vor die anderen Götter des Olymps, um Schande über die beiden zu bringen. Als Strafe verwandelte Ares Alektryon in einen Hahn, damit er niemals mehr in einem Bett schliefe und vergesse, den Sonnenaufgang anzukündigen. Er verpasste ihm obendrein einen blutroten Kamm, der ihn an seinen früheren Helm erinnern sollte.[182]

Von daher rührt auch die Assoziation des Hahns als Wächter, zum Beispiel beim Kult rund um Asklepios, dem Gott der Heilkunst, wo der Hahn vor Krankheit schützen soll. Doch auch Asklepios (= Äskulap) selbst heilte einen einbeinigen Hahn, der ihn mit seinem morgendlichen Krähen erfreute und bei Sonnenuntergang wieder gesundet war, so die Sage.[183] Der Gott habe dem Hahn selbst keine Heilkräfte zugeschrieben, anders als der Schlange, dem Hund oder der Gans,[184] doch wache er über die Geburt eines Kindes (ein Übergang).[185] Für Demeter, die Göttin der Fruchtbarkeit, und Leto, Mutter der Zwillinge Apollo und Artemis, war das Huhn ein heiliges Tier und keines durfte ihnen geopfert werden.[186] Zusätzlich zu diesen griechischen Traditionen wurde der Hahn in der römischen Mythologie besonders mit Merkur (Hermes), dem Gott des Handels, der Kaufleute und des Reichtums verknüpft.[187] Allen voran aber in der Funktion des Götterboten, der als Vermittler zweier Welten fungiert:[188] Dies erklärt mitunter die Bedeutung von Hühnern als Grabbeigaben.

Hühner als Grabbeigaben

Da man aber in der Regel bisher davon ausging, dass Hühner überall gegessen wurden bzw. als Grabbeigaben als ›Nahrung‹ der Toten dienen sollten, müssten die spärlichen Funde, die es gibt, vielleicht von Neuem analysiert werden. Tatsächlich fand man in Dänemark aber auch ein Huhn in einem römischen Topf.[189] Leider nahm man es früher auch mit den Aufzeichnungen über die Arrangements der Grabbeigaben nicht so genau: Die Geschlechter der Tiere wurden häufig nicht bestimmt, die Lage ihrer Körper nicht untersucht.[190] Nur sehr vereinzelt findet man bei den Kelten den Hahn auf Schmuckstücken, die häufig ebenfalls den Verstorbenen mitgegeben wurden.[191]

Hühner findet man bei den Kelten als Grabbeigaben in ›Spitzengräbern‹, die durch besonders viele oder wertvolle Ausstattung auf einen hohen Status der Bestatteten hinweisen. Oft waren es vollständige Hühnerskelette, sie wiesen keine Schlachtmale oder Schnittspuren auf. In Dänemark wurde ein Hahn in einem reich bestückten Grab neben der ausgestreckten Hand eines verstorbenen Mannes beigelegt. Es fehlte der Kopf, doch fand man keine Schlachtmale.[192] In Österreich wurden in frühlatènezeitlichen Gräbern offenbar hochgestellte Personen mit Huhn, wie etwa ein ›Proto-Druide‹ (Medizinmann), gefunden, wobei diesem Toten zusätzlich auch zwei Schweine, ein Rind und ein Rothirsch beigelegt worden waren.[193] Im niederösterreichischen Mannersdorf wurden einem Kind ein Bärenzahn und ein Huhn ins Grab gelegt. Auch eine alte, offenbar bedeutsame Frau wurde mit Huhn und einem ganzen Schwein beerdigt.[194] Es wurden bisher unter 20 Hühnerskelettteile in mitteleuropäischen Gräbern der Eisenzeit verzeichnet. Auffällig ist, dass das Huhn nie als alleinige tierische Grabbeigabe auftritt.[195]

Aber warum Hühner? »Im Gegensatz zu anderen Beigabengruppen werden potenzielle Motivationen und geistige Hintergründe für die Auswahl von Tieren und Tierprodukten im Grabritus verhältnismäßig selten hinterfragt«[196], beklagt Henriette Baron die gängige archäologische Praxis. Der schweizerische Archäologe Bruno Kaufmann[197] nennt vier Interpretationswege für Tierknochenfunde in Gräbern:

- Speisebeigaben
- Unterhaltung für das Jenseits (Vögel)
- Führer ins Jenseits (heilige Tiere wie Pferde oder Hirsche)
- Begleiter im Jenseits (Vögel, Hunde, Pferde)

Nach dieser Interpretationsmöglichkeit passen Hühner – je nach Kultur und Epoche – als Vögel und Exoten gleichermaßen in alle vier Gruppen. Aber auch die Hinterbliebenen und ihre Motivation bei der Wahl der Grabbeigaben sollten bei einer Gesamtinterpretation von Gräbern nicht außer Acht gelassen werden. Schließlich sehen wir nur, was unter der Erde blieb, nicht, was sich darüber abgespielt hat. Es bedarf also eines umfassenden Blicks, um die Rolle von Tieren in Gräbern aus heutiger Sicht ›richtig‹ zu interpretieren.[198]

Ein außergewöhnlicher Fund auf dem römischen Friedhof von Baldock im englischen Hertfordshire wirft Fragen auf. Dort wurde ein enthaupteter Mann in einem Grab niedergelegt. Anstelle seines Kopfes wurde ein ganzes, ebenfalls kopfloses Huhn platziert. Es gab noch andere ungewöhnliche Details, etwa, dass sich der ungefähr 60-Jährige in einem Grab mit anderen Skelettfragmenten, die zur Seite geschoben worden waren, befand: Er lag in einem eigenen Sarg, den er mit dem Huhn teilte. Außerhalb davon fand man eine Schüssel und die Knochen eines Neugeborenen. Scherben derselben Schüssel waren auch im Sarg des Erwachsenen gefunden worden.

Man würde sich nun erwarten, dass ein solch außergewöhnlicher Fund Horden von Archäo(zoo)logen auf den Plan ruft: Welche Umstände würden zu einer solchen Befundsituation führen? Wer hat den Menschen wann und warum enthauptet? Ist er dadurch gestorben? Wer hat ihn bestattet? Was hatte er mit dem Baby zu tun, wieso legte man ihm den Kopf zu Füßen, das Huhn aber zum Kopf? War das ein Hahn, eine Henne, wo ist der Kopf zu dem Tier? Welche Farbe hatte es? Usw. Falls Ihre Neugierde nun geweckt ist, muss ich Sie enttäuschen: Der Fund wurde nur einmal genau beschrieben – in einem Artikel mit dem Titel *Humour in Roman Archaeology.*[199] Auch wenn man sich dort nicht direkt darüber lustig macht, sondern ihm sogar entsprechende Aufmerksamkeit schenkt, wenn auch als Kuriosum, so fehlen doch überall diejenigen Nachforschungen, die diesen Fund aus dem 4. Jh. n. Chr. besser erklären könnten. »Ein ungewöhnlicher Ort für eine Speisebeigabe« liest man (frei übersetzt) etwa bei White.[200]

Um den Fall nicht ganz unbearbeitet zu lassen, hier einige Erläuterungen dazu: Werden Hühner als Grabbeigaben in der Römerzeit gefunden, wurden sie aber vielleicht auch als Seelenbegleiter im Zeichen Merkurs mitgegeben, was aufgrund der Attribute beider naheläge.[201] Der Grund für die Enthauptung könnte ein Todesurteil, eine Bestrafung post mortem[202], der keltische Kopfkult[203] oder aber ein Menschenopfer[204] gewesen sein. Unser Hühner-Menschen-Kopf-Fall muss jedoch fürs Erste ungelöst bleiben.

In der Hühnerhaltung waren die Römer wahrlich bahnbrechend, wie später noch in Kapitel 10 beleuchtet wird. Doch war auch in der Römerzeit das Huhn bei Weitem noch keine überall verbreitete, alltägliche Erscheinung. Als Grabbeigaben treten sie lokal in unterschiedlicher Häufigkeit auf. So waren sie etwa in Grabungen in den Niederlanden an manchen Stätten gar nicht und an anderen die häufigste Grabbeigabe. Interessant ist, dass auch hier etwa ein vollständiges Skelett einer Henne mit starker Osteoporose als Grabbeigabe gefunden wurde. Die vorgeschlagenen Interpretationen reichen nun sinngemäß von ›das Tier war zu krank, um gegessen zu werden‹ bis ›die Lebenserwartung war kurz, so opferte man es‹.[205] Nach Sykes wäre es eine Beleidigung der Götter (und der/des Verstorbenen), ein Tier mitzugeben, das sowieso ›Ausschussware‹ gewesen wäre.[206] Was spricht gegen die Interpretation, dass dieses kranke, vermutlich alte Tier mit der bestatteten Person in irgendeiner Form in Beziehung stand, also individuell ausgewählt wurde? Aus der Isotopenanalyse wissen wir, dass das später in anderen Kulturen mit großer Wahrscheinlichkeit passiert ist (vgl. Kapitel 9).[207] Leider gibt es keine Informationen über Geschlecht und Alter der beiden Skelette, die uns in dieser Frage weiterhelfen könnten.

Das Huhn in der Kunst

Das Huhn hat schon immer Künstler inspiriert. Diese Werke begegnen uns in allerlei Kontexten. Im alten Griechenland waren Hähne bereits Motiv der kultisch und profan genutzten Schwarzfigurenkeramik.[208] Auch bei den Römern, besonders in der Zeit vom 1. Jh. v. Chr. bis zum 2. Jh. n. Chr., findet sich der Hahn in Figürchen, Broschen, Amuletten und kleinen persönlichen Gegenständen. Meistens ist dabei das Tier selbst dargestellt, manchmal auch ein Gott dazu, meistens Merkur. Das Symbol des Hahns schien damals dem kleinen Mann als Talisman, Glücksbringer oder Geschenk zu dienen, selbst wenn die wenigstens Menschen Hühner hatten. Diese Verehrung war nichts von oben Angeordnetes, sondern kam wohl aus dem Volk heraus, wurde vielleicht auch schon aus der keltischen Kultur mitgebracht.[209]

Abb. 6.5 – Keltische Bronzemedaille mit Mischwesen aus Hahn und Mensch, die der Wissenschaft Rätsel aufgibt. Belgien 1. Jh. v. Chr. (© CGB Numismatique Paris).

Einige belgische Medaillen aus dem 1. Jh. v. Chr. zeigen einen Hahn mit einem menschlichen Gesicht auf der Brust. Dieses Sujet, auch Bracquemont-Typ genannt, gibt Rätsel auf, da es auf römischen Münzen in dieser Form nicht vorkommt und auf verschiedene Weise gedeutet werden kann: Eine mögliche Interpretation ist, dass hier keltische und römische Symbolik miteinander in der Münzprägekunst verschmolzen sind.[210] Es könnte aber auch sein, dass in diesem Bild sehr viel mehr Bedeutung steckt: Hat vielleicht der Hahn, den die Römer so verehrten, nur vordergründig den Platz eingenommen, und in seiner Brust schlägt doch noch ein Gallier, der durch das Gesicht repräsentiert wird? Haben aber vielleicht die Gallier selbst den Hahn als Symbol der Sonne und Männlichkeit verehrt? Da die Münzen teilweise in Kultstätten auftauchen, fragte man sich außerdem, ob sie zu kultischen Zwecken dort geschmiedet wurden und welche tiefere Bedeutung diesem Akt zukam.[211] Mit der zunehmenden Romanisierung Europas nahm die Darstellung solcher Mischwesen drastisch ab. Römer stellten Mensch und Tier lieber getrennt als miteinander verschmolzen dar.[212]

Interessant ist, dass das Mischwesen des Bracquemont-Typs mehr als zwei Jahrtausende später in der modernen Kunst wieder auftaucht und dass auch hier eine Übermacht eine Rolle spielt: Der uruguayisch-venezolanische Künstler AlfAlfA verewigte den Hahn mit menschlichem Gesicht auf der Brust in einem Mural in Cali, Kolumbien. Inspiriert wurde er von der Geschichte eines Schamanen, der sich in einen Hahn verwandelte, um der Brutalität der spanischen Invasoren zu entkommen.[213]

Abb. 6.6 – Mural von AlfAlfA mit dem Künstler, Cali, Kolumbien 2017 (© N. Sanchez).

Christentum

Das Krähen des Hahns wurde später in seiner Symbolkraft als Übergang von Nacht zum Tag in vieler Weise erweitert. Es repräsentierte dann Übergänge im Allgemeinen, wie auch der Hahn selbst: den von der Schwangerschaft zur Geburt, von der Kindheit zur Jugend, von der Pubertät zur sexuellen Reife, vom Leben zum Tod und vom Tod zum Leben.[214] Die Symbolik wurde vom ›Schwellentier‹ auf Gegensätze wie Gut und Böse, Sonne und Mond ausgeweitet.[215] Im Alten Testament werden Hühner nicht erwähnt, weil sie – allem Anschein nach – keinem der Autoren und auch sonst niemandem außerhalb Asiens bekannt waren. Später, im Christentum, hat der Hahn aber seine antike symbolische Funktion als Vogel der Sonne beibehalten. Assoziiert wurden mit ihm die Auferstehung Christi und die Ankunft des neuen Zeitalters. Der weiße Hahn wird in manchen Schriften auch in Verbindung mit dem Gesang der Mönche vor Tagesanbruch gebracht.[216] In der christlichen Symbolik spielt der Hahn ab dem 2. Jahrtausend eine wichtige Rolle als Attribut des heiligen Petrus, wegen dessen Verleugnung Jesus sagt: »In dieser Nacht, ehe der Hahn kräht, wirst du mich dreimal verleugnen« (Matthäus und Johannes). Petrus mit dem Hahn ist heute der Schutzpatron der Uhrmacherzunft.[217]

Seit den Karolingern wird ihm auch in seiner bereits in der Antike zugesprochenen Funktion als Wächter ein Platz auf der Spitze der Glockentürme gesichert. Dort soll er die Umgebung überwachen und Dämonen vertreiben (vgl. Kapitel 11). Eine Interpretation des Wetterhahns auf Kirchtürmen ist, dass er die Menschen daran erinnern soll, sich nicht so wie Petrus mit dem Winde zu drehen.[218] Der älteste Wetterhahn ist der *Gallo di Ramperto*, der im Jahr 820 auf der Kirche *Santi Faustino e Giovita* in Brescia angebracht wurde. Er ist aus Kupferblech gefertigt und war ursprünglich auch vergoldet und versilbert. Er wurde nach über 1000 Jahren von der Kirchturmspitze entfernt, um restauriert zu werden, befindet sich seitdem aber im Stadtmuseum. Der vermutlich noch etwas ältere bronzene Hahn, der den Glockenturm der romanischen Kirche *San Silvestro in Capite* in Rom zierte, konnte sich noch nicht mit dem Winde drehen.[219] Die Mode, Wetterhähne auf Dächer zu setzen, breitete sich rasch aus, sodass noch vor dem Jahr 1000 n. Chr. Wetterhähne in ganz Europa zu finden waren.[220] Im 12. und 13. Jahrhundert galt der Hahn als Sinnbild des Predigers, »der die schlafenden Christen weckt, die Schatten des irdischen Daseins vertreibt und die Gläubigen ermutigt, in Gottes Licht zu leben«[221]. Analog zum Hahn in der Bibel wird dieser in der islamischen Tradition mit dem Muezzin verglichen, der die Gläubigen in den Morgenstunden zum Gebet ruft.[222]

In der mittelalterlichen Literatur begegnet uns der Hahn in der altfranzösischen Fabelsammlung *Roman de Re-*

nart (deutsch: *Reinhart*, später *Reineke Fuchs*) aus dem 12. Jahrhundert, wo er – erstmals namentlich – als Chantecler (der, der hell singt) erwähnt wird.[223] Alle Tiere haben dort menschliche Eigenschaften, weshalb der Hahn selbstverständlich mit dem König der Tiere über den schlauen (und mörderischen) Fuchs verhandelt. In der späteren, niederhochdeutschen Version beschwert sich der Hahn Hennynke beim Löwen über den Mord, den der Fuchs an seiner Tochter Krassevoet (Kratzefuß) begangen hat. Ihre Brüder erhalten hier auch Namen: Kreyant (der Schreiende) und Cantart (der Singende).[224] Der Fuchs entzieht sich jedoch geschickt jeglicher Strafe und zeigt sich gänzlich uneinsichtig.[225] Schon in Äsops antiken Fabeln stand der Konflikt zwischen Fuchs und dem Geflügel im Mittelpunkt.[226] Ein Thema, das viele – man denke an Naomi Sykes' Erfahrungen – auch noch heute beschäftigt.

Und die Henne …?

Hat sie denn überhaupt keine Bedeutung in der antiken Mythologie? Ganz unbedeutend kann die Henne nicht gewesen sein, denn auch sie wurde als Grabbeigabe (vor allem bei Frauen) gefunden. Häufig wurde das Geschlecht aber gar nicht archäozoologisch bestimmt. In der eisenzeitlichen und antiken Kunst sind weibliche Hühner unterrepräsentiert. Die antiken Haushennen ähnelten vermutlich dem Wildtyp mit rudimentärem Kamm und sind daher eventuell leicht mit anderem Geflügel oder Hähnen zu verwechseln, besonders im Sitzen oder bei Platzmangel auf dem Artefakt. Nur selten blieben Farben erhalten. Deshalb waren Hennen auf Fundstücken womöglich nicht eindeutig als solche zu identifizieren, auch wenn sie genauso ihren Platz in der Kunst der

Antike hatten.[227] Künstlerische Freiheit siegt wohl auch häufig über die anatomischen Feinheiten (vgl. Kapitel 2).

Im Zusammenspiel mit dem Ei galt und gilt die Henne in Asien, wie in vielen westlichen Ländern auch, als Symbol der Fruchtbarkeit. In Teilen Chinas und in Taiwan ist es auch heute noch üblich, dem frischvermählten Brautpaar ›Glückshühner‹ als Symbol der Fruchtbarkeit zu schenken. Später wurden auch gern eine lebende Henne und ein Hahn verschenkt (wenn auch ganz und gar nicht monogam).[228] Heute überreicht man stattdessen ein Körbchen mit einer Hühnerfamilie aus Stoff oder Vergleichbares, das das ursprüngliche Glückshuhn repräsentieren soll.[229]

Abb. 6.7 – Vietnam, Malerei: Henne als Zeichen der Fruchtbarkeit, ein häufiges Motiv für Hochzeitsgeschenke (© P. Rameau).

Doch wurden mit zunehmender Eiproduktion mehr Hennen als Hähne gehalten. Sie fügten sich ins ländliche Bild, forderten aber auch ihre Freiheit ein: Im späteren Mittelalter waren Hühner im deutschsprachigen Raum und Nordeuropa immerhin so weit verbreitet, dass man dort ein eigenes Hühnerrecht formulierte. Hühner waren und sind ihrer Natur nach neugierig, freiheitsliebend und (nur bedingt) flugfähig. Im Besonderen können sie aber unbarmherzig zerstörerisch sein, wenn es um Gemüsegärten, Äcker und andere gelockerte Böden geht.[230] Da hier offenbar nicht der krähende Hahn, sondern die scharrenden Hennen ein Problem darstellten und vermehrt zu nachbarschaftlichen Streitigkeiten führten, wurde an vielen Orten versucht, ein Maß zu finden, wie weit sich die Hühner ›legalerweise‹ vom angestammten Hühnerhaus entfernen durften. Zumeist gebrauchte man Gegenstände, um Grenzen per Wurfmaß abzustecken: Steine, Speere, Pflugeisen, Löffel, Handschuhe, Hämmer, Sicheln seien hier als Beispiele genannt.[231] »Der Wurf zur Bestimmung der Hühnerfreiheit ist durchaus kein vereinzelter Brauch«[232], schreibt Eberhard Freiherr von Künssberg. So manches Huhn, das eine Grenze verbotenerweise überflogen hatte, wurde selbst geworfen: tot oder lebendig.[233] Interessant dabei ist, dass die Hühnerhaltung und dabei die Verhaltensweisen der Hühner, die Besitzverhältnisse, das Miteinander den Bau von Barrieren wie etwa Zäunen erst bedingt haben. Im 13. bis 17. Jahrhundert, von dem wir hier sprechen, treibt das Hühnergesetz mitunter bunte Blüten und greift über in den Hühnerzauber, dem wir uns noch in Kapitel 11 widmen werden. Dabei zieht man etwa einen Kreidekreis, um das Huhn an sich zu binden, oder aber die Bäuerin steckt neu erworbene Hühner dreimal durch ihre Beine, um sie beim Haus zu halten. »Am eindringlichsten wird der Henne ihr Friedkreis gezeigt, wenn man sie selbst wirft. In rituellen Vorschriften sind die Erschwerungen der Körperhaltung u. dgl. durchaus gang und gäbe.«[234] Dazu muss die werfende Person etwa auf Zaunstehern balancieren, auf dem Dachsims stehen, mitunter nur auf einem Bein: »[D]ie Beziehung zum Hühnervolk ist auch gegeben: es wohnt nahe dem Firste, der oberste Querbalken unter dem Dach heißt Hahnenbalken und gerade vom First aus können die Hühner am weitesten flattern.«[235]

Hühner sind fruchtbar, umtriebig, intensiv: Sie eignen sich daher offenbar bestens als Metaphern und Symbole. In vielen Kulturen auf dem afrikanischen Kontinent rufen

Menschen ihre Götter durch intensive Rituale an: Bei den Yaka im Kongo ›schlüpft‹ eine junge Frau, die in sechs- bis neunmonatiger Klausur in einem kleinen Häuschen zur Seherin herangereift ist, als Küken in ihr neues Leben als Bindeglied zwischen Himmel und Erde. Das Huhn ist außerdem eines der wenigen zweibeinigen Haustiere und ähnelt daher dem Menschen. Doch verbindet es auch in der Religion der Yaka – ähnlich wie bei den antiken Griechen und Römern – alles Gegensätzliche miteinander: Es läuft von Haus zu Haus, fliegt vom Boden bis hinauf ins Dach, es pickt Körner vom Boden auf, läuft zwischen Dorf und Wald hin und her, der Hahn ruft den Tag an und verabschiedet die Nacht. Und so beginnt die Hellseherin ihr neues Leben … als Huhn: Sie schlüpft aus ihrer Hütte und schreitet – begleitet von Trommeln und Gesängen ihrer Gemeinschaft – laut gackernd und den Kopf hin- und herbewegend in ihr neues Leben als Medium.[236]

7

Ein Geschenk für die Götter

Als ich aus der U-Bahn-Station nach oben steige, wird mir schnell klar, dass der *Place du Trocadéro*, auf dem das *Musée de L'Homme* das rechte zweier Zwillingsmuseen ist, wohl der Ort in Paris sein muss, wo man den schönsten Blick auf den Eiffelturm hat. Ich setze mich in das Café im obersten Stock, wo ich noch ein bisschen auf das Wahrzeichen dieser grandiosen Stadt herabschaue, bevor ich Alain Epelboin treffe. In der Chronologie der Mensch-Huhn-Geschichte liegt sein Fachgebiet am jüngsten Ende: nämlich im Jetzt.

Alain sieht man mit seiner wilden Haarpracht, seinem verschmitzten Lächeln und dem spitzbübischen Unterlippenbärtchen seine 70+ nicht an, doch er ist bereits seit einigen Jahren in Rente. Als Arzt und Ethnologe ist er im Museum der Spezialist für die traditionelle Medizin Westafrikas und Südamerikas sowie für westafrikanische Opferrituale und Talismane. Als wir sein Büro betreten, welches ihm das *Musée de L'Homme* noch immer gern zur Verfügung stellt, verschlägt es mir die Sprache. Der Blick fällt sofort auf zwei mannshohe Türme, um die Hunderte Ketten und Bänder gesteckt und gewickelt sind. Sie bestehen aus Leder oder Fell, in das oft Muscheln, Zähne und Krallen kunstvoll eingearbeitet sind. Auf der Spitze des linken Turms blickt ein ganzer Ziegenkopf in den Himmel.

Wie ich erfahre, sammelt Epelboin diese Glücksbringer, die allesamt auf dem Müll gefunden wurden. Fassungslos frage ich, warum man einen Glücksbringer wegwerfen würde. »Weil man ihn nicht mehr braucht. In der heutigen Zeit haben wir von allem zu viel, das gilt auch für Talismane.« Sie werden für bestimmte Anlässe gefertigt, etwa bei Krankheit, Unfruchtbarkeit, Schicksalsschlägen, Geburt, Tod oder schwierigen Entscheidungen. Ist dieser Anlass nun nicht mehr gegeben, oder wechselt man die Religion oder den Medizinmann, entledigt man sich ihrer. Die meisten enthalten außerdem Schriftstücke mit Gebeten, Zaubersprüchen und Zeichnungen in verschiedenen Sprachen und Schriften. Manchmal scheint es auch nur (wenn auch magisches) Gekritzel zu sein, so Epelboin. Die Papierstücke werden eingenäht, um dauerhaft auf die Trägerin, den Träger zu wirken. Alain sammelt sie in Ordnern, sein Regal ist voll davon.

Mein naturwissenschaftlich geprägtes Gehirn ist überfordert von dem Gedanken, dass in unserer heutigen Zeit Zaubersprüche und Talismane noch so eine große Bedeutung haben können. Ich war doch schon in Westafrika, auch dort, wo man mich als besonders exotisch betrachtet hat, weil es so wenige ausländische Gäste gibt. Noch nie habe ich mitbekommen, dass Tiere geopfert wurden, noch nie einen Talisman bemerkt. »Doch, doch, die sind da«, sagt Alain Epelboin, »geopfert wird im Verborgenen, aber die Talismane sind überall.« Nur damals hätte ich sie wohl nicht gesehen, weil ich nicht wusste, dass sie da sind. Das klingt bestechend logisch.

Mein Gastgeber führt mich in einen der Gänge seines Lagers und holt mehrere Anhänger auf Lederbändern hervor. Ich erkenne erst auf den zweiten Blick, dass es sich um Hühnerschädel handelt, die in Leder eingenäht wurden. In der nächsten Kiste gibt es ähnliche Säckchen, aus denen Hühnerfüße mit Krallen herauslugen. Alain erklärt mir, dass diese Tiere geopfert wurden, um das Schicksal zu beeinflussen und das Opfer länger wirken zu lassen. Die Person, die einen Wunsch, oft aus einer verzweifelten Lage heraus, an die überirdischen Mächte hat, wendet sich dazu an einen *guérisseur* (zu übersetzen als Medium, Seher, Medizinmann, im Folgenden: Heiler), der die Fähigkeit besitzt, mit den Geistern Kontakt aufzunehmen. Dieser gibt genaue Anweisungen, welches Tier geopfert werden soll. Die Kundschaft besorgt das Opfer und nimmt am Ritus teil, bei dem das Tier an einem heiligen Ort (auf einem Altar, in einem heiligen Wald) getötet wird. Manchmal hat auch das Blut noch eine Bedeutung im Ritus. Jedenfalls aber kann aus Körperteilen des geopferten Tiers noch ein Talisman gefertigt werden. Der Rest des Körpers wird dem Medizinmann überlassen, als Teil dessen Honorars. Zwischen den gewickelten Bändern finde ich einzelne kleine Zettelchen: Es sind Visitenkarten von Menschen aus Paris, die sich als ›erfolgreiches Medium‹ präsentieren und die man auch hier, mitten in der Großstadt, bei Bedarf kontaktieren kann.

Häufiger seien es Hähne, die geopfert werden. Es sei natürlich nicht egal, welches Huhn: Die Farbe und das Geschlecht würden genau vom Heiler vorgegeben. Ja, aber warum denn nun Hühner? Die Antwort ist klar, logisch, aber auch ernüchternd: »Na ja, weil es sie überall gibt und weil es ein günstiges Opfer ist, das sich fast jeder leisten kann. Und sie schmecken gut.«

Alain Epelboin ist diesbezüglich eindeutig abgeklärter als ich. Vermutlich hat er schon mehreren Opferriten beigewohnt. Er zeigt mir ein Video, bei dem ein etwas schmächtiger weißer Hahn in einen dürren kleinen Wald gebracht wird. Dort wird ihm mit einem offenbar nicht besonders scharfen Messer die Kehle durchgeschnitten. Daran beteiligt sind zwei Männer, wobei der eine der Heiler und der andere der Kunde ist. Feierlich geht es dabei für meine Begriffe ganz und gar nicht zu. Der Hahn ergibt sich seinem Schicksal, als wüsste er, was ihn erwartet. Er leidet nicht lange, auf dem Rückweg wird noch etwas von seinem Blut verspritzt. Natürlich verstehe ich nicht, was geredet wird, und ich kenne die Umstände rund um das Opfer nicht im Entferntesten. Doch mir wird bewusst, dass ich noch nie bei einer Schlachtung und schon gar nicht bei einem Opfer dabei war. Beides findet üblicherweise nicht vor laufender Kamera statt, bleibt im Verborgenen, wenn auch aus unterschiedlichen Gründen. Weltweit werden täglich Abermillionen geschlachtet: oft unter noch viel grausameren Bedingungen. Doch ich war noch nie dabei. Alain ist verwundert über meine emotionale Reaktion, die ich bestmöglich zu verstecken suche. Er versteht mein Mitgefühl mit dem Hahn nicht: Ohne uns Menschen gäbe es dieses Tier doch gar nicht, wir hätten es gezüchtet, es erschaffen. Ich finde noch ein wenig Kraft, dem zu entgegnen, dass es dennoch leide, Todesangst und Schmerzen verspüre. Aber so sei das nun mal auf der Welt, sagt er, Menschen töten Tiere.

In einer Lade in einem anderen Raum, weit weg auch von Alains Büro, liegt ein Exponat, nach dem ich extra gefragt habe. Es ist eine dunkelbraune, sehr urtümlich geschnittene Baumwolltunika, auf der insgesamt 150 Säckchen und Tierteile appliziert sind. Ich kenne dieses Kleidungsstück von einem Foto, und es hat mich von jeher durch die dunkle Ausstrahlung, die es umgibt, beeindruckt. Es beherbergt unter anderem auch Füße von Hahn und Henne sowie zwei Hühnerschädel. Ich erkundige mich nach der Herkunft dieses Stücks und erfahre, dass es von einem Pariser Bürger gespendet wurde. Wie dieses in seinen Besitz kam, ist unbekannt. Er hatte es wohl daheim und fühlte sich in seiner Gegenwart zusehends unwohl, bekam schließlich Angst davor. Da er die Tunika nicht wegwerfen wollte, brachte er sie ins Museum. Hier fürchtet sich nun niemand mehr davor. Außer mir …

Abb. 7.1 – Tunika aus Guinea, mit zahlreichen aufgenähten Talismanen tierischen und pflanzlichen Ursprungs, Musée de l'Homme, Paris (© D. Brabant).

Bedeutung des Huhns in Westafrika

So hart im Jetzt gelandet, wenden wir uns nun einer uralten Beziehung von Mensch und Tier zu: den Opferriten. Die Praxen, von denen ich in Paris erfahren habe, spiegeln einerseits die Bedeutung des Huhns im heutigen Westafrika und andererseits die im heutigen Paris wider. Es gibt wenige Völker in Westafrika, für die das Huhn nicht das wichtigste Opfertier ist – aber nur, weil es omnipräsent und billig ist?[237] Das ist die ökonomische Interpretation: Sie ist sehr häufig.

MacDonald, der sich dieser Frage als einer der wenigen im Jahr 1995 wissenschaftlich annahm, hält diese allseits beliebte Erklärung für zu kurz gegriffen. Es gebe in der Region ähnlich billige und weitverbreitete Opfertiere, wie etwa das in Westafrika endemische, seit etwa 2.000 Jahren ebendort domestizierte Perlhuhn oder Hunde (denen lokal und individuell sehr unterschiedliche Werte beigemessen werden). Er schlägt stattdessen eine historisch gewachsene, symbolische Bedeutung des Huhns als Erklärung vor.[238] Selbst wenn diese Bedeutung sicher nicht mehr allerorts gültig oder der Bevölkerung geläufig ist.

Tatsächlich gehören Hühner in weiten Teilen Afrikas zum Alltagsbild. Den Kontinent erreichten sie wohl von mehreren Seiten bereits im 1. Jh. v. Chr., wie Befunde aus dem 6. Jh. v. Chr. aus Marokko, dem Sudan und Eritrea belegen.[239] Auch Columella erwähnt die afrikanischen Hühner in seinen Schriften als groß und schillernd.[240] Wie und wann sie schließlich Westafrika erreichten, ist strittig. Es könnte von mehreren Seiten (auch gleichzeitig) passiert sein. Die bereits erwähnte dünne archäologische Fundlage macht eine genaue Bestimmung aber schwierig.

MacDonald vermutet, dass Hühner Westafrika in einem sensiblen Moment des sozialen Umbruchs erreichten, als sich Eliten als herrschende Schicht abzeichneten, die in weitreichende Handelsbeziehungen eingebunden waren. Doch stand diese Region auch immer wieder unter starkem europäischen Einfluss.[241] Vermutlich waren es also ganz ähnliche Beweggründe, die das Huhn zuerst als exotisches Luxusgut interessant machten. Klimatisch fühlten sich Hühner im tropischen Afrika wohler als im winterkalten Europa, was ihre ganzjährige Haltung im Freien ermöglichte und ihre Verbreitung über den Kontinent vermutlich beschleunigte. Zusätzlich sind Hühner durch ihre Standorttreue leichter zu halten als Perlhühner, weil sie abends von selbst wieder zurückkehren. Hühner sind heute in Afrika weitverbreitete Haustiere, die sich weitgehend selbstständig ernähren. Sie werden zwar zum eigenen Schutz mancherorts sicher verwahrt,[242] doch tagsüber sind sie auf sich gestellt, weshalb sich wohl auch keine eigenen Rassen herausbildeten: In der Literatur spricht man häufig von *afrikanischen Dorfhühnern*.[243] Diese rücken immer mehr in das Interesse von Genomikern, weil sie ihr Verbreitungsgeschehen in Afrika und ihre genetischen Ursprünge besser verstehen wollen. Dennoch dauerte es wohl bis ins Mittelalter, bis Hühner in ganz Afrika ›geläufig‹ waren. Wie häufig sie wo anzutreffen waren, bleibt unklar, doch wurden diverse Riten mit den als Sklaven nach Amerika verschleppten Einwohnern West- und Zentralafrikas exportiert und scheinen im 18. Jahrhundert in weiten Teilen Afrikas eine etablierte Tradition gehabt zu haben.[244]

Am Beginn vieler ritueller Praktiken steht in Westafrika (und auch in anderen Traditionen der Welt) der Tod eines Huhns und nicht selten sein Blut im Mittelpunkt eines Rituals.[245] Vermutlich aufgrund seiner extremen Eigenschaften, allen voran der Geschlechtsdimorphismus und die Kampfeslust der Hähne, fand das Huhn nachhaltig Eingang in die afrikanische Mystik, wo es vermutlich andere Vögel wie die Taube oder das Perlhuhn ersetzte.[246] Schriftliche Aufzeichnungen existieren nicht, Berichte von Reisenden haben bis heute oft anekdotischen Charakter.[247] Auch ist es schwierig, Fachliteratur darüber zu finden. Da Geschichten in Afrika mündlich überliefert werden, gibt es häufig unterschiedliche Versionen, die wohl lokal durchaus divergieren. Dennoch möchte ich hier zwei Beispiele für die zentrale Rolle des Huhns in westafrikanischen Mythen anführen:

Die Religion des Volks der Mende (Guinea, Sierra Leone, Liberia) glaubt an den allmächtigen Schöpfer Ngewo-Wa. Er lebte anfangs allein in einer Höhle. Er erschuf die Tiere, die ihm Gesellschaft leisten sollten. Später zog sich der Gott in den Himmel zurück, weil ihm Tiere wie Menschen auf der Erde mit all ihren Bitten zu anstrengend geworden waren. Er brachte zum Abschied den Menschen jedoch zwei Hühner mit: Wenn man ihm eines opfere, so die Sage, komme er auf die Erde, um die Menschen anzuhören, und nähme dafür das Huhn mit. Wenn die Menschen nun Ngewo-Wa anrufen, opfern sie ihm ein Huhn.[248]

Bei den Yoruba (Nigeria) spielt das ›Kosmische Huhn‹ eine zentrale Rolle: Die Gottheit Oduduwa ließ sich eines Tages an einer Kette auf die Erde herab, doch gab es kein Land, auf dem sie stehen konnte. Sie schüttete daraufhin ein Gefäß mit Erde aus und setzte ein Huhn darauf, damit es durch sein Scharren die Erde verteilte und belüftete, auf dass dort Pflanzen wachsen konnten. Dann pflanzte sie eine Kolanuss, aus der ein dichter Baum aufging.[249] Eine andere Version besagt, die Erde sei dadurch entstanden, dass ein Huhn mit fünf Zehen die Teile der Erde in die vier Ecken des Universums gescharrt habe. Die Zahl fünf verweist auch auf den Menschen (vermutlich wegen unserer fünf Finger).[250] Die Darstellung einer Frau (in manchen Interpretationen die übergroße Göttin) mit einem im Verhältnis noch riesigeren Huhn (häufig einem Hahn), das sie auf dem Kopf trägt oder welches vor ihr steht, während sie kniet, ist ein wiederkehrendes Motiv in den Holzskulpturen der Yoruba. Manchmal trägt sie ein Baby auf dem Rücken, manchmal ist das

Huhn halb Schüssel, halb Tier. Manchmal wird die Kniende als Frau interpretiert, die einen Hahn als Opfer bringt, manchmal als Fruchtbarkeitssymbol.[251] Tieropfer sind tief in dieser Religion verwurzelt: Übernatürliche Wesen haben die Macht, das Leben der Menschen zu beeinflussen, zu erhalten und zu zerstören, weshalb sie die Götter und die Ahnen milde stimmen wollen und ihnen huldigen. Die Tradition besteht lang und ausdauernd, denn Opfer »sind das einzige Mittel dazu, die Verbindung zwischen Leben und dem Übersinnlichen zu stärken und zu halten«[252].

Tieropfer in Europa

Es fällt aus der Perspektive einer mitteleuropäischen, christlich geprägten und durch Naturwissenschaften stark beeinflussten Kultur schwer, nachzuvollziehen, warum Tieropfer in einer Religion auch heute noch solch eine wichtige Rolle spielen. Es hilft, hier einige historische Betrachtungen vorauszuschicken: Opfergaben dienten in so gut wie allen Kulturen dazu, eine höhere Macht milde zu stimmen, etwas Tragisches, Schreckliches abzuwenden oder etwas scheinbar Unbeeinflussbares in die richtige Richtung zu lenken, indem man das Übernatürliche anrief. Der Gedanke, man könne in einer chaotischen Welt die Götter ›auf seine Seite holen‹, erscheint tröstlich.[253] In vielen Kulturen (wie China oder Rom) wurden Menschenopfer durch Tieropfer ersetzt, so eine der möglichen Deutungen.[254] Man denke nur an das Alte Testament, wo Abraham um ein Haar seinen Sohn Isaak geopfert hätte und schließlich doch zum (von Gott gesandten) Widder griff, der sich im Gesträuch verfangen hatte (Genesis 22). Als Hühner auf der Bildfläche erschienen, waren sie zwar anfangs für die meisten nicht erschwinglich, doch etwas später billiger als etwa ein Rind oder Schaf – jedenfalls aber besser als ein Sohn oder eine Tochter.

Es wird angenommen, dass Hühner ab dem 5. Jh. v. Chr. als Opfertiere Verwendung fanden. Ein Grund mag sein, dass sie vorher schlichtweg zu selten waren. Gängige Tieropfer bei den Griechen waren davor bereits Ziegen, Schafe und Rinder gewesen,[255] wohl aus dem Verständnis heraus, dass sich Menschen und ihre Nutztiere gegenseitig unterstützen müssten.[256] Die antiken Philosophen waren sich jedoch uneinig, ob Tieropfer generell erlaubt seien. Besonders die Vorsokratiker wie Pythagoras (6. Jh. v. Chr.) und Empedokles (5. Jh. v. Chr.) ebenso wie später Theophrast (3. Jh. v. Chr.) sprachen sich dagegen aus, wären doch die Tiere unsere Verwandten.[257] Das Goldene Zeitalter, eine Art paradiesisch idealisierte Vorzeit der Antike, sei davon geprägt gewesen, dass Mensch und Tier friedlich zusammenlebten und keiner den anderen fürchten musste. Dieses endete abrupt, als Menschen begannen, Tiere zu töten.[258] Dass Tiere eine Seele hätten, stand für sie außer Frage, sogar, dass die Seelen von Menschen und Tieren sich ineinander wandeln könnten. Dieser Gedanke des ›beseelten‹ Geschöpfes spiegelt sich im englischen Ausdruck *animal* (Tier) vom lateinischen *anima* (Seele) wider. Man denke nur, wenn man im Kreis der Familie ein Tier opfern wolle, und man bemerke zu spät, dass man dem eigenen Sohn die Kehle durchgeschnitten habe, schreibt Empedokles sinngemäß in einem drastischen Beispiel.[259] Seneca und Plutarch waren Vegetarier. Ersterer soll sich aber wegen politischer Verfolgung wieder dem Fleischkonsum zugewendet haben: Vegetarier standen unter Verdacht, fremden Göttern zu huldigen.[260]

Sokrates und Plato stellten die Entwicklung der Tugend in den Vordergrund, und wenn Tiere ein Werkzeug auf dem Weg zu dieser Erreichung seien, dann könne man sich ihrer bedienen.[261] Man gab den Tieren zu fressen, dafür mussten diese auch irgendwann ihr Leben lassen – zu verschiedenen

Zwecken. Das Tieropfer entspringt in der antiken Mythologie vermutlich dieser (menschenerdachten) Übereinkunft.[262] Und schließlich beschützten die Götter ja auch die Tiere, womit sich der Kreis schließt.[263]

Sokrates' letzte Worte, bevor er sein Todesurteil durch den Schierlingsbecher vollstreckte, sollen gewesen sein: »Kriton, wir schulden dem Asklepios einen Hahn. Gebt ihm den und vergesst es ja nicht!«[264] Ist der Sinn dieses Satzes in der Wissenschaft auch umstritten, so bedeutet er doch, dass bereits im Jahr 399 v. Chr. (mancherorts) Hähne dem Asklepios geopfert wurden. In den meisten Opferstätten dieser Zeit fehlen sie jedoch. Das Opfer an Asklepios diente – wie man aus späteren Schriften aus dem 3. Jh. v. Chr. weiß – als Bitte oder Dank an den Gott der Heilkunst, er möge vor Krankheit verschonen oder heilen (mehr in Kapitel 11).

In der ökonomischen Interpretation des Huhnopfers heißt es, dass Hühner später als Tieropfer auch für ärmere Familien erschwinglich gewesen wären, im Gegensatz zu den als Opfer höher angesehenen Ochsen.[265] Auch heute gilt in manchen Traditionen das Huhn als (akzeptiertes) Opfer der Armen.[266] Andernorts haben Hühner andere, traditionell heilige und große Tiere wie etwa Büffel ersetzt.[267] Ob und wann dies aus rein ökonomischen Gründen erfolgt ist, ist häufig nicht mehr nachvollziehbar, da der tatsächliche Wert eines Tiers sich nicht nur monetär messen lässt.[268] Ob die geopferten Tiere gegessen wurden und ab wann, ist strittig: Die Griechen taten dies nur selten.[269]

Im späteren Hellenismus scheint das Huhn bzw. der Hahn bereits ein häufigeres Opfertier gewesen zu sein, wobei es manchmal zu regelrechten Massenopfern kam. Der Anteil der Hühnerknochen in einem Tempel in Delos aus dem 2. und 1. Jh. v. Chr., der den ägyptischen Gottheiten Serapis und seiner Gattin Isis gewidmet war, betrug 90 % aller zooarchäologischen Funde. Besonders solche, oft aus fremden Kulturen ›importierte‹ Gottheiten mit Verbindung zur

Unterwelt versuchte man mit Massenopfern zu besänftigen, was sich bei den Römern fortsetzte.[270] Ein solches Beispiel ist auch der Mithraskult, der eine ursprünglich indoiranische Sonnengottheit verehrt. Hähne waren das häufigste Tieropfer in den Mithräen.[271] Gelegentlich wurden die Tiere – oder zumindest Teile von ihnen – nach dem Opferritus zubereitet und verspeist. Dazu fanden regelrechte Festbankette statt, wobei gewisse Anteile für die jeweilige Gottheit nicht angerührt wurden.[272]

Der Verzehr der geopferten Hühner war aber auch bei den Römern durchaus nicht überall üblich: Im Tempelbezirk der deutschen Rottenburg etwa waren erwachsene Hühner überrepräsentiert. Kopf und Beine sowie Flügelspitzen fehlten meistens, doch keines von ihnen zeigte Spuren des Verzehrs.[273] Bei den Römern schien es mancherorts Sitte, Hühner zu opfern und diese dann anschließend zu verbrennen,[274] vielleicht, um sie Verstorbenen für ein Leben nach dem Tod verfügbar zu machen.[275] Große Mengen an Hühnerknochen, offenbar Tieropfer für Merkur, wurden auch in vielen anderen römischen Tempeln gefunden.[276]

Bei den Kelten ist sicher, dass sie einen Opferkult pflegten, der selbst die an Tieropfer gewöhnten Römer schockierte. Man sperrte Tiere und Menschen in Korbkäfige und zündete diese an,[277] beerdigte Menschen lebendig oder ließ sie in heiligen Gewässern ertrinken.[278] Dies alles war gebunden an kultische Orte, Bäume oder Baumgruppen, Gewässer oder Moore.[279] Bei den Galliern wurden alle Arten von Haustieren geopfert: Ob Hühner dabei waren, ist nicht bekannt,[280] doch muss man davon ausgehen, dass es einfach zu wenige davon gab, um sie in Betracht zu ziehen. Die Rus, Angehörige eines mittelalterlichen Wikingervolkes, das in Osteuropa beheimatet war, gaben ihren Häuptlingen bei der Feuerbestattung zahlreiche Tier- und manchmal auch Menschenopfer mit auf das Boot. Darunter einen Hahn und eine Henne.[281]

So mancher keltische Kult überlebte aber bis in die jüngste Vergangenheit hinein. So lesen wir etwa bei Kusch (2016), dass es in Deutschland über 100 Opferhöhlen gibt, in denen Menschenopfer nachgewiesen wurden. In Österreich gab es diese Opferhöhlen zwar nicht, jedoch wird berichtet, dass noch am Ende des 20. Jahrhunderts in einem steirischen Dorf »von der bäuerlichen Bevölkerung über einem großen prähistorischen Schalenstein 2 Hühner geopfert wurden«[282]. Es ist schwer vorstellbar, dass im heutigen Europa noch Tieropfer stattfinden, die ihren rituellen und damit öffentlichen Charakter beibehalten haben (vgl. Seite 65). Es erscheint uns archaisch, wurde das Töten von Tieren doch sukzessive an Schlachthöfe ausgelagert. Der Verzehr stößt die meisten von uns auch nicht ab.

Doch eigentlich war es Theodosius I., der letzte Kaiser über das große Römische Reich, der das Christentum zur Staatsreligion ernannte und dann rigoros gegen alle heidnischen Bräuche vorging. Er verbot zu Beginn des 5. Jahrhunderts die Tieropfer, weniger aus Tierliebe als aus Abneigung gegen die polytheistischen Religionen der Völker.[283] Die neue Doktrin wurde – bis auf wenige, etwas kuriose Ausnahmen, die später noch erwähnt werden – beibehalten. In abgewandelter Form kennen wir das Tieropfer aber auch aus unserer heutigen christlich geprägten westlichen Kultur: Das Festessen stellt zwar nicht mehr die Tötung des Tiers in den Mittelpunkt, sondern dessen Verzehr, doch werden auch im Christentum an St. Martin, zu Weihnachten und Ostern traditionell bestimmte Tiere (Gans, Truthahn, Karpfen, Lamm) in den Schlachthäusern geschlachtet – und das in unvorstellbar großen Mengen, die an die römischen Massenopfer für Mithras oder Isis denken lassen.

Huhnopfer in verschiedenen Weltreligionen

Auch im Jetzt gibt es in etlichen Kulturen noch Tieropfer. So werden in New York City jährlich zu Jom Kippur Zehntausende Hühner von der chassidischen Gemeinde zum Opfer gebracht. Die anfallenden Kadaver – Tausende an der Zahl – landen im Suppentopf der Armenküchen. Auch im Büro von Alain Epelboin sehe ich ein Video aus den 1970er-Jahren, in dem in einem kleinen Gassenlokal in Paris Huhnopfer für die orthodoxe jüdische Gemeinde vollzogen werden. Ein weißes Huhn wird aus einer Kiste geholt, ein Mann in blutverschmierter Schürze schwenkt es mehrmals über den Köpfen der jungen Frauen, die zu diesem Zweck gekommen sind, schneidet das Huhn anschließend am Hals und überreicht es einem Helfer. Das sterbende Huhn wird kopfüber in eine trichterförmige Vorrichtung aus Metall gesteckt, wo es selbst nicht mehr entkommen kann und ausblutet. Für Außenstehende wie mich hat dieses Ritual nichts Feierliches, es erinnert eher an einen kleinbetrieblichen Schlachthof.

Bemerkenswert ist dabei, dass über den Grund und die Notwendigkeit des Opfers selbst keine Einigkeit unter den Gelehrten besteht.[284] Ziel des jahrtausendealten Rituals sei die Pflege der spirituellen und körperlichen Gesundheit oder aber der Schutz der (geborenen und ungeborenen) Kinder vor Krankheit und Tod. Ursprünglich waren dafür Tauben vorgesehen, doch gab es von diesen vermutlich nicht genug.[285] Es rührt aus dem mittelalterlichen Europa her, wo sich das Huhn als Sühneopfer in den meisten jüdischen Gemeinden durchsetzte.[286] Manche erachten das Schwenken des Huhns über dem Kopf der gläubigen Person, begleitet durch Gebete, als das eigentliche Ritual, während andere der Meinung sind, dass das Huhn (oder ein anderes Tier) jedenfalls sterben müsse, damit der Mensch verschont bleibe.[287] Unter Vertretern des jüdischen Glaubens ist das Blutopfer bereits seit dem Mittelalter alles andere als unumstritten. Damals wie auch im heutigen Israel haben selbst hohe Repräsentanten das Tieropfer als mit dem jüdischen Glauben nicht vereinbar angeprangert.[288] In anderen orthodoxen jüdischen Gemeinden wird etwa ein Geldbeutel ›geopfert‹.[289] Der Brauch wird heute nur mehr in manchen orthodoxen Gemeinden vollzogen.

Die islamische Tradition, am Ende des Ramadans ein Schaf zu opfern, hat den gleichen abrahamitischen Ursprung wie die Opfer in den drei großen Weltreligionen und ist bis heute in vielen Teilen der muslimischen Bevölkerung verbreitet. Aufgeteilt werden muss das Fleisch je gedrittelt für die Familie, Freunde und die Armen. In Frankreich werden zu diesem Anlass jährlich geschätzt 100.000 Schafe unter strengen Auflagen im privaten Umfeld geopfert.[290] Der Leiter des muslimischen Instituts sorgte Ende der 1980er-Jahre für Aufregung, als er meinte, in der Stadt seien solche Opfer nicht mehr angebracht. Die gläubigen Pariser Muslime sollten lieber ein Huhn in der eigenen Wohnung schlachten und die Differenz, die sie sich dabei für das Schaf gespart hätten, den Koranschulen spenden.[291] Die meisten Muslime, nicht nur die in den europäischen Großstädten, kaufen sich heute aber wohl eher ein Stück Lammfleisch beim Halal-Fleischhauer, um das Fest zu begehen.[292]

Die Auswüchse, die die oben beschriebenen Massenopfer angenommen haben, rühren wohl auch daher, dass sie in Großstädten stattfinden, wo Hühner in kurzer Zeit in großen Mengen bereitgestellt werden können. Man bedient sich daher der Tiere aus der industriellen Hühnermast, ganz gewöhnlicher *Broiler* (vgl. Kapitel 10). Ob diese in einem industriellen Schlachthof schneller, schmerzloser oder anders vorteilhafter gestorben wären, sei hier angezweifelt.

Die Bedeutung der Gefiederfarbe

Häufig sind nicht nur Geschlecht, sondern auch Farbe des Opfertiers von Bedeutung. Die Hühner zu Jom Kippur sind etwa immer weiß. Bei Aldrovandi wird um 1600 schon erwähnt, dass weiße oder schwarze Tiere eine besondere Rolle spielen. Auch die Griechen hatten hier je nach Zweck für unterschiedliche Farben unterschiedliche Verwendung.[293]

Ohne uns zu sehr in die komplizierten Verstrickungen der indischen Gottheiten zu vertiefen, soll hier erwähnt werden, dass auch in Indien Hühner verschiedenen Göttern geopfert werden. Im indischen Bundesstaat Andhra Pradesh werden bevorzugt schwarze, rote und mehrfarbige Hühner den Göttern zum Opfer gebracht.[294] Auf die Frage »Woran denken Sie zuerst, wenn Sie das Wort ›Huhn‹ hören?« antworteten dort die ländlichen Einwohner: »Morgenruf, Erinnerung an die täglichen Pflichten im Haushalt, Tagesablauf planen, Rituale, Traditionen, Kultur, Gäste, Feste, Festivals, Stolz.« Doch niemand sagte ›Essen‹. Nur in Gebieten, die urbanem Einfluss ausgesetzt waren, oder in der Nähe von großen Märkten kamen Fleisch und Eier ins Spiel.[295] Die Einheimischen unterscheiden sehr genau auch unter den Hühnern in ihrem Dorf, welche Art, Farbe, Rasse für welches Opfer gebraucht wird. Besondere Bedeutung kommt den Hühnern in Indien zu Beginn der Getreideanbausaison zu, wo sie zuerst gefüttert, dann getötet werden und die Saat mit ihrem Blut besprenkelt wird.[296]

Ähnliche Praktiken gibt es auch in Teilen Westafrikas. Auch hier spielt die Gefiederfarbe des Huhns – je nach Zweck des Rituals – eine große Rolle: Welche Farbe gewählt wird, entscheidet das Medium von Fall zu Fall, die aber folgenden Traditionen ähneln.[297] In der arabischen Tradition sollen schwarze Tiere als Gabe an die Dämonen geschlachtet werden, weiße würden die Dämonen aber vertreiben. Im Laufe der Zeit gab es jedoch zahlreiche Vermischungen dieser Regeln und so werden beide Farben als Opfer anerkannt. Doch werden die Tiere von den Bittenden selbst normalerweise nicht gegessen, sondern maximal als Almosen an die Armen verschenkt.[298] Auch im christlich geprägten Volksglauben stehen schwarze Hähne mit dem Teufel im Bunde, weiße vertreiben ihn (vgl. Kapitel 11).[299]

Traditionelle Anlässe für Huhnopfer

In den Opferriten verschiedener Religionen spiegelt sich die antike Symbolik des Hahns als Vermittler bei Übergängen wider: Im arabischen Raum waren (und sind?) Hühneropfer Teil der gelebten Tradition, um Krankheiten abzuwenden, besonders auch von Gebärenden, Kindern und Neugeborenen.[300] Vor der Niederkunft einer Frau, die bereits mehrere Knaben verloren hat, solle der Mann einen Hahn opfern, ihn vergraben und seine gebärende Frau dann über dem Hahnengrab betten, damit der böse Geist nicht das Kind holen möge, sondern durch das Opfer besänftigt sei. Parallel dazu in Deutschland: »Weit verbreitet ist der Glaube, daß man mit dem Magen eines schwarzen Huhns, zu dem man ein Stück eines Hemds mit dem Menstruationsblut einer Jungfrau und ein Gründonnerstag sei zu einem Bündel zusammenfaßt, Feuersbrunst abwenden kann, falls es unter der Hausschwelle vergraben wird.«[301] Bei Hochzeiten wird an der Schwelle des gemeinsamen Hauses ein Hahn geopfert, die Braut muss darübersteigen. Das Blut soll die Dämonen fernhalten. Anschließend wird das Tier begraben: Es darf nicht gegessen werden, damit es nur den Dämonen gehört. Ein ganz ähnliches Ritual soll es im slawischen Raum gegeben haben, doch wurde dort der Kopf des Huhns unter der Türschwelle begraben.[302] Hier wurde der Hahn als ›Schwellentier‹ wohl wörtlich verstanden. In Deutschland opferte man nach dem Tod eines geliebten Menschen in dessen Haus ein Huhn, damit der Segen bleibe und nicht mit der Leiche abtransportiert würde. Dieser Brauch lebte weiter bis ins 20. Jahrhundert.[303]

Verschiedene solcher Riten, besonders Eliminationsriten, gibt es auf allen Kontinenten in traditionellen Volksglauben. Hühner werden dabei als Stellvertreter für Menschen eingesetzt: Sie sollen an ihrer statt Krankheiten annehmen, sich Dämonen einverleiben oder besänftigen, böse Blicke abhalten, Unheil allgemein abwenden, Geister vertreiben usw.[304] Die Opfer begleiten nicht nur die Toten wie schon seit Tausenden von Jahren, sondern schützen Frauen bei der Geburt, sollen fruchtbar machen, Kinder behüten, die Ernte gut ausfallen lassen, Krankheiten heilen, ein neu gebautes Haus mit Glück füllen usw., sind also auch eng mit der Medizin verwoben (vgl. Kapitel 11).[305] All diese Riten haben nichts mit den offiziellen Religionen, dem Christentum, der Thora oder dem Koran zu tun, wo doch in den beiden letzteren Fällen Hühner gar nicht erwähnt werden.[306] Es handelt sich um alte Volkstraditionen, die ihre Wurzeln vielleicht in eisenzeitlichen oder antiken Riten haben und die parallel zur offiziellen Religion weiterleb(t)en. In der Geschichte kann man immer wieder beobachten, dass in Krisensituationen, in denen die Menschen besonders verzweifelt sind, solch archaische Praktiken wieder aufflammen, ungeachtet der Verbote durch das vorherrschende Dogma: Analog dazu opferten die aus ihrer Heimat nach Europa verschleppten westafrikanischen Sklaven in Amerika regelmäßig Hühner und vergruben sie im Boden ihrer Behausung.[307]

In einigen katholischen Kirchen Österreichs waren rund um die Heiligen St. Veit (auch Vitus, er gilt als der Heilige der Kleintiere, als ›Hühnerheiliger‹) [308] und St. Martin noch durchaus heidnisch wirkende Bräuche üblich: Zu Martini brachten vor dem Gottesdienst die Bauern lebende Hühner, die anschließend versteigert wurden.[309] In St. Veit bei Neuhofen an der Ybbs gibt es einen Hühnerstall auf der Rückseite des Hauptaltars.[310] Zu St. Veit, am 15. Juni, wurden lebende Hühner der Kirche (bzw. dem Pfarrer) zum Geschenk gemacht. Der Pfarrer steckte die Tiere in den Hühnerstall und durfte anschließend die Eier, vermutlich aber auch die Hühner, entnehmen,[311] um sie, wie zum Beispiel im bayerischen Marzoll,[312] als ›Opfer‹ zu behalten. In Deutschland (vermutlich aber in weiten Teilen des deutschsprachigen Raums) war noch lange bis ins 20. Jahrhundert der Erntehahn ein beliebtes Opfer des Erntedanks (vgl. Kapitel 8) und sollte dabei den Korndämon darstellen, den es zu besiegen galt.[313]

Orakel und Flüche

Auch heute noch werden vereinzelt in den Naturreligionen Afrikas Hühner zur Beantwortung von Zukunfts- oder Entscheidungsfragen benutzt. Dabei wird anhand des Verhaltens eines vergifteten Huhns die Zukunft gedeutet.[314] In Indien sollen Hühner die Ernte voraussagen, indem man ihr Picken auf verschiedene Körner interpretiert.[315] Die antike Tradition des Eingeweidelesens wird auch heute noch von westafrikanischen Medizinmännern und Sehern anhand der Innereien frisch geopferter Hühner praktiziert, um die Zukunft zu deuten.[316] Es wird berichtet, dass dabei Tiere verwendet werden, die mit der Person, deren Schicksal in den Innereien gelesen werden soll, in enger Verbindung standen, etwa ihrem Besitzer, um von ihm zu erzählen.[317] Auch so manches Medium musste sich bereits dem Hühnerorakel stellen: Ein Huhn wird vergiftet, und wenn es stirbt, ist die angeklagte Person kein böser Zauberer. Der Angeklagte kann sich dennoch glücklich schätzen, denn früher wurden nicht Hühner, sondern die Beschuldigten selbst dieser Giftprobe unterzogen.[318]

In mystischen Praktiken wurden bereits im Rom des 3. Jh. v. Chr. weibliche Hühner und Hähne – mit jeweils unterschiedlicher Bedeutung – in verstörenden Riten für Flüche benutzt. So fand man einen Junghennenkopf und -beine, in ein Gefäß gestopft und mit einem Bronzenagel durchbohrt, die im Boden eines Geschäfts vergraben worden waren. Auf dem Gefäß waren 20 Namen eingraviert. Eine mögliche Deutung ist, dass die 20 Opfer – hilflos wie ein schutzloses Küken – für immer schweigen und nicht fliehen können sollten. Das Huhn musste also für die Missetaten dieser 20 Personen ›herhalten‹. Die unglaubliche Aggression, die in diesem Bildnis steckt, spiegelt sich auch in folgendem Analogiezauber wider: Im Karthago des 2. Jh. n. Chr. wurde eine Fluchtafel gefunden, auf der gleich mehrere Götter für die Verwünschung eines gehassten Menschen angerufen wurden: »Möget ihr so wie diesem Hahn die Beine, Hände und der Kopf zusammengebunden sind auch dem Wagenlenker Victoricus die Hände, den Kopf und das Herz fesseln.« Auf einer anderen ist zu lesen: »So wie ich diesem Hahn die Zunge herausgerissen habe, so sollen auch sie für immer schweigen!«[319] In Mainz fand man eine römische Blechtafel, die – wohl um die Kraft des Fluches noch zu verstärken – um einen Hühnerknochen gewickelt war.[320] Es war üblich, die angeführten Opfertiere (auch Singvögel, Frösche, Hundewelpen u. Ä.) gemeinsam mit der Fluchtafel zu begraben. Da die Verfluchenden und die Verfluchten oft Leute aus dem Volk waren, die weder lesen noch schreiben konnten, wurden vermutlich eigene Fluchtafelschreiber engagiert.[321]

Wohlbekannt aus der Zeit des Ersten Punischen Krieges ist, dass ›heilige‹ Hühner als Orakel dienten.[322] Um den Ausgang des Krieges vorhersagen zu können, war es üblich,

Vögel beim Fressen oder im Flug zu beobachten: Man nannte dies die Auspizien.[323] Auf Ciceros Werk *De natura deorum* aus dem Jahr 45 v. Chr. geht folgende Geschichte zurück:

»So ließ auch Publius Claudius Pulcher im Jahr 249 v. Chr. vor seiner Ausfahrt zur Seeschlacht gegen die Karthager im Ersten Punischen Krieg die heiligen Hühner füttern. Die jedoch wollten nicht fressen, das ungünstigste Omen, das möglich war. Der Feldherr ließ sich dadurch nicht weiter aufhalten und ließ die Hühner ins Wasser werfen, wo sie ertranken. ›Wenn sie nicht fressen wollen, sollen sie wenigstens saufen‹, waren seine Worte. Er begab sich in die Schlacht und erlitt eine schwere Niederlage. Danach wurde er in Rom zur Rechenschaft gezogen: Eine Schlacht zu verlieren war schlimm, aber die Zeichen der Götter zu missachten, war der höchste Frevel. Pulcher wurde dafür zum Tode verurteilt, starb aber schon kurz nach der Urteilsverkündung eines natürlichen Todes. Und der bevorstehende Krieg wurde verloren.«[324]

Als Orakel wurde zu dieser Zeit auch der Ausgang von Hahnenkämpfen gedeutet, denen wir uns im Folgenden zuwenden.

8

Blutsport

Als ich das *Musée de L'Homme* in Paris zum zweiten Mal anpeile, nehme ich mir etwas mehr Zeit, bevor ich das imposante Gebäude am *Place du Trocadéro* betrete. Ich schaue mich in Ruhe um, wie sich auf dem eindrucksvollen Fliesenmosaik Leute aus aller Welt tummeln. Ich empfinde diese Multikulturalität als äußerst passende Einstimmung auf das bevorstehende Interview mit Serge Bahuchet. Menschen und ihr tägliches Leben im Spiegel der Natur, in der sie leben, sind als Ethnograf sein Hauptgeschäft ... und das, obwohl er schon seit zehn Jahren pensioniert ist.

Als er mich im Foyer abholt, bemerke ich gleich, dass ich es mit einem zuvorkommenden und hilfsbereiten Menschen zu tun habe. Mit seinen längeren Haaren, dem grau melierten Vollbart und seinem kernigen Lachen strahlt er eine gewisse gallische Gemütlichkeit aus. Ich erahne dennoch die Unternehmungs- und Abenteuerlust des reisenden Feldforschers in ihm. Bahuchet ist schon lange im Museum tätig, wenn dieses auch zahlreiche Veränderungen erlebt hat. Ich bekomme einen genauen Überblick über die historischen Entwicklungen der ethnografischen Sammlung im *Musée de L'Homme*. Aus Einsparungsgründen wurden einst das anthropologische Museum und das Völkerkundemuseum – beides wichtige Entitäten der Forschung in ihrem jeweiligen Bereich – zusammengelegt. Das Gebäude wurde 2015 innen völlig neu gestaltet, die Dauerausstellung ist sehr großzügig angelegt. Architektur beherrscht hier den Raum: viel Platz, wenige Ausstellungsstücke.

Bahuchets Domäne, die Ethnografie, ist eine Subdisziplin der Völkerkunde und hat zum Ziel, unterschiedliche Gesellschaften und Kulturen aus Sicht ihrer Mitglieder zu beschreiben. Die ethnografische Sammlung beherbergt inzwischen hauptsächlich Alltagsgegenstände und Kunsthandwerk aus aller Welt. Viele Objekte sind Spenden von Reisenden, die ihre kuriosen Mitbringsel der Öffentlichkeit überlassen wollen. Die Sammlung ist allerdings nicht öffentlich zugänglich, sondern steuert gelegentlich etwas zu temporären Ausstellungen bei. Da Bahuchet sehr mit dem Ensemble dieser Exponate verbunden ist, wundert es mich kaum, dass er – genauso wie sein gleichaltriger Kollege Alain Epelboin – mehrmals wöchentlich am Institut ist und seine Nachfolgenden unterstützt. In seinem hellen, freundlichen Büro befinden sich in einem Regal Kisten voller kleinerer Exponate, viele Bücher und ein Fotostudio en miniature, das der Dokumentation der Objekte dient.

In den Hinterräumen und Lagern türmen sich daher die tollsten Dinge aus aller Welt: auch mit Bezug auf Hühner. Serge Bahuchet war federführend bei der Neukatalogisierung der Sammlung nach thematischen Aspekten. Und deshalb findet er zwar alles auf Anhieb, doch sind die Räume primär nicht nach Hühnerzugehörigkeit, sondern nach Weltregionen sortiert. Wir besuchen also mehrere Lager, und ich darf einen guten Teil der kuriosen Stücke sehen. Er zeigt mir überdimensionale Masken und Hüte, die in Vanuatu für bestimmte Rituale getragen werden, Ostergebäck aus Deutschland in Hennenform, Blasrohrpfeile, die mit Hühnerfedern geschmückt sind, bemalte Ostereier aus der Ukraine, aus Draht gewickelte Figürchen aus Peru, die zwei Hähne in Kampfposition darstellen. Besonders bestaune ich die Vielzahl kunstvoll handgeflochtener Körbe, die in Teilen Afrikas und Asiens nachts auf Pfähle montiert oder unter Pfahlhütten aufgehängt werden, um die Hühner vor Beutegreifern sicher zu wissen. Je nach lokaler Bedrohung ihrer Tiere haben sich die Menschen etwas einfallen lassen. Andere Exponate werden in diesem Buch noch an anderer Stelle gezeigt.

Er erzählt von seiner Feldforschung in Mittel- und Südamerika und davon, wie er dort Zeuge eines Hahnenkampfs wurde. Er ist somit der erste Mensch, den ich bewusst treffe, der mir von einem solchen Ereignis aus erster Hand erzählen kann.

Einige verschiedene der eisernen, messerscharfen gebogenen Klingen, die Kampfhähnen überall auf der Welt auch heute an die Füße gebunden werden, um ihre angeborenen, viel weniger tödlichen Waffen – die Sporne – zu ersetzen, werden mir gezeigt. Auf meine Frage, wie er die Hahnenkämpfe empfunden hat, meint er, es sei ein intensives, aber verstörendes Erlebnis gewesen. Mehr als das grausame Spektakel an sich, bei dem Federn, Blut und Gewebeteile fliegen, habe ihn das widersprüchliche Verhalten der Männer zu ihren Hähnen schockiert. »Die Männer mögen ihre Hähne«, sagt Bahuchet. »Vor dem Kampf halten und streicheln sie sie, sie haben sie aufgezogen und gepflegt. Sobald ein Hahn verloren hat, lassen sie ihn einfach liegen – zum Sterben.« Der Verlierer erliegt seinen Verletzungen, er ist nichts mehr wert, er hat seinen Besitzer enttäuscht, ihm Verluste eingebracht. Er hat wohl keine weitere Zuwendung mehr verdient. Diese Hähne hätten ihm leidgetan, sagt Serge Bahuchet, während er mir die Visitenkarte eines mexikanischen Schmieds entgegenhält, der Metallsporne fertigt. In den sozialen Medien suche ich später *navajas para gallos* und finde Tausende Fabrikanten.

Als Serge Bahuchet mir bereits einige verschiedene Modelle seiner Sammlung von Metallspornen gezeigt hat, beklagt er, dass er noch keine asiatischen in der Sammlung hätte. Aber dieser hier, mehr Spieß als Klinge, sei aus Frankreich. Ich stutze: Hahnenkampf in Frankreich? Ich habe schon gelesen, dass es eine enorme Dunkelziffer an Hahnenkämpfen überall auf der Welt gibt, ist dieser doch, wie die meisten Formen des Blutsports, fast überall gesetzlich verboten. Doch tatsächlich ist in einer Region im Norden Frankreichs sowie in den Übersee-Départements (La Réunion, Martinique u. a.) dieses unter Wettbegeisterten beliebte Spektakel erlaubt. Es sei eine Tradition, die bereits seit langer Zeit lokal bestehe, so laute die Legitimation, erklärt mir Serge Bahuchet.

Es liegt in der Natur der Hähne, ihre Rangkämpfe mit ritualisiert wirkenden ›Choreografien‹ auszutragen.[325] Die Hähne nähern sich zuerst seitlich an, bevor einer der Kontrahenten mit den Krallen voran attackiert, wobei der Sporn zum Einsatz kommt. Mit dem Schnabel hackt er auf den Opponenten ein, dem in dieser Phase nur die Optionen ›Flucht oder Kampf‹ bleiben. Stellt sich der Gegner dem Kampf, nähern sich die Hähne frontal an, sodass sie einander dann Auge in Auge gegenüberstehen. Sie senken die Köpfe, starren einander an und recken das Halsgefieder auf, bis daraus eine Federkrause geworden ist, die dem Gegner die Sicht auf den Körper des anderen verstellt.[326] Die Tiere tänzeln daraufhin im Kreis, bis sie plötzlich wieder fliegend und springend mit Krallen und Schnabelhieben aufeinander losstürmen (vgl. Abb. 8.1). Bei *Bankiva-* und *Haushühnern* treten mitunter Verletzungen auf, doch tödlich endet eine solche Konfrontation unter natürlichen Bedingungen nur in Ausnahmefällen.[327]

Abb. 8.1 – Auch in freier Wildbahn folgen die Rangkämpfe von Bankivahähnen stets einem bestimmten Ablauf. Schwere Verletzungen und Todesfälle sind äußerst selten (© W. K. Liew).

Der Hahnenkampf hat auf Menschen seit jeher einen großen Eindruck gemacht – egal ob sich wilde Hähne im Dschungel,[328] Haushähne im Hinterhof eines frühchristlichen Klosters[329] oder auf einem chinesischen Dorfplatz der Ming-Dynastie[330] duellierten. Es beeindruckte die Zuseher so sehr, dass viele dieses Erlebnis schriftlich festhielten. Bereits sehr früh, nachdem das Huhn domestiziert worden war, wurden Hahnenkämpfe in menschliche Kulturen eingegliedert. Das blutige Ritual kam vermutlich vor fast 3.000 Jahren in China auf[331] und verbreitete sich über die antiken Handelsrouten. Ab dem 7. Jh. v. Chr. wurden kämpfende Hähne im heutigen Israel, Palästina und Ägypten in Zeichnungen festgehalten.[332] Im indischen Kama Sutra (3. Jh. v. Chr.) werden sie genauso erwähnt wie auf Darstellungen und Erzählungen aus dem antiken Griechenland.[333] Eindrückliche Darstellungen kämpfender Hähne in der römischen Kunst zeugen auch dort von der Faszination für dieses Schauspiel, wie etwa in den Mosaiken von Pompeji (vgl. Abb. 8.2). In der Antike erfüllte der Hahnenkampf ursprünglich religiöse, vielleicht auch politische Zwecke. Erst später wurde er nur mehr zum reinen Vergnügen abgehalten. Bei den Griechen hatte der Hahnenkampf wohl noch eine rituelle Bedeutung.[334]

Von dort wird berichtet, dass Themistokles während der Seeschlacht von Salamis auf dem Weg nach Piräus an der Spitze der Athener vor einem Hahnenkampf stand. Er befahl seinen Truppen sofort, stehen zu bleiben, und forderte die Männer auf, sich am Beispiel der Furchtlosigkeit der beiden Kontrahenten zu orientieren. »Diese Kämpfer«, sagte er dann, »führen diesen erbitterten Kampf weder für ihr Vaterland noch für die Gräber ihrer Väter noch für Ruhm, Freiheit oder ihre Kinder.«[335] Von der geschickten Rede ihres Anführers beflügelt, siegten die Griechen und zerstörten die persische Flotte in der Straße von Salamis. Zum Gedenken an diesen Sieg ordnete die Stadt die Aufführung von Hahnenkämpfen im Theater des Dionysos am Fuße der Akropolis an, jenem Heiligtum des Gottes, das den bürgerlichen Raum der athenischen Demokratie par excellence darstellte. Nach diesem Ereignis soll ein Dekret erlassen worden sein, das jungen Athenern vorschrieb, Hahnenkämpfen beizuwohnen, um ihre Seele zu härten und ihren Mut zu stärken.[336]

… bis nur mehr einer übrig bleibt

Anders als bei den natürlichen Territorial- und Rangkämpfen, die in den meisten Fällen ohne schwerwiegende Verletzungen enden, fließt bei den von Menschen initiierten Hahnenkämpfen immer Blut. Dort ist Gesetz, dass nur einer der Opponenten überleben darf. Bereits Mitte des 1. Jahrtausends im vorchristlichen China war es üblich, den Hähnen Metallsporne, wie sie Serge Bahuchet in seiner Sammlung hat (vgl. Abb. 8.3), an die Füße zu binden, um den Gegner leichter tödlich zu verletzen, was mit einem naturbelassenen Sporn wesentlich seltener passiert.[337] Diese werden Kampfhähnen bereits früh entfernt oder sind in jungem Alter noch gar nicht ausgebildet. Somit bedient man sich des angeborenen Territorialverhaltens der Tiere für ein Schauspiel, das aber zielgerichtet aus dem Ruder läuft. Man macht sie durch die Manipulation ihrer natürlichen Waffen unweigerlich zu Mördern. Wenn auch bei Wildhähnen Federn fliegen und gelegentlich Blut fließt, so liegt das natürliche Ziel des Kampfes sicher nicht in der Tötung des Gegners, sondern im Überleben des – um bei den Worten Darwins zu bleiben – Fittesten. Es wäre im Gegenteil aus biologischer Sicht gefährlich für die Erhaltung einer Art, wenn sich die männlichen Tiere regelmäßig gegenseitig umbrächten, bis nur noch der Stärkste überbleibt.

Abb. 8.2 – Mosaik aus Pompeji, Haus des Labyrinths, 1. Jh. v. Chr., Archäologisches Nationalmuseum, Neapel (© C. Raddato).

Wie die Griechen begeisterten sich auch die alten Römer für den Hahnenkampf als ›Sport‹ und brachten ihn in ihre Kolonien mit, so wie nach ihnen die Spanier in Mittel- und Südamerika und die Briten in Nordamerika und Südafrika.[338] Bei den Römern finden wir neben dem Beweis, dass die Kämpfe dort wohl von Menschen ›veranstaltet‹ wurden, auch Zeugnisse von ökonomischen Aspekten: Geldwetten sind ab dieser Zeit fast untrennbar mit dem Hahnenkampf verbunden.[339]

In Europa waren Hahnenkämpfe, genauso wie andere brutale Spiele, bis weit hinein in die Neuzeit verbreitet. Eine große Zahl an männlichen Hühnern in archäologischen Funden deutet auf Hahnenkämpfe hin.[340] Im 15. bis 18. Jahrhundert war das Huhn als Hoftier und weitgehend verfügbares Nahrungsmittel in vielerlei Hinsicht ›degradiert‹ worden. Von der einstigen Verehrung, die zwar nicht selten mit dem Tod des Tiers auf dem Opferstein endete, aber ihm bis dahin wohl ein annehmbares Leben bescherte, war nicht mehr viel übrig. Die Kampfgrube, in der die Hähne einander gegenübertreten, ist in vielen Ländern auch heute noch – neben einem Gotteshaus und dem Dorfplatz – ein fixer Bestandteil des Dorfbilds.

Auf alten britischen Segelschiffen findet man regelmäßig eine Vertiefung hinter dem Steuerrad. Während eines Kampfes wurden dort die Verwundeten abgelegt. Wenn blutüberströmte Menschen dort aufgehäuft wurden, erinnerte das Zeitzeugen an den Hahnenkampfplatz (*cockpit*) zu Hause. Da an dieser Stelle ansonsten aber der Steuermann stand, hieß dieser Platz, und später dann alle Orte, von denen aus ein Fahrzeug gesteuert wird, Cockpit.[341] Eine andere Version berichtet, dass Hühner auf Schiffen häufiger als Lebendproviant mitgenommen wurden.[342] Um sich die Zeit zu vertreiben, ließ man die Hähne aufeinander los und wettete um den Ausgang. Diese Hahnenkämpfe seien in diesem Cockpit hinter dem Steuerrad ausgeführt worden.

Brutales Vergnügen

In England war neben dem Hahnenkampf auch das ›Hahnen-Werfen‹ (*cock throwing*) beliebt: Man warf nicht etwa Hähne, sondern man warf *auf* Hähne: mit Stöcken, Steinen, Speeren. Die Tiere wurden fixiert mit dem Körper in Tontöpfe gesteckt, sodass nur noch der Kopf herausragte, den es dann zu steinigen galt.[343] Ähnlich brutale Bräuche gab es auch anderswo, etwa auf Sizilien und in Frankreich, dort oft konnotiert mit Fastnachtsbräuchen.[344] Auch im deutschsprachigen Raum war das ›Hahnenschlagen‹ ein »Brauch beim Erntefest, an dem der in der letzten Garbe weilende ›Korndämon‹ mit einem Hahn gleichgesetzt und getötet wurde. […] Ein Hahn wird unter einen Topf oder Korb gesetzt oder an einen Pfahl oder Baum gebunden; dann wird von den Anwesenden mit verbundenen Augen mit Stöcken, Dreschflegeln u. dgl. nach ihm geschlagen, bis er tot ist.«[345] Was oben als Sport bezeichnet wurde, war hier bäuerliche Tradition und Bestandteil des Erntedanks.

Bei Hahnenkämpfen drehte sich hingegen viel um das gute Geld, das man mit den Wetteinnahmen machen konnte, aber auch um das ›pure Vergnügen‹. England, wo sie seit dem Mittelalter, aber besonders im 18. und Anfang des 19. Jahrhunderts, beliebt gewesen waren, war 1835 das erste europäische Land, das sie verbot.[346] Die Aristokratie wandte sich nun schnell vom Hahnenkampf ab, im Untergrund lebte er aber noch etwa ein Jahrhundert unter Männern der Arbeiterklasse weiter.[347]

Nicht nur in Nordfrankreich zählt also der Blutsport zu einer von vielen jahrhundertealten Traditionen, und diese werden überall schon lange unter dem Aspekt des Tierschutzes kritisiert. Etwas halbherzig versucht man, ihn in der Region Nord-Pas-de-Calais und den Übersee-Départements einzudämmen, indem man zum Beispiel 2015 die Errichtung neuer *Gallidromes* gesetzlich verbot.[348] Während diese kuriose gesetzliche Regelung in den Rechtswissenschaften diskutiert wird, löste sie bei der dort ansässigen Bevölkerung Empörung aus, sah man darin doch in erster Linie eine Machtdemonstration der Obrigkeit, ähnlich wie einst in England.[349] Doch scheint sich das Blatt heute immer mehr zugunsten eines definitiven Verbots, zumindest auf dem europäischen Festland, zu wenden, da immer mehr junge Menschen in der Region den Hahnenkampf als aus der Zeit gefallenes, blutiges Schauspiel erachten.[350]

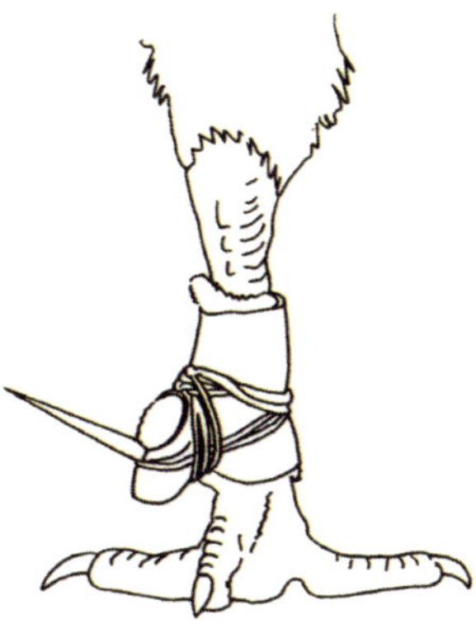

Abb. 8.3 – Links (a): Metallsporn, wie er traditionell in Nordfrankreich verwendet wurde; oben (b): Metallsporn aus Mexiko mit Scheide, damit sich Halter und Hahn vor dem Kampf nicht verletzen, Musée de l'Homme, Paris (© P. Rameau).

Eine männliche Domäne?

Auf Bali, den Philippinen oder Puerto Rico ist der Hahnenkampf hingegen ein fixer Bestandteil männlicher Identifikation.[351] Mancherorts gibt es eine lebenslange Verbindung zwischen Hahn und Mann, wobei das Leben des Hahns freilich früh endet, zumindest aber besteht immer eine starke Identifikation, wofür es auch archäozoologische Hinweise gibt.[352] In Serge Bahuchets Sammlung findet sich eine handbemalte Blechtafel aus Mexiko, eine Opfergabe als Dank für eine erhaltene Gnade aus dem Jahr 1977 (vgl. Abb. 8.4). Der Text besagt (frei übersetzt durch die Autorin): »Heiligster Ignatius von Loyola, ich danke dir, dass du das Leben meines Kampfhahns gerettet hast, der aus seinem Käfig ausgebrochen war und, obwohl er von den Hunden gejagt und gebissen wurde, heil davonkam.«

Abb. 8.4 – Blechtafel aus Mexiko zum Dank an den Heiligen Ignatius, dafür, dass der Kampfhahn des Verfassers einen Hundeangriff unversehrt überlebt hat (© P. Rameau).

Auf der indonesischen Insel Bali ist es Sitte, dass Mensch und Hahn sich vor dem Kampf des Sex enthalten, nachher wird er beiden aber ›dringend angeraten‹.[353] Außerdem ist man sich dort sicher, dass ein Hahn, unmittelbar vor dem Kampf von einer menstruierenden Frau berührt, bestimmt verlieren werde.[354] Aus einer uralten ›Tradition‹ mit großer Symbolkraft für Männlichkeit und Konnotation zu Sex hat sich heute mancherorts eine regelrechte Unterhaltungsindustrie entwickelt.

Beim jährlichen Slasher-Cup-Wettbewerb im philippinischen Manila erleichtern große Bildschirme den Zuschauern, das Spektakel auch von den obersten Reihen aus zu verfolgen. Es ist das weltweit größte Hahnenkampf-Event, das mit 650 Kämpfen über fünf Tage läuft. Das Startgeld für jeden Hahn liegt bei knapp 2.000 USD, mehr als die Hälfte des durchschnittlichen Jahreseinkommens auf den Philippinen. Die Wetten reichen von ein paar Hundert zu Zigtausenden Dollar pro Kampf. Mit Sponsorverträgen, Werbeeinnahmen, Geflügelschauen und diversen Nebenveranstaltungen – wie der Wahl zur Miss Manila oder einer großen Verkaufsmesse für Kampfhahnaccessoires – fließt bei diesem Großereignis nicht nur viel Blut, sondern auch viel Geld. Auf den Rängen werden Geschäftsbeziehungen gepflegt und politische Entscheidungen getroffen, wie auf den Golfplätzen der USA oder Europas.[355] Ein Hahn trägt in seinem Leben selten mehr als zwei Duelle aus: Dann gilt er als Seriengewinner und kann zu einem hohen Preis für die Zucht weiterverkauft werden. Auch Doping ist nicht unüblich: So werden Hähne vor dem Kampf mit Medikamenten auf die bevorstehenden Verletzungen ›vorbereitet‹, um länger durchzuhalten. Das Tier, das einen hoch dotierten Hahnenkampf überlebt, wird gleich vor Ort veterinärmedizinisch versorgt, ›zusammengeflickt‹ und mit Schmerzmitteln versehen. Die wahren Gewinner sind aber freilich immer nur Menschen. Wer mehrere siegreiche Hähne in die Arena schickt, macht gutes Geld.[356]

Wie Hahnenkämpfe rückwirken

Nicht überall wurde jedoch der von Besatzungsmächten importierte Hahnenkampf in die lokale Kultur übernommen, und in vielen Gegenden wie in Mitteleuropa, Skandinavien und in den Andenkulturen hat er sich – so scheint es – niemals etabliert. Mehrere Studien zeigten, dass sich nach der Einführung des Hahnenkampfs die betroffenen Kulturen selbst veränderten.[357] So wurde zwar eine Reduktion der allgemeinen zwischenmenschlichen Gewalt (zum Beispiel Mord) gemessen, jedoch war ein Anstieg häuslicher Gewalt gegen Frauen zu verzeichnen, wie archäologische Daten aus England beweisen.[358] Mögliche Interpretationen dieses Phänomens sind einerseits, dass Aggressionen zwar über die Tiere ausgetragen werden, anstatt zwischen Männern selbst, andererseits die Gewalt gegen Frauen (auch sexuell) befeuert wird.[359] Naomi Sykes spricht davon, dass Hahnenkampf-Kulturen häufig von einer patriarchalen Sozialstruktur gekennzeichnet seien, in denen auch Frauen nicht selten als ›Dinge‹ oder ›Besitz‹ ihrer Männer betrachtet werden, ganz ähnlich wie deren Kampfhähne.[360]

Ein Nebeneffekt der jahrtausendealten Hahnenkampf-Nutzung ist die Selektion auf Aggressivität. Dies ist wohl auch der Grund, warum bei Haushähnen eine tendenziell gesteigerte Aggression gegenüber Artgenossen zu erkennen ist, auch wenn es sich um Lege- oder Zweinutzungsrassen handelt, und nicht um Kampfrassen.[361] Bei Masthähnen richtet sich diese Aggressivität verstärkt auch gegen Hennen und kann mitunter zum Tod der Artgenossinnen führen.[362] Man geht davon aus, dass dies ein unangenehmer ›Nebeneffekt‹ der Zucht ist.

Kampfeslust als Symbol

Das Kämpferische am Hahn fand Eingang in die Heraldik und somit auch in den Sport, der nun tatsächlich von Menschen und nicht von Tieren ausgetragen wird. Auf Sportdressen findet man den Hahn etwa bei den Tottenham Hotspurs (Deutsch: ›Heißsporne‹, Fußball), dem SSC Bari (Fußball), den Iserlohn Roosters (Eishockey) oder den Sydney Roosters (Rugby). Im Sport scheint die Symbolik des Hahns für Männlichkeit und Angriffslust unmissverständlich, auch wenn die Geschichte hinter den Teams und ihren Maskottchen manchmal etwas anderes birgt, als man auf den ersten Blick annehmen würde: Die Tottenham Hotspurs, einer der führenden englischen Fußballklubs aus London, wurden 1882 gegründet und spielten auf den Gründen des Lords Harry Hotspur, einem Ritter aus dem 14. Jahrhundert. Obwohl bei der Gründung des Vereins der Hahnenkampf bereits verboten war, entschied man sich gegen das Abbild eines Ritters und für das eines archetypischen Kampfhahns – mit Metallsporn.[363] In Verbindung mit einem Fußball fand der Hahn 1909 in Form einer mannshohen vergoldeten Statue Einzug in das Stadium. Als diese 1934 abgenommen wurde und das Team in der folgenden Saison verlor, schien die Kausalität der zwei Ereignisse sonnenklar. Nach einigen Re- und Deinstallationen wurde 2018 schließlich eine neue Statue aus Fiberglas montiert, die dem Team fortan ›Glück bringt‹.[364]

Le Coq Gaulois

Nicht zu vergessen sei hier auch die französische Fußball-Nationalmannschaft, denn durchaus erstaunlich ist die Geschichte des *coq gaulois*: Frankreich trägt einen Hahn als Symbol im großen Siegel. Die Geschichtswissenschaften haben sich zu Recht die Frage gestellt, wie es der eigentlich »am wenigsten gallische von allen Vögeln«[365] zu einer solchen Bedeutung für ein Volk, später eine ganze Nation gebracht hat, war er doch den Galliern zwar bekannt, aber sicherlich (vor der römischen Besatzung) in ihrem Gebiet nicht verbreitet. Das beweist auch der marginale Anteil von maximal 1,5 % an den Tierknochenfunden in gallischen Ausgrabungsstätten.[366] Die Assoziation zwischen dem französischen Volk und dem Hahn stammt aus der Römerzeit und rührt bewiesenermaßen von der Doppeldeutigkeit des Wortes ›Gallus‹ (Lat. Huhn und Gallier) her, mit Verweis auf die Provinz Gallia, in der keltische Völker lebten.[367] Da es sich um ein und dasselbe Wort handelt, sind Sprachwissenschaftler seit jeher bemüht, die Verbindung bzw. die Kausalität dieser Wörter zu ergründen: Wurden nun die Gallier nach dem Vogel oder der Vogel nach den Galliern benannt? Die Antwort scheint recht einfach zu sein: Bei den Griechen hießen die französischen Kelten *Galates* und dieser Name wurde latinisiert.[368] Cäsar soll die ungestüme Art der Gallier im Kampf mit der Wachsamkeit eines Hahns, der seine Hennen verteidigt, verglichen haben. Schließlich wurde diese Doppeldeutigkeit auch von anderen überstrapaziert.[369] Der Hahn als Zeichen Frankreichs blieb jedoch. So bedienten sich in späteren Jahrhunderten die Gegner Frankreichs immer wieder des Vergleichs des Hahns als eitlen, lustgetriebenen Gockel, der über nichts als einen Hühnerhof herrscht, mit den französischen Königen und ihrem Volk, und so lehnten diese den Hahn als ihr Symbol lang strikt ab.[370] Das französische Wort für Hahn, *jal* oder *jau* (aus dem lateinischen *gallus*), wurde kontinuierlich durch das Wort *coq* ersetzt. Es scheint, als wollte das französische Volk das aufoktroyierte Symbol, entstanden aus einem Wortspiel der antiken römischen Besatzer, endlich loswerden.[371]

Die Identifikation der Franken mit den gallischen Ahnen geriet bis zum Mittelalter in Vergessenheit. Auch redende Wappen kamen im 13. Jahrhundert aus der Mode. Die Renaissance und ihre Könige besannen sich im 15. Jahrhundert wieder auf die symbolische Kraft des Hahns in der Antike und sein Naheverhältnis zu Merkur und Mars zurück. Man konnte auch wieder stolz sein auf die gallischen Wurzeln.[372] So durfte der weiße Hahn mit Karl VIII. als Wappentier in die Königshäuser einziehen.[373] Ab dem 15. Jahrhundert wurde den französischen Königen wieder der Beiname ›Gallus‹ angefügt, als Rolle des Wächters über ihr Volk. Einige Jahrzehnte später, mit Beginn der Herrschaft Franz I., wurde der prächtige weiße Hahn mit all seinen antiken Bedeutungen – ganz im Zeichen der Renaissance – in einer politischen Kampagne als das Symbol der Franzosen wieder in den Mittelpunkt gestellt.[374] Ludwig XIV., der Sonnenkönig, hob den Hahn in den Status des stolzen Vogels, der die Sonne begrüßt, zurück und setzte ihn als offizielles Symbol seines Hofstaates und sogar seiner selbst ein.

Rund um die Französische Revolution wechselte das Verhältnis der Nation zu ihrem alten Wappentier, welches die Aristokratie nun schon jahrhundertelang für sich beansprucht hatte. Der Hahn blieb aber, wurde wieder mit den gallischen Ursprüngen assoziiert und behielt fortan seine Funktion als ›Krafttier‹ Frankreichs, das es zum Beispiel im Ersten Weltkrieg – gemeinsam mit dem englischen Leoparden und dem russischen Bären – gegen den deutschen Adler aufnehmen konnte, wobei er hierbei nicht immer in Weiß dargestellt wird (vgl. Abb. 8.5).[375] So kam es, dass der Hahn der Antike, mit dem das Volk der Gallier wohl nicht mehr

Abb. 8.5 – 1797, der Sieg Frankreichs über Venedig durch den Siegeszug von Napoleon Bonaparte in einem politischen Cartoon. Die Streitmächte werden hier als ihre jeweiligen Nationaltiere dargestellt: Venedig als Löwe, Frankreich als siegreicher Hahn. Der italienische Text verweist auf den französischen Gegner als hinterhältigen Schurken, der kein Mitleid verdient (© Rijksmuseum).

zu tun hatte als eine Namensgleichheit in der Sprache seiner römischen Besetzer, zum Symbol und (inoffiziellen) Wappentier Frankreichs geworden ist.

Wir wenden uns im nächsten Kapitel wieder der Mitte Europas zu. Der Sage nach sollen die drei Brüder Pippin, Karl und Ludwig beim gemeinsamen Mahl einen Streit um die Thronfolge nach ihrem Vater begonnen haben. Dieser soll die Erbfolge unter seinen drei Söhnen über einen Hahnenkampf entschieden haben, so schreiben die Gebrüder Grimm. Der siegreiche Hahn gehörte dem Jüngsten, Ludwig, und so wurde dieser König.[376] Sein Vater war Karl der Große, der Bezwinger des Volkes der Awaren. Um sie rankt sich ein archäologisches Rätsel, in dem Hähne und allem Anschein nach auch Hahnenkämpfe eine wichtige Rolle spielen. Dieser historische Abschnitt aus dem frühen Mittelalter soll als Beispiel für die komplizierten Verstrickungen von Klima, Landschaft, Mensch und Huhn und die schwierige Aufgabe der Archäozoologie, dieses Rätsel zu lösen, dienen.

9

Wer waren die Awaren?

Möchte man ein exzentrisches Volk, das im Frühmittelalter weite Teile Ost- und Zentraleuropas, ganz besonders aber auch das Wiener Becken, das Weinviertel sowie ganz Pannonien beeinflusst hat, besser verstehen lernen, fährt man am besten nach Mainz. Denn dort wirkt Dr.in Henriette Baron im Leibniz-Zentrum für Archäologie (LEIZA) in führender Position im Ausstellungsmanagement. Das Gebäude wirkt futuristisch neu, um nicht zu sagen stylish, doch wir gehen zunächst in ein nahes Lokal, um uns bei Tee und Limonade über Barons bereits einige Jahre zurückliegende Doktorarbeit zu unterhalten. Ihr damaliges Projekt zeigt prototypisch, wie einst mit Tierknochen umgegangen wurde. Sie erzählt, dass bei der Ausgrabung eines riesigen Gräberfelds aus der Awarenzeit in Wien Mitte in den 1970er-Jahren insgesamt 115 kg Tierknochen vernichtet werden sollten. Glücklicherweise sträubte sich der Ausgrabungsleiter dagegen und bewahrte das Fundmaterial in Bananenkartons in seiner privaten Garage auf. Als sich Henriette Baron, damals noch Kroll, als junge Archäozoologin schließlich dafür interessierte, stellte er ihr diese Zigtausenden Knochen zur Verfügung. Sie hatte vier Jahre Zeit, um das Material ausführlich zu untersuchen.[377] Die daraus entstandene Dissertation liegt als gebundenes, rund 650 Seiten starkes Buch vor und enthält außerordentlich detaillierte Angaben über die Tierknochenfunde und obendrein eine Analyse der taphonomischen Verluste der im Fundkomplex enthaltenen Haustierarten, die ihresgleichen sucht.[378]

Ins Auge sticht sofort die große Bedeutung der Hühner für die Awaren, die für ihre Zeit untypisch ist: Denn in den Gräbern der Wiener Csokorgasse sind sie die am häufigsten vertretene Tierart. In fast jedem zweiten Grab wurden Hühnerüberreste gefunden: über 7.700 mehr oder weniger stark zerbrochene Knochen, die von ca. 320 Individuen stammten, aber insgesamt nur knapp 4,5 kg wogen.

Henriette Baron ist mit Hühnern aufgewachsen. Ihr Vater, der bedeutende Archäobotaniker Helmut Kroll, hegte eine besondere und allseits bekannte Leidenschaft zu seinen Hühnern bis zu seinem Tode. Als es mit ihm zu Ende ging, verschenkte er seine letzten Zwerghühner an seine Studierenden und versorgte so die ›jungen Archäologen‹ in Kiel mit kleinen Geflügelbeständen, damit sie dieser Leidenschaft auch frönen konnten. Noch im Hospiz brachte ihm ein Freund eine seiner Hennen vorbei, und Kroll blühte auf. Das Huhn auf dem Schoß des Vaters sei »ganz natürlich« gewesen, auch wenn man einige Hebel in Bewegung setzen musste, um diese Begegnung zu ermöglichen. Selbst Helmut Krolls Traueranzeige ziert ein Hahn. So fungierte auch für Dr.^{in} Baron und ihre Familie der Hahn noch als Bindeglied zwischen Tod und Leben.

Erinnerungen an ihre Kindertage und den Vater, der mit einem Huhn auf dem Schoß im Gartenstuhl sitzt, und an die Mutter, die die riesigen Kampfhühner mit Würstchen füttert, sodass sie danach springen müssen »wie ein Orca«, brachten in der Archäozoologin Zweifel auf, ob so viele Hühner, wie sie in den Awarengräbern liegen, eine schlichte Speisebeigabe oder Opfer (für wen, warum, wie?) sein konnten oder ob sie nicht doch mehr Bedeutung in der Lebenswelt dieser ›barbarischen Reiter‹ hatten – lebendig wie tot.

Gestärkt wird diese Theorie von den Funden; schließlich gab es bei der Analyse der Awarengräber eine Auffälligkeit. Obwohl viele Hühner küchenfertig vor- und vielleicht auch zubereitet waren, so beließ man den Hähnen ihre Füße mitsamt den Spornen am Körper. Und auch sonst waren die Hühnerkörper größtenteils vollständig. Henriette Baron bedient sich hier des Bildes der Witwe Bolte aus *Max und Moritz*: Sind die Tiere zu Beginn der traurigen Geschichte noch als Hennen und Hahn erkennbar, so sind sie im gerupften, geköpften und ausgenommenen Zustand nur noch geschlechtslose Fleischstücke, wie sie auch Wilhelm Busch gezeichnet hat. Es muss also, so Baron, für die Awaren einen Unterschied gemacht haben, ob der Verstorbene einen Hahn oder eine Henne mit auf den Weg bekam. Man mache sich selbst doch auch Gedanken, welches Essen man zubereite, wenn man nur einfach Gäste bewirte. Selbst wenn es sich also um Fleischbeigaben für die Reise ins Totenreich/Jenseits gehandelt haben sollte, meint sie, würde man sich doch sehr genau überlegen, welches Tier man dem geliebten Menschen mitgäbe.

Gegen die Empfehlung ihres Doktorvaters, der lieber die Pferdegräber in Barons Dissertation behandelt gesehen hätte, entschloss sich die Studentin zu einer akribischen Analyse der Tierknochen im Allgemeinen, jedoch der Hühnerfunde im Besonderen. »Was willst du mit den Hendln?«, hätte der betreuende Professor öfter gesagt, doch sie hätte sich nicht abbringen lassen. Unterstützung erhielt sie von dem ›Hüter‹ der Knochen, der diese immerhin 33 Jahre privat aufbewahrt hatte. Denn zuvor hatte sich niemand die tierischen Grabbeigaben in Beziehung zu den beerdigten Menschen, Artefakten und anderen Tiergruppen in gemeinsamen Gräbern systematisch angesehen. Und auch heute passiere das so gut wie nie: Es fehle meistens an Interesse und Geld. Man kann zu Recht sagen, dass dieses Gräberfeld ein Meilenstein in der Forschungsgeschichte der Mensch-Tier-Beziehung der Awarenzeit darstellt.

Die Knochen waren dank der Bodenbeschaffenheit gut erhalten, doch gibt es kaum Informationen, die das Sozialleben und die Gebräuche, die Religion und die Weltanschauung dieses Reitervolks zum Kontext beisteuern könnten. Sie bietet daher jeweils ›Synthesen‹ an, die ein Bild zeichnen, wie die Beziehung zwischen Mensch und Tier in der Awarenzeit, basierend auf den Funden, gewesen sein könnte. Barons Ansatz hebt sich nicht nur durch die beeindruckende Systematik und statistische Auswertungen bezüglich Alter, Geschlecht, Gesundheitszustand und Status der Menschen, Hühner, Schafe, Ziegen, Rinder, Hunde und Pferde von anderen Arbeiten ab. Ganz bewusst wagte sie einen Schritt weg von den vorliegenden Beweisen und hin zur Interpretation, um die Lebenswelt dieser Volksgruppe und ihrer Tiere greifbar zu machen. Sie geht damit einen Weg, der mit Naomi Sykes' Verständnis der Archäologie einhergeht: integrative Hypothesen anzubieten, die uns heute das Leben in der Vergangenheit erklären und nachvollziehbar, ja spürbar machen, und sich somit – ausgehend von toten Knochen – den Lebewesen zuzuwenden. Dieser Prozess soll nun anhand der rätselhaften Awarengräber nachvollzogen werden.

Die Awaren waren ein multiethnisches Reitervolk, das Stämme aus der heutigen Mongolei, Nordostchina, Zentralasien und dem nördlichen Kaukasus in sich vereinte.[379] Von ihren Feinden als zentralasiatisches Steppenvolk mit den Hunnen gemeinsam als ›Skythen‹ bezeichnet, schienen sie anfänglich kaum gesondert in den Aufzeichnungen ihrer Zeitgenossen über ›die Barbaren‹ auf.[380] Sie waren jedoch gefürchtete und als Verbündete auch geschätzte Krieger, die mit ihren Schlachten zu Pferd beeindruckten, denen ein wölfisches Geheul als Schlachtruf voranging. Die Pferde waren gepanzert wie die Reiter selbst, teils mit eisernen, teils mit gefilzten Schutzelementen an Hals und Brust. Ihre Zucht und Ausrüstung erforderten viel Know-how und Feinsinn, weshalb eine schiere Bezeichnung als ›Wilde‹ fehl am Platz scheint.[381]

Sie brachten außerdem wichtige Innovationen mit nach Mitteleuropa: Reflexbögen beispielsweise, die aus mehreren Schichten Holz, Knochen und Horn verleimt waren, erreichten mit dreiflügeligen Pfeilen eine Reichweite von einem halben Kilometer, abgefeuert in einer Frequenz von bis zu 20 Pfeilen pro Minute. Ihre Herstellung konnte bis zu zehn Jahre dauern. Die Awaren steuerten aber auch den Steigbügel zur Verbesserung der Reittechnik bei. Beim Ritt schienen sie mit ihren Pferden zu verschmelzen. Zeitgenössische Schriftsteller sagten ihnen daher nach, sie könnten – kaum aus dem Sattel gestiegen – jedoch nur sehr schlecht zu Fuß gehen, weil ihre Beine in dieser Art der Fortbewegung nicht geübt seien, weshalb sie Handgemenge und Nahkampf zu Erde mieden.[382]

Abb. 9.1 – Symbolbild eines Awaren: So stellt sich die künstliche Intelligenz Reiter dieses Kriegervolkes vor (© Autorin; bearbeitet).

Besonders interessant ist das Naheverhältnis der Awaren zu ihren Hühnern, welches außergewöhnlich gewesen sein muss, maß das Volk dem Geflügel doch eine sehr große Bedeutung als Grabbeigabe zu. Das allein wirft bei näherer Betrachtung Fragen auf: Denn gerade in dieser poströmischen Epoche waren Hühner überall in Mitteleuropa selten.[383] Auch die Langobarden – einst Verbündete der Awaren – hatten ein Naheverhältnis zu Hühnern, wie man anhand der auffällig großen Zahl an Hühnerknochen in Gräbern dieser Epoche sehen kann, doch leider gibt es dazu bisher keine so detailliert aufgearbeiteten Informationen, die Anhaltspunkte geben könnten, wie die Arbeit von Henriette Baron. Daher soll es bei dieser Anmerkung am Rande bleiben, in der Hoffnung, dass bald noch mehr und genauer zu tierischen Grabbeigaben geforscht werden wird.

Nach einem deutlichen Anstieg der Haushühnerpopulation in der Römerzeit ist ein markanter Einbruch während der Übergangszeit zum Frühmittelalter zu erkennen.[384] Die gängige Erklärung lautet, dass nur die Römer die Landwirtschaft und vor allem die Viehzucht so richtig verstanden hätten (vgl. Kapitel 10). Das Wissen sei wieder verloren gegangen, denn die Völker und herrschenden Schichten, die sich nachher über Europa verteilten, wären nicht imstande gewesen, das Niveau der römischen Agrarökonomie aufrechtzuerhalten.[385]

Kälteeinbruch im frühen Mittelalter

Naomi Sykes gibt eine andere Erklärung, die vielleicht etwas Licht in das Dunkel bringen kann: Im Jahr 536 n. Chr. führte ein Vulkanausbruch, vermutlich im nördlichen Nordamerika oder auf Island, zu einer ›kleinen Eiszeit‹ (*Late Antique Little Ice Age*: LALIA).[386] Große Eruptionen lassen wochenlang Asche und Salzsäure regnen. Das in die Atmosphäre geschleuderte Schwefeldioxid mischt sich mit Wassertröpfchen und bildet winzige Schwefelsäureaerosole. Diese können das Sonnenlicht für viele Jahre abschirmen. Egal wo der Ausbruch auf der Welt stattfindet, kann er im schlimmsten Fall zu einer weltweiten Verdunkelung über mehrere Jahre führen. Es kommt durch das resorbierte Sonnenlicht zu einer Erwärmung höherer Luftschichten, aber zu einer Abkühlung an der Erdoberfläche. Das Wetter gerät durch die veränderten Temperaturgefälle aus dem Gleichgewicht.[387]

So ›klein‹ diese Eiszeit, so verheerend ihre Folgen: Sie läutete das kälteste Jahrzehnt und weitere klimatische Anomalien wie Temperaturen, die 2 bis 3 °C unter dem dreißigjährigen Durchschnitt lagen, Dürrekatastrophen und Überflutungen ein.[388] Die ›stillen Zeugen‹, die der Wissenschaft solche Informationen liefern, sind uralte Bäume. Die Dendroklimatologie macht sich die Eigenschaft der Bäume zunutze, jährlich in der Wachstumsperiode neue Holzschichten anzulegen, die sich dann nach der Fällung des Baums ablesen lassen. Je schmäler die Ringe, desto schlechter der Sommer: Ob es sich um Kälte- oder Dürreperioden handelt, ist nicht immer klar ersichtlich.[389] Eine 1.738 Jahre alte sibirische Föhre sowie ein über 2.000 Jahre alter Wacholder in Nordzentralchina zeigten in ihren Jahresringen die guten und schlechten Vegetationszeiten ihres Lebens und gaben noch weitere Informationen preis.

Bald nach 536 gab es noch weitere ungünstige Ereignisse, wie eine Folge besonders schmaler Baumringe in diesen Jahren zutage brachte:[390] zwei weitere Eruptionen in den Tropen und eine bemerkenswert inaktive Sonne.[391] Bei einem solchen Sonnenfleckenminimum, das zyklisch wiederkehrt, erreicht weniger Strahlung die Erde als sonst. Auch dies wirkt sich kühlend auf das Klima unseres Planeten aus.[392] Die gesamte nördliche Hemisphäre war also von dem Ausbruch mehrerer Vulkane und den darauffolgenden Aschewolken, die den Himmel vermutlich für mehrere Jahre verdunkelten, betroffen.[393] Zeitzeugen berichten von einem Schleier, der jahrelang über dem Himmel lag und die Sonne nicht durchlassen wollte. Die Asche kann noch heute im ewigen arktischen Eis in Eiskernen nachgewiesen werden.[394] Dunkelheit, kühle Sommer und extrem kalte Winter führten zu einem Einbruch der Vegetation, was Hungersnöte, Tod und Verderben über Pflanzen, Tier und Mensch brachte.[395] LALIA endete erst um 660 n. Chr., dauerte also fast 130 Jahre an.[396] Die Etablierung und Ausbreitung des Awarenreichs von Zentralasien nach Westen fallen genau in diese Zeit. Kann das Zufall sein?

Flucht und Ansiedelung

LALIA hat vermutlich mehrere Migrationswellen ausgelöst und gilt als Treiber der Völkerwanderung.[397] Im Schatten der Ressourcenknappheit durch Kälte und Dürre brachen in den betroffenen Gebieten Konflikte aus. Um nicht zu verhungern, zogen die, die es konnten, weiter.[398] Egal ob es sich um Vertreibung oder Flucht handelte,[399] Reitervölker wie die Awaren hatten hier einen Vorteil: Sie waren mobil. Die Türken griffen im zentralasiatischen Raum nach der Macht, woraufhin der Großteil der dort herrschenden Rouran getötet wurde und ein Teil nach Osten floh, sich schließlich im Gebiet des heutigen Korea niederließ.[400] Eine Gruppe von etwa 20.000 Angehörigen verschiedener Steppenvölker trat hingegen die Reise nach Westen an.[401] Dabei migrierten ganze Familien, wie man heute aus Genomanalysen weiß.[402] Es handelte sich wohl um eine der schnellsten Fernmigrationen in der Geschichte: In wenigen Jahren überwanden sie eine Distanz von 5.000 Kilometern.[403]

Abb. 9.2 – Europa um 800 n. Chr., das Awarenreich (›Kingdom of the Avars‹, orangefarbenes Gebiet) erstreckte sich damals bis weit ins heutige Österreich (© Colbeck).

Doch andererseits mussten Reitervölker in diesen ›dunklen Zeiten‹ genügend Futter für ihre Zigtausenden Pferde finden. Der Zug gen Westen war also sicherlich kein einfaches Unterfangen. Denn selbst plündernd und raubend[404] trafen die Awaren im Karpatenbecken, das später ihr Kerngebiet bleiben sollte, vermutlich auf eine Landschaft, die von dem aus den Fugen geratenen Wetter gebeutelt war. Die Flüsse brachten in den kalten Zeiten Eisstöße, nach der Schneeschmelze in den Alpen aber Überflutungen mit sich. Das Karpatenbecken war wohl zu 15 % nicht besiedelbar, da Überschwemmungsgebiete Sumpflandschaften schufen, denen kaum ein Volk – und sicher keines aus der mongolischen Steppe – Herr wurde.[405] Die Awaren fielen ein und lebten anfangs auf Kosten der bereits ansässigen Bevölkerung. Als strategische Kämpfer waren sie beliebte Söldner (etwa für die Byzantiner), die sich allerdings von Verbündeten später den Frieden teuer bezahlen ließen. Um erfolgreich in der Schlacht zu sein, brauchten sie außer Nahrung für die Krieger und deren Familien auch enorm viel Weideland, um ihre Heerschar an Pferden, ein bis zwei pro Mann, zu ernähren.

Die Awaren zogen nicht als einheitliche ethnische Gemeinschaft los, sie wurden nicht durch gemeinsame Abstammung, sondern durch das gemeinsame Lebensmodell zusammengehalten: Wer sich dem Herrscher, dem Khagan, anschloss, war Aware. Das unterschied sie auch von den anderen Steppenvölkern Zentraleuropas ihrer Zeit – den Slawen und Bulgaren.[406] Es ist deshalb ratsam, von ›awarenzeitlichen‹ Phänomenen zu sprechen, denn wer nun originär oder ethnisch ›den Awaren‹ angehörte, ist schwierig festzustellen.[407] Inzwischen weiß man aber, dass es eine verwandtschaftlich verbundene ›Herrscherklasse‹ gegeben haben muss, die ihren Status über die männliche Linie weitergab.[408] Die Genomforschung brachte zutage, dass diese direkte Nachfahren des Rouran-Reichs waren, nach dessen Niedergang die Awaren einst geflohen waren.[409] Die Awarenelite hielt eine starke männliche Erbfolge ein, während Frauen ›eingeheiratet‹ wurden.[410] Erst in der späteren Awarenzeit (ca. 660 bis 780 n. Chr.) erfuhren die Eliten eine Durchmischung mit Genpools zentralasiatischer Herkunft: entweder mit anderen, unterprivilegierteren Awaren oder aber durch neuerliche Zuwanderung aus der zentralasiatischen Steppe. Über den Khagan ist bekannt, dass dieser eine Art Harem um sich geschart hatte. Wer die Frauen des Khagans ›anrührte‹, dem drohte die Todesstrafe.[411]

Abb. 9.3 – Rekonstruktion einer Frau aus der Awarenzeit anhand eines Schädels aus Alföld, 7. Jh. n. Chr., von E. Gábor, im Auftrag des Hungarian Natural History Museum (© E. Gábor; bearbeitet).

Die Awaren und ihre Hühner

Wärme liebende Arten dürften von LALIA in der nördlichen Hemisphäre besonders betroffen gewesen sein. In Europa kam es zu einem Einbruch der Hühnerpopulation, mancherorts zum völligen Verschwinden des Haushuhns.[412] Wieso gerade die Awaren dennoch so viele von ihnen hielten, kann anhand der vorliegenden Studien nicht zufriedenstellend begründet werden. Aus der Literatur geht jedoch hervor, dass

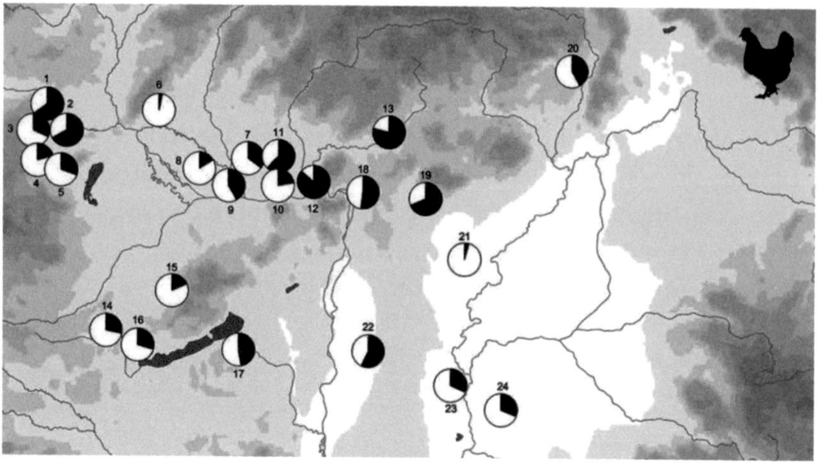

Abb. 9.4 – Anteile von Gräbern mit Huhn (schwarz) an den Gräbern mit Tierknochenfunden der Awarenzeit im Karpatenbecken. 1 Wien Csokorgasse, 2 Zwölfaxing, 3 Vösendorf, 4 Leobersdorf, 5 Zillingtal, 6 Bernolákovo, 7 Nové Zámky, 8 Holiare, 9 Komárno Schiffswerft I, 10 Žitavská Tôň, 11 Virt, 12 Štúrovo, 13 Želovce, 14 Pókaszepetk, 15 Halimba, 16 Gyenesdiás, 17 Siófok-Balatonkiliti, 18 Vác, 19 Gyöngyöspata, 20 Šebastovce, 21 Alattyán, 22 Szabadszállás, 23 Felgyő, 24 Székkutas-Kápolnadűlő (© H. Baron).

die Hühnerhaltung in Zentralasien, von wo vermutlich ein Großteil der Awaren im Karpatenbecken stammte,[413] eine lange Tradition hatte[414] und dass die Awaren ihren Hühnern, dabei aber ganz besonders ihren Hähnen, eine wichtige Rolle beimaßen.[415] Das, genau wie die Hinweise auf die patriarchale Gesellschaftsstruktur dieses Volkes,[416] spricht für Henriette Baron für die Awaren als Hahnenkampfkultur.[417] Spätere Isotopenanalysen brachten eine enge Beziehung zwischen Männern und den Hähnen, mit denen sie bestattet wurden, zutage: Männer von hohem Rang wurden nicht nur mit alten Hähnen mit langen Spornen beerdigt, sondern beide wiesen noch dazu einen ähnlich guten Ernährungszustand auf. Reiche Männer hatten gut genährte Hähne, die vielleicht sogar verhältnismäßig mehr Eiweiß zu sich nahmen als so mancher Mensch der damaligen Zeit.[418]

Es gibt keine schriftlichen Berichte über die Awaren-Huhn-Beziehung, ja nicht einmal über die mögliche Praxis des Hahnenkampfs. Bei den Grabbeigaben der Wiener Csokorgasse sticht das Huhn aber mit einer extremen Häufigkeit von knapp 50 % heraus. Auch in anderen Siedlungen im awarischen Kerngebiet waren Hühner überall und häufig vertreten (vgl. Abb. 9.4). Weitere, in dieser Abbildung nicht aufgezeigte Gräberfelder, wie etwa das von Podersdorf am Neusiedler See, bei denen Hühner ebenfalls die am häufigsten vertretene Tierart in den Gräbern waren, fügen sich in das Bild ein.[419] Bisher wurden rund 600 awarische Siedlungen mit rund 100.000 Gräbern gefunden. Es sei unterstrichen, dass (noch) nicht zu allen davon Berichte über die Tierknochenfunde vorliegen.

Warum ausgerechnet die Awaren solche Hühnerfans waren, bleibt im Großen und Ganzen spekulativ. Die Nähe ist keinesfalls offensichtlich, sticht doch der markante Unterschied in den Lebensformen der beiden Spezies Awaren und Haushühner ins Auge: Erstere waren bevorzugt nomadisch, zogen also häufig um, lebten anfangs in Zelten, kamen aus der weiten, trockenen, mitunter sehr kalten Steppe, betrieben ursprünglich kaum Ackerbau. Hühner hingegen stammen aus dem tropischen Dschungel, schlafen auf Bäumen (am liebsten ihr Leben lang auf dem gleichen!), fressen gern Saaten, brauchen als Bodenbrüter den Schutz dichten Unterholzes, haben es gern warm und geschützt. So wie Konstantina Saliari vermutet, haben die Awaren vielleicht ihre Hühner einfach mitgenommen, sie sogar aus Zentralasien importiert.[420] Oder trafen sie erst in Mitteleuropa auf diese und erlagen ihrem exotischen Zauber? Die Frage muss vorerst unbeantwortet bleiben, doch lassen moderne Methoden auf Klärung hoffen.

Spekulativ, aber denkbar wäre es auch, dass Hühner mit Menschen sehr nahe beisammen lebten, sich vielleicht mit ihnen gemeinsam im Wohnraum der Zelte aufhielten, dort gefüttert wurden. Eine solche Nähe von Mensch und

Tier war und ist in kälteren Regionen nicht unüblich. Auch aus modernen Hahnenkampfkulturen wissen wir, dass eine enge Bindung zwischen Hahn und Herr entstehen kann. Vielleicht ›durften‹ auch nur die kostbaren Hähne im Wohnbereich übernachten, um vor Raubtieren und Kälte sicher zu sein, da besonders bei Hähnen der Kamm als gut durchbluteter, aber vor Kälte ungeschützter Hautlappen leicht friert. Den Hennen hingegen schien es weniger gut zu gehen: Sie litten teilweise unter schweren pathologischen Knochenveränderungen, die sehr schmerzhaft gewesen sein müssen. Gleichzeitig deuten diese auf ein hohes Alter der Tiere hin.

Henriette Baron nimmt an, dass »die Tiere aller Wahrscheinlichkeit nach im Rahmen von Begräbnisfeierlichkeiten getötet wurden und die Anforderungen des Ritus dabei mit Sicherheit eine hohe Priorität hatten: Unter anderem kann das Ziel gewesen sein, eine angemessene Jenseitsausstattung für den Toten zu schaffen […], einen gewissen Aufwand darzustellen […], eine besonders symbolträchtige Beigabe auszuwählen[…] oder die trauernde Gemeinschaft mit einem unvergesslichen Totenmahl zu bewirtschaften.«[421] Sie fand besonders das ›Ensemble‹ verschiedener Tierbeigaben interessant, doch weiß man nicht, warum gewisse Kombinationen (Huhn-Schaf/Huhn-Rind) gewählt wurden und andere nicht. Schließlich ist nicht feststellbar, wie und ob diese Tiere oder Fleischstücke zubereitet wurden. Auch vermutet sie, dass zu diesen Ensembles noch andere Beigaben, deren Spuren man heute nicht mehr findet, gehörten, wie etwa Blumen und Brot.[422] Nachweise gibt es von Suppen und Eintöpfen, die in entsprechenden Gefäßen mitgegeben wurden.[423]

Freilich besteht immer das Problem, dass wir die Umstände und die Symbolkraft der mitbestatteten Tiere nicht kennen. Welche Bedeutung hatten Hühner überhaupt in der awarischen Kultur? Wieso mussten sie Verstorbenen in den Tod folgen? Welche Hühner waren das, gehörten sie den Verstorbenen? Wie ging das überhaupt vonstatten? Die Statistik zeigt aber deutlich: Männer wurden häufig mit Hähnen bestattet, Frauen mit Hennen. Diese Korrelation war besonders in der Früh- und Mittelawarenzeit nachzuweisen.[424] Kindern wurden eher kleinere, ausgelöste Fleischstücke mitgegeben. Die Hühner in der Wiener Csokorgasse wurden zum Großteil ›im Verbund‹, also als weitgehend vollständige, vermutlich unzerlegte Skelette beigegeben.[425] Es kann sein, dass die Tiere ungerupft, im vollen Federkleid ins Grab gelegt wurden, oder als Braten. Falls die Tiere nicht ausgenommen wurden, könnte man das anhand der knöchernen Luftröhrenringe erkennen. Davon fanden sich in Barons Bananenkisten allerdings nur zwei Exemplare. Solche Kleinstknochen gehen leider leicht verloren.[426]

Je älter das Grab, desto häufiger wurden die Tiere im Ganzen belassen. Ob Hahn oder Henne, kann man an Beinen und Kopf sofort erkennen. Diese können im Grab, aber auch außerhalb, von Bedeutung gewesen sein. Wieso manchmal Kopf und Füße abgetrennt wurden, etwa, um die Tiere ›küchenfertig‹ zu machen, ist unklar. Ebenso, ob die Awaren Hühnerfüße als Speise schätzten, wie in vielen asiatischen Ländern der Gegenwart üblich.[427] Wenn wir wagen, hier querzudenken, wozu uns Naomi Sykes ermutigt,[428] stellen sich ganz andere Fragen: Könnte es sein, dass Füße und Köpfe zu einem anderen Zweck behalten wurden? Im heutigen Westafrika, und nicht nur dort, wird diesen Körperteilen eine wichtige Funktion als Talisman zuteil, die aber wiederum später nicht mitbeerdigt, sondern auf den Müll geworfen werden und dann vielleicht im Siedlungsabfall wieder auftauchen.[429] Leider ist »uns nur der ›unterirdische‹ Teil der Grabsitten zugänglich«[430].

Offene Fragen

Was Henriette Baron anhand ihrer Arbeit gut belegen konnte: Die Awaren wandelten sich langsam vom heulenden, kriegsführenden Reitervolk zu sesshaften Bauern.[431] Sie vermischten sich nach und nach mit den angrenzenden Völkern und integrierten deren Gebräuche und Gepflogenheiten in ihr eigenes Kulturgut, das ohnedies nicht einheitlich gewesen war.[432] Das betraf auch die Bestattungsriten: Mit der Zeit nahmen Tiere als Grabbeigaben, damals in Europa ohnedies durch die voranschreitende Christianisierung aus der Mode gekommen, ab und verschwanden langsam ganz.[433]

Welche Bedeutung hatten Hühner im täglichen Leben der Awaren und nicht im Tod? Es ist interessant, dass sie in Müllgruben selten aufscheinen: Im Siedlungsabfall in Zillingtal (vgl. Abb. 9.4, 5) wurden etwa nur insgesamt 14 Hühnerknochen gefunden. »Es ist anzunehmen, dass die Reste der Geflügelmahlzeiten Hunden zum Fraß vorgeworfen wurden. So gelangten sie erst gar nicht in den Siedlungsabfall.«[434] Ist diese Interpretation einfach nur stark von unserem heutigen Bild der Mensch-Huhn-Beziehung geprägt oder aber schlichtweg naheliegend? Naomi Sykes warnt vor voreiligen Schlüssen: »Selbst wo tierische Überreste als harmlose Speisereste erscheinen, sind sie wahrscheinlich Überreste eines komplexen Miteinanders und Glaubenssystems: Wir sind nur sehr schlecht darin, sie zu identifizieren und zu verstehen.«[435] Es ist an dieser Stelle erwähnenswert, dass auch drei Neugeborene und ein ungeborenes Kind in selbigem Siedlungsabfall gefunden wurden.

Aus heutiger Sicht sind das Weltbild, die Überzeugungen und die daraus resultierenden Sitten der Awarenzeit ein Rätsel, das wir vermutlich nur bedingt lösen können, weil es unsere Weltanschauung extrem fordert: Wer von uns kann emotional nachvollziehen, wieso das Pferd am Grab seines Reiters sterben musste, jahrelang humpelnde, unter schrecklichen Schmerzen leidende Hennen jedoch nicht ›erlöst‹ wurden und dennoch als Grabbeigabe dienten, oder warum – völlig absurderweise – tot geborene Babys in die Müllgrube geworfen wurden?

Das Beispiel der Awaren soll veranschaulichen, wie schwierig es sein kann, die Lebensgebräuche und Sitten, die Sozialstruktur und Beziehung zu den Tieren eines Volkes zu ergründen, das sich selbst nicht in Wort und Bild verewigt hat. Es zeigt aber auch, wie klassische archäologische Methoden kombiniert mit neuen Techniken auf erstaunliche Weise dazu beitragen können, Erkenntnislücken aufzufüllen. Gleichzeitig wird deutlich, dass die Archäologie und die Geschichtsforschung immer vor dem gleichen unlösbaren Rätsel stehen, niemals alles ergründen und nicht alle Zusammenhänge verstehen zu können, wobei die Tendenz dahin geht, Interpretationen anhand der vorliegenden Spuren zu wagen, Hypothesen aufzustellen und damit die rein deskriptive Aufgabe der Archäologie zu einem volleren Bild zu ergänzen, wenn auch diese integrativen Theorien später durch neue Beweise wieder umgeworfen werden. Wir sehen anhand der Awaren, dass Wissenschaft ein lebendiger, dynamischer Prozess und die ›Wahrheit‹ ein durchaus plastischer Begriff ist.

Das Ende der Awaren als mitbestimmende Macht im Herzen Europas bezeichneten die Awarenkriege Karls des Großen. Er zog 788 das erste Mal von Bayern aus die Donau entlang gezielt gegen diese Heiden, denen es nicht mehr gelang, dem eine einheitliche Verteidigungslinie entgegenzusetzen. Der Krieg war für Karl schließlich 15 Jahre später gewonnen, als sich der letzte Awarenkhagan in Aachen taufen ließ.[436] Und danach? »Der Awarenname verlor seine Bedeutung und verschwand, die Menschen blieben«, so Walter Pohl in seiner Awarenbiografie.[437] Sie verschmolzen immer mehr mit den anderen ansässigen Stämmen, sodass im Karpatenbecken eine herausragende ethnische Diversität entstand, die fast das gesamte genetische Spektrum Eurasiens beinhaltete.[438] Das Christentum brauchte im ehemaligen Awarenreich deutlich länger, um sich flächig durchzusetzen. Kleinere Gebiete entwickelten sich unterschiedlich weiter, doch wurden die Awaren und ihre Traditionen Ende des 9. Jahrhunderts in Mitteleuropa assimiliert. Ihre eigenständige Kultur verschwand völlig.[439]

10

Aufgetischt!

Die dramatischen Wendungen, die das Schicksal der Haushühner fortan genommen hat, fußen im Grunde auf ihrer genetischen Wandlungsfähigkeit. Heute sind Hühner nicht nur das häufigste Landwirbeltier der Erde, sondern auch das kulinarisch beliebteste. Die Tabuisierung des Hühnerfleischs ist passé. Es gibt selbst bei sogenannten ›Naturvölkern‹ kaum ein Verbot für den Verzehr von Hühnerfleisch oder Eiern.[440] Nicht überall tötet man freilich Hühner so sorglos wie im industrialisierten ›globalen Norden‹. In vielen ländlichen Kulturen mit kleinbäuerlichen Strukturen bleibt die Tötung eines Huhns – wie noch in der Römerzeit – besonderen Anlässen vorbehalten: Sei es nun ein Opfer für die Götter, ein besonders feierlicher Anlass oder ein hoher Gast.[441] Eine Erhebung aus Ostafrika zeigte zum Beispiel, dass in Familien, die selbst Hühner halten, nicht einmal ein Huhn pro Kopf und Jahr gegessen wird.[442]

In ihrem ursprünglichen Verbreitungsgebiet bleibt die Entwicklung der Hühner im Dunkeln, da die Forschung hier noch viel aufzuholen hat. Der thematische Fokus dieses Kapitels liegt somit auf Europa und den USA.

Die Römer trieben die Geflügelzucht an

Bei den Kelten war der Verzehr von Hühnern vermutlich tabuisiert, da Cäsar bereits erwähnt, dass die Britonen keine Hühner essen. Man weiß, dass es solche Verbote bei den Kelten für bestimmte Tiere gab, jedoch mit lokalen Unterschieden.[443] Die Griechen haben anscheinend manchmal ihre Tieropfer verspeist, doch erst die Römer läuteten eine echte Wende ein: Anfangs blieb der rituelle Kontext erhalten, vielleicht auch öfter im Rahmen eines Festessens für die Verstorbenen, als eine Art Opfer-Festschmaus.[444] Es ist zu beobachten, dass in der Römerzeit das Vorkommen der Hühner deutlich zunahm und sie dann auch vermehrt ohne rituellen Kontext geschlachtet wurden.[445] Interessant ist außerdem, dass in der Römerzeit der Konsum von Hühnereiern an Fahrt aufnahm. Die Hintergründe dieser beiden Phänomene können einerseits dadurch erklärt werden, dass Lebensmittel in großer Menge erst dann notwendig wurden, als die Menschen sich in großen Ballungszentren zusammenfassten, und andererseits dadurch, dass das Know-how rund um die Tierzucht gezielt weitergegeben wurde.

Die römischen Städte und auch die Lager ihrer riesigen Armee trieben die Spezialisierung der Landwirtschaft voran. Rund um diese Ansiedlungen entstanden größere Bauernhöfe, die fortan nicht mehr nur für sich selbst, sondern in erster Linie für andere produzierten. Aus dieser Zeit stammen wohl auch der Beruf des Schlachters und Fleischhauers und die Erfindung des Fleischbeils. Der Erwerb von Fleisch(stücken) über Märkte in den Städten führte wiederum zu einer Entfremdung von Mensch und Tier:[446] Tiere wurden zu Ware, Landwirtschaft wurde zu Wissenschaft. Varro und Columella, zwei Agrarökonomen, die in den beiden Jahrhunderten vor und nach Beginn unserer Zeitrechnung wirkten, geben bereits sehr genaue Anweisungen, wie man in der Tierzucht und -haltung verfahren solle, nennen Bestandsgrößen von 100 Tieren und mehr.[447]

Der früheste Beweis, dass Hühner als Nahrungsmittel genutzt wurden, stammt aus Maresha, im Süden des heutigen Israel. In der hellenistischen Periode (4. bis 1. Jh. v. Chr.) steigt die Zahl der Hühnerknochenfunde in der Stadt sprunghaft an. Der Anteil der Hühner am gesamten archäologischen Nutztierbestand dieser Zeit beträgt 30 %.[448] In der römischen Ära dieser Gegend führt der Trend weiter nach oben. In einem der ältesten überlieferten Kochbücher, dem von Apicius, werden nicht weniger als 15 Rezepte für die Zubereitung von Hühnerfleisch, vom Hühnereintopf bis zum Hühnerbraten, beschrieben.[449] Eines davon soll hier vorgestellt werden:[450]

Pullum oxyzomum (Saures Hühnchen)

Ein gutes Glas Öl, ein kleineres Glas Brühe, und ein Schuss Essig, sechs Pfefferkörner, Petersilie und ein Bund Lauch.

Das war's. Vorkenntnisse wurden wohl vorausgesetzt.

Columella, Varro und Plinius der Ältere geben bereits äußerst detaillierte Angaben zur optimalen Versorgung von Hühnern.[451] Die Hühnerhaltung verlangte offenbar nach mehr Aufmerksamkeit als die der altbekannten Säugetiere wie Schaf oder Schwein. Und schließlich gehörten Hühner zu den ersten Haustieren, die wirklich einen Stall benötigten, wo den meisten Nutztieren bis dato doch Weideland und bestenfalls Winterstallungen genügt hatten.[452] Im Grunde genommen raten die antiken Autoren all das an, was man in jedem modernen Hühnerratgeber lesen kann: einen sauberen Stall, gekalkte Wände, frisches, sauberes Wasser, Wärme im Winter, Sitzstangen, Vernichtung von blutsaugenden Parasiten in den Ställen, frisches Stroh in den Legenestern, überdachte Sandbäder usw.[453] Ein eigener Hühnerstallbursche wird empfohlen, wirksamer Schutz vor Beutegreifern erörtert. Auch gibt es zahlreiche veterinärmedizinisch relevante Tipps, die belegen, dass Hühner mit diversen pflanzlichen Arzneien therapiert wurden: so die Inhalation von Kräuterdämpfen (Ysop, Dost und Thymian) bei Entzündungen der Atemwege sowie Knoblauch und Öl, ja sogar menschlicher Urin gegen Hühnerschnupfen. All diese Therapien haben wegen ihrer antibakteriellen Wirkung auch aus heutiger Sicht durchaus ihre Berechtigung.[454] Eine gänzlich unangebrachte Maßnahme ist hingegen die – heute mancherorts noch übliche – Entfernung der sogenannten Hornspitze, der Schleimhaut auf der Zungenspitze, die bei Krankheit durch Belag weiß erscheinen kann und deren Abkratzen jeglicher medizinischen Wirkung entbehrt.

Den Römern waren ihre Hühner also alles andere als egal. Als Grabbeigaben fungierten sie noch für lange Zeit: Doch erst ab hier deutet vieles darauf hin, dass sie den Verstorbenen als Speisebeigaben und nicht als Opfer beigelegt wurden. Die Römer brachten schließlich Hühner – gemeinsam mit ihrer Kultur, ihren Sitten und Gebräuchen – mit in die von ihnen eroberten Gebiete. So steigern sich die Knochenfunde in der Römerzeit erheblich und mit ihnen auch das Verständnis um die Bedeutung dieser Tiere für die damaligen Menschen. Die Tendenz ging jedenfalls in die Richtung einer immer spezialisierteren Landwirtschaft. Man nimmt an, dass sich in Maresha durch die Intensivierung der Haltung von Hühnern über 200 Jahre eine Art ›Massentierhaltung‹ entwickelt haben könnte.[455] Dafür sprechen auch die Nachweise erster ›Geflügelseuchen‹ wie Geflügelleukose (verursacht durch ein Retrovirus), die sich vor allem in beengten Verhältnissen leicht ausbreiten kann.[456]

Die frühen Haushühner wurden nun langsam, aber stetig größer. Gezielte Zuchtselektion auf einzelne Merkmale ist ein relativ junges Phänomen, das die Römer aber schon gut beherrschten. In ganz Europa erfuhr die Hühnerzucht damals eine erste Hochzeit, wenn es auch große regionale Unterschiede gab.

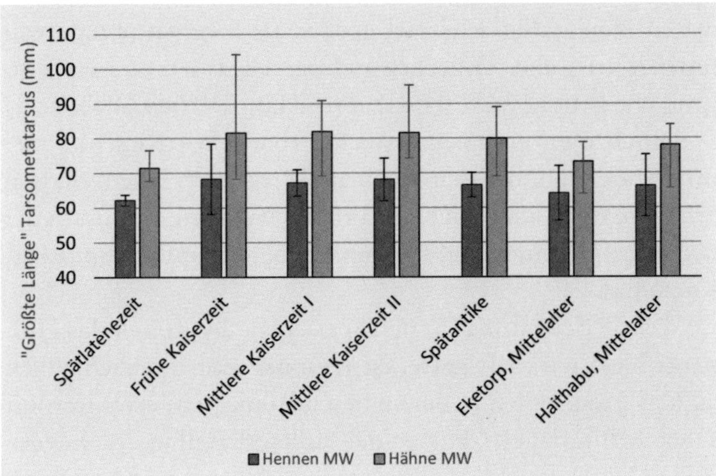

Abb. 10.1 – Größenentwicklung der Hühner, gemessen an der Länge des Laufbeinknochens (Tarsometatarsus) Balken = Mittelwerte bei Hennen bzw. Hähnen; Stäbe zeigen Schwankungsbreiten der Einzelfunde an (© T. Drapela nach Peters 1997).

Während Untersuchungen Hunderter Hühnerskelette aus London zeigten, dass sich die dortigen Haushühner vom 2. Jh. v. Chr. bis ins ca. 14. Jh. n. Chr. in ihrer Größe und Anatomie kaum vom Bankivahuhn unterschieden,[457] nahm die Durchschnittsgröße der Haushühner – gemessen an der Länge ihrer Laufbeinknochen (Tarsometatarsen) – in Süd- und Mitteleuropa im Zuge der römischen Besatzung merklich zu. Sie waren zwar im Durchschnitt noch immer klein im Vergleich zu unseren heutigen Haushühnern, doch entwickelten sie sich nach und nach zu größeren Rassen.[458] Hähne waren regelmäßig sehr viel größer als Hennen, einige von ihnen waren aber sicherlich richtige Giganten und etwa so groß wie heutige *New-Hampshire*-Hähne[459] (vgl. Abb. 10.1).

Durch die Verpaarung solcher römischen Riesenhühner mit lokalen ›Landrassen‹ blieben die robusten Eigenschaften erhalten, doch stieg auch der Ertrag. Weiteren Einflüssen der römischen Hühner sind Genomiker bereits auf der Spur (vgl. Kapitel 4).

Welche Bedeutung für den Speiseplan der Römer das Hühnergeflügel wirklich hatte, ist regional sehr unterschiedlich zu bewerten. Selbst in der späteren Römerzeit, etwa in römischen Militärlagern, betrug der Hühneranteil in drei Lagern in den Niederlanden und Belgien zwischen 1,7 und 27 %.[460] Im römischen Kempraten der heutigen Schweiz zeichnet sich folgendes Bild ab: wenig Hühner im Küchenrat der Siedlung, im Tempel viele.[461] Besonders augenscheinlich wird die geringe wirtschaftliche Bedeutung der Hühner im Vergleich zu anderen Tieren im schweizerischen Augst (Augusta Raurica): Dort betrug der Hühneranteil 2 bis 5 % Hühnerknochen in Militärlagern, unter 2 % in Siedlungen.[462]

In England stellte man fest, dass besonders in den römischen Städten Hühner zunehmend Bedeutung als Schlachtvieh hatten, während sie in den ländlichen Siedlungen zwar vorhanden waren, aber im Gegensatz zu den häufigsten Nutztieren (Schaf und Ziege) höchstens 5 % des Nutztierbestandes ausmachten. Doch variieren Zahlen, Geschlechterverhältnis und Größe der Tiere je nach Fundkontext sehr stark (Villa, Stadt, Tempel, Militärlager).[463] Im Tempelbezirk von Uley fand man die Überreste von 2.647 Tieren.[464] Auch in römischen Villen waren Hühner etwas häufiger, was bedeuten könnte, dass vor allem die reiche römische Oberschicht Hühner konsumierte.[465] Auch in Pompeji fand man in einem reichen Haushalt immerhin einen Anteil von 30 % in der ältesten Schicht (ab dem späten 4. Jh. v. Chr.), wobei hier rituelle Kontexte auch nicht vollständig ausgeschlossen werden können.[466]

Wie bereits erläutert, sind geringe Fundzahlen nicht immer ein Garant für ein tatsächlich geringes Vorkommen. Denn mehr noch als die Überreste von Opfergaben oder Speisebeigaben sind Hühnerknochen in Abfallgruben zahlreichen anderen taphonomischen Prozessen ausgesetzt und sind noch schwieriger zu finden (vgl. Kapitel 3).[467] Tierfraß von anderen Haustieren wie Schweinen oder Hunden kommt hier noch dezimierend dazu. Daher können keine sicheren Aussagen über die Bedeutung der Hühner anhand des Siedlungsmülls allein getroffen werden.

Bedeutung der Hühner im Mittelalter

Mit dem Römischen Reich gingen seine agrarwissenschaftlichen Errungenschaften und sein etabliertes Wissen um die Geflügelzucht verloren, weshalb die Entwicklung der Größen zurückging und stagnierte. Wie bereits erwähnt, kann die klimatische Entwicklung im 6. Jh. n. Chr. aber auch ihren Teil dazu beigetragen haben, dass die europäischen Hühner nicht nur an Zahl, sondern auch an Größe abnahmen.[468] Der europäische Hühnerbestand brach ein und erholte sich nur langsam. Erst ab dem Jahr 1000 herum ging es wieder bergauf.[469]

Als Fleischlieferant hatte das Huhn bereits mit den Römern Einzug in die römisch besetzten Gebiete gehalten und war geblieben. Auch altbekannte Haustiere wurden weiterhin genutzt, doch wurden Geflügel und Eier immer beliebter. Grund dafür waren die neu auferlegten Nahrungstabus des Christentums. Das Verzehrverbot vierbeiniger Tiere zur Fastenzeit wurde ausgerufen, und schnell waren die Menschen bei der Findung von Alternativen: Der Konsum von Eiern, Fisch und Vögeln vervielfachte sich in dieser Zeit und verhalf dem Geflügel ab dem 2. Jahrtausend zu einer neuen Hochblüte, besonders im klerikalen und aristokratischen Umfeld, welche sich häufig überschnitten. Im Jahr 1465, bei der Ernennung von Erzbischof Neville, aß man 400 Tauben, 2.000 Hühner, 204 Kraniche, 1.200 Wachteln, 104 Pfauen, 400 Schwäne, 500 Reiher, 100 Kapaune, 400 Regenpfeifer, 4.000 Stock- und Wildenten, 400 Waldschnepfen, 200 Fasane, 500 Rebhühner, 204 Rohrdommeln und 100 Brachvögel. »Dies vermittelt zwar einen Eindruck von der Großzügigkeit dieses Anlasses und dem Status und der Verfügbarkeit von Vögeln in der Mitte des 15. Jahrhunderts, sagt aber wenig über ihre umfassendere Rolle in der mittelalterlichen Welt aus.«[470]

Kapaune geschichtlich betrachtet

Die damals besonders beliebten Kapaune, beinahe ein neues Nutztier, weil häufig gesondert ausgewiesen, führen uns zu einem zeitlichen und thematischen Exkurs rund um diese entmannten Hähne. Doch scheint sich um die Verschneidung der Hähne in der Antike ein großes Missverständnis zu ranken. In den antiken Schriften ist bei der Entmannung des Hahns von der Verwendung heißer Eisen die Rede, was den bereits erwähnten Ulisse Aldrovandi, der die Entfernung der Hoden im 16. Jahrhundert genau beschreibt, vor Rätsel stellte.[471] Doch war wohl kein chirurgischer Eingriff an den Genitalien der Hähne gemeint, sondern die Entfernung der Sporne, die als Ausprägung des männlichen Geschlechts mit der Männlichkeit der Tiere gleichgesetzt wurden. Im alten Rom versengte man jungen Hähnen, vermutlich im Alter von drei Monaten – also kurz vor Eintritt der Geschlechtsreife –, die Spornknospen, damit sie im Kampf gegen ihresgleichen unterliegen und ruhiger würden.[472] Die so ihres Spornes entledigten Hähne wurden vermutlich auf eigenen Höfen gemästet, um das von Columella empfohlene Geschlechterverhältnis von 1:5 auf den Hühnerhöfen aufrechterhalten zu können.[473] Eine tatsächliche Entfernung der Hoden dürfte in der Antike selten bis gar nicht stattgefunden haben, und das nicht nur, weil der Eingriff riskant war, sondern auch, weil Hahnenhoden eine beliebte Delikatesse waren und man sie deshalb im Tier beließ.[474] Erst im Mittelalter wurden vermutlich viele der Masthähne durch einen seitlichen Schnitt chirurgisch kastriert,[475] da man die Unkastrierten für den Kampf brauchte und Kapaune sehr viel mehr Fleisch ansetzten und schmackhafter waren.[476] So könnte eine gewisse Zuchtselektion vorangetrieben worden sein, indem man manche Tiere von der Fortpflanzung ausschloss.[477]

Die Zahlen der Hühner stiegen vom Früh- bis zum Spätmittelalter in ganz Europa kontinuierlich an. Unter den Tierknochenfunden aus mittelalterlichen Siedlungen Deutschlands sind Hühner bereits eine Regelmäßigkeit, wenn sie auch insgesamt keine 6 % der Tierknochenfunde ausmachen (was dennoch eine Vervierfachung seit der Römerzeit bedeutet). Offensichtlich wurden sie in den Grubenhaussiedlungen Norddeutschlands (zum Beispiel aus dem 10. bis 12. Jahrhundert) gehalten und verzehrt. Sie mussten regelmäßig an den adeligen Grundbesitzer abgegeben werden.[478] Auch auf der südschwedischen Insel Öland vervierfachte sich der Hühnerbestand zwischen der Phase der Völkerwanderung (400–700 n. Chr.) und dem Hochmittelalter (1000–1300 n. Chr.), wie Ausgrabungen in der Burg Eketorp zeigten.[479]

Es gab jedoch auch im Mittelalter beachtliche örtliche Schwankungen, die offensichtlich mit der jeweiligen gesellschaftlichen Schicht zu tun hatten: In den europäischen Klöstern war die Hühnerhaltung sehr wichtig, der Anteil an den Tierknochenfunden betrug nicht selten 30 bis 50 %.[480] Im Kloster von Lyminge in Südostengland waren es über 35 %, mit 2.500 Individuen, davon fast 80 % Hennen. Hier wurden vermutlich Hühner zur Eierproduktion gehalten (und offensichtlich auch gegessen), da Eier ebenfalls zu Fastenzeiten erlaubt waren.[481] Da man in den Siedlungen rund um die Klöster nur wenig Hühnerknochen fand, kann man davon ausgehen, dass auch zur damaligen Zeit Geflügel noch hauptsächlich von gehobeneren Schichten gegessen wurde,[482] vereinzelt fand man sie auch in Städten.[483]

Ein Rezept aus dem *Buoch von guter spîse* (um 1350), das man zu den sogenannten ›Schaugerichten‹ zählt, das also besonders beeindrucken sollte, sei hier kurz vorgestellt:[484]

Ein Heidenkopf

Willst du einen Heidenkopf: Ein schöner Fladen gemacht aus Fleisch, aus geviertelten, gut gerupften Hühnern, in Würfeln geschnittene Äpfel dazu. Und würze es reichlich und vermische es mit Eiern und stelle es zum Backen in einen Ofen und lege es auf einen Teller. Stecke zwei starke Spieße wie einen Finger mitten hinein. Einen Pastetendeckel daraufgesetzt, mit Hühnern gefüllt, einen Kalbskopf, gekochte Früchte, ganz auf einen Rost gelegt, gut mit Eiern benetzt. Damit es schön [gelb] vom Safran werde. Auf einen Fladen gesetzt und harte Eidotter in seinen Mund gesteckt, aus Eiweiß geschnittene Blumen über den Kopf gestreut, kleine gebackene Kuchen auf die Spieße gespießt und reichlich rund um den Fladen hineingesteckt.[485]

Obwohl Vögel insgesamt vermutlich nur 10 % des gesamten Fleischkonsums in den adeligen Familien ausmachten, war Hühnerfleisch bei diversen Festbanketten doch zahlreich vertreten: So aß die fünfköpfige Familie von Sir John de Argentein mit ihrer Dienerschaft im Herbst und Winter 1317 auf ihrem englischen Landsitz nicht weniger als 61 Kapaune. Dame Kathrin de Norwich orderte 20 Jahre später zur Feier ihres Hochzeitstags – unter anderem – 47 Hühner.[486] Es gab offenbar so viele davon, dass man sie – des zarteren Fleisches wegen – auch schon als Jungtiere schlachtete. Hinweise darauf geben Knochenfunde, die porösere und kaum verknöcherte Gebeine enthalten.[487]

Fleischkonsum in solchem Überfluss ist eine Machtdemonstration par excellence und ist in der Menschheitsgeschichte keine Seltenheit.[488] Bauern gaben an ihren Grafen und an die Geistlichkeit regelmäßig Hühner, Eier und Kapaune als Naturalzins (sog. ›Zinshühner‹)[489] oder Strafe ab. Nahrung war Statussymbol und Medizin: Tief in dem Glauben verhaftet, dass die vier Körpersäfte mit den Elementen, dem Himmel und der Erde verbunden waren, war ein Vogel, auch wenn er kaum fliegen konnte, eine hochgestellte Speise, die einen näher zu Gott bringen konnte (vgl. Kapitel 11).[490] Die Nachfrage des Adels nach Geflügel stieg außerdem aus einem veränderten Selbstverständnis heraus: Der Verzehr von leichtem, weißen Fleisch gefiel den Gutsherren als Zeichen einer neuen intellektuellen Identität: So isst der Titelheld Erec im Heldenepos von Hartmann aus dem 12. Jahrhundert vor einem bedeutenden Kampf Hühnerfleisch, um sich auf den Kampf vorzubereiten[491] Die Landbevölkerung hielt Geflügel aber auch zur Selbstversorgung, doch war ein Huhn sicherlich kein alltägliches Mahl für die einfachen Bauern, zumindest in Mitteleuropa.[492] In England war die Hühnerdichte auf dem Land wohl größer: Hühner waren weiter verbreitet, auch in den bäuerlichen Schichten.[493]

Die Favorisierung durch die Aristokratie und die Zucht in den Klöstern hatte einen nachhaltigen Einfluss auf die Entwicklung der Hühner. Zwischen 1000 und 1500 stieg das Vorkommen der mit Veränderungen im Reproduktionszyklus und Zahmheit assoziierten Mutation am TSHR-Gen (vgl. Kapitel 4) von 50 % auf 90 % an. Heute ist sie im Genom so gut wie aller Haushühner fixiert.[494] Fraglich ist, ob die Selektion auf Eierproduktion bewusst erfolgte: Die Klöster schienen sich aber besonders der produktiven Legehennen ihrer Zeit angenommen zu haben und waren, vielleicht auch in ihrer Funktion als Reservoir alten Wissens und gleichzeitiger, vielleicht besonders umsichtiger landwirtschaftlicher Tätigkeit, dabei auch besonders erfolgreich. Im klimatisch milden England waren Hühner sehr beliebt, war der Anteil der Hühner in archäozoologischen Funden dort doch regelmäßig doppelt so hoch wie in Deutschland (vgl. Abb. 10.2.).

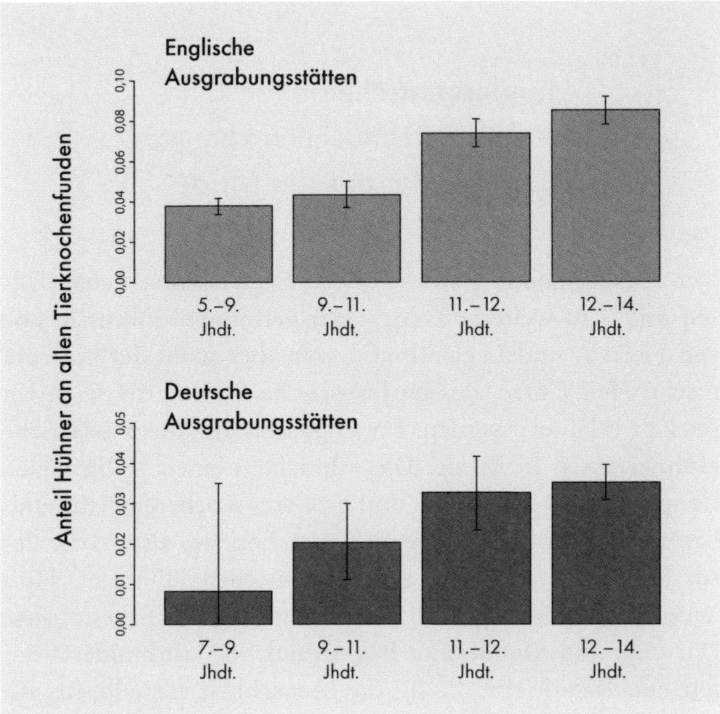

Abb. 10.2 – Anteil der Hühnerknochen an den archäozoologischen Funden von Ausgrabungsstätten in England und Deutschland (© nach Loog & Larson, bearbeitet).

Ein neuerlicher sprunghafter Anstieg in der Körpergröße der Haushühner im späten Mittelalter deckt sich mit dem gleichen Phänomen bei anderen Nutztieren dieser Epoche und ist durch Verbesserungen im Ackerbau und die gleichzeitig steigende Nachfrage nach Fleisch erklärbar.[495] Ab dem 17. Jahrhundert gibt es erste Beweise dafür, dass das Prinzip der Vererbung von Merkmalen besser verstanden wurde.[496] Dafür verantwortlich war vermutlich das gesteigerte Interesse an den antiken agrarökonomischen Werken, die von den Gelehrten der Renaissance wiederentdeckt wurden.[497]

Hundert entscheidende Jahre: Das Zweinutzungshuhn kommt in und wieder aus der Mode

Der entscheidende Punkt für die Entwicklung neuer Rassen und – in weiterer Folge – der getrennten Fokussierung von Fleisch- und Legehühnern war aber wohl der viktorianische *Hen Craze*, dessen historische Hintergründe in Kapitel 12 erläutert werden. Im Zuge dessen kamen asiatische Hühnerrassen in Mode. Diese brachten einen völlig neuen Genpool mit: Helle Beine und größeres Körpergewicht etablierten sich vermutlich erst in dieser Epoche, also Mitte des 19. Jahrhunderts, unter den europäischen Hühnern. Hühnerzucht wurde ›hip‹ und die Verbindung der Erkenntnisse Darwins und Mendels zu Beginn des 20. Jahrhunderts läutete eine Wende ein, die für die Menschheit vorteilhafte, für die Spezies Huhn jedoch verheerende Folgen haben sollte.

Das Wort ›Zweinutzungsrasse‹ kannte man damals noch nicht, weil alle Hühner, mit Ausnahme einiger Ziergeflügelrassen, bis dato sowohl zur Eier- als auch zur Fleischgewinnung genutzt worden waren. Doch dann rief die Politik die Wissenschaft auf den Plan: Die Ernährung des Huhns war bis in die 1940er-Jahre so gut wie nicht erforscht worden. Zwar war Hausgeflügel längst allgegenwärtig, doch musste es sich meist mit dem zufriedengeben, was es in Hof und Garten fand.[498] Aufgrund der geringen Größe und Anspruchslosigkeit der Hühner, die sich inzwischen schnell und von den Jahreszeiten unabhängig vermehren ließen, nutzte man schließlich in den 1930er-Jahren ihre Eignung, die Massen in großem Stil zu ernähren, und industrialisierte ihre Haltung.[499] In den USA wurde der erste Brutautomat gebaut. Viele Tausende Studien wurden vorangetrieben, um durch die Schaffung neuer Zuchtstämme moderne Hochleistungstiere zu kreieren, die auf geringem Raum in kurzer Zeit und mit minimalem finanziellen Aufwand – je nach Zuchtlinie – Eier oder Fleisch liefern konnten.[500]

Dabei war das Huhn erst mit der Kolonialisierung der Europäer nach Amerika gekommen, wo heute die USA mit ca. 45 kg Hühnerfleisch pro Kopf zum weltweiten Spitzenverbraucher geworden sind. Da es bei den europäischen Siedlern bereits ein fixer Bestandteil des Speiseplans war, war sein Start in der Neuen Welt bereits besiegelt. Von den Peruanern etwa, um nur eines der Beispiele zu nennen, wurden die Neuankömmlinge gleich mit einer Vielzahl an Rezepten in die heimische Kochkultur aufgenommen.[501] Im Afrika südlich der Sahara waren Hühner damals so stark in Kultur und Kulinarik verankert, dass nach Amerika verschleppte Sklaven besonders gut über deren Zubereitung Bescheid wussten. Da ihnen das Eigentum von größeren Haustieren lange Zeit verboten war, begannen sie in den Südstaaten, in Hinterhöfen Hühner zu züchten und diese auf dem Markt zu verkaufen. Hühner und dunkelhäutige Menschen waren bald so sehr miteinander in Verbindung gebracht, dass man ernsthaft meinte, Afrikaner müssten Hühnerprodukte essen, um überleben zu können. In Nordamerika waren Hühner als Armeleuteessen lange Zeit ein Nahrungsmittel unterprivilegierter Schichten und nicht selten Inhalt rassistischer Anschuldigungen und Vorurteile.[502]

Broiler sind extrem schnell wachsende Masthühner. Ihre traurige Geschichte beginnt im Jahr 1923 im Mittleren Westen der USA, wo Hühnerhaltung, wie auch heute vielerorts in Regionen mit kleinbäuerlichen Strukturen, Frauensache war (und in aller Welt häufig noch ist).[503] Die Geschichte erzählt uns von einer Bäuerin, die versehentlich 500 statt 50 Küken aus einer Brüterei, die es damals ja schon gab, geliefert bekam. Sie entschloss sich kurzerhand, einen neuen Stall zu bauen, und mästete die Hühner, bis sie etwa 1 kg schwer waren, verkaufte sie anschließend an diverse Zwischenhändler und wurde in wenigen Jahren zur größten damaligen ›Hühnerproduzentin‹ mit 10.000 Tieren. Sie hielt weiße Hühner, weil ihre helle Haut und die weißen Federn beim Konsumenten mehr Anklang fanden und auch schlecht gerupfte Hühner einen besseren Eindruck machen, wenn sie hell sind.[504] Für die Freilandhaltung waren helle Hühner wegen ihrer Attraktivität für Beutegreifer weniger beliebt. Die Massenproduktion machte Schule, und bald versuchte man, die Tiere durch Hochleistungsfutter und Zucht zu noch schnellerem Fleischansatz zu bringen. Hühnerschauen waren in den 1950er-Jahren ein Publikumsmagnet. Doch anders als bei den Ausstellungen des 19. Jahrhunderts ging es hier nicht um das prächtigste Gefieder, sondern um das größte Gewicht in kürzester Zeit, was die Bauern zu immer größeren und schwereren Zuchtstämmen anspornte.[505] Das heutige Masthuhn, der Broiler, ist schließlich das Ergebnis jahrzehntelanger Forschung, finanziert durch die amerikanische Geflügelindustrie.

Wie ›erfolgreich‹ diese Zucht verlaufen ist, ist an Abbildung 10.3 zu erkennen. Wie unglaublich diese Entwicklung auch erscheinen mag, sie war möglich durch genetische Plastizität des Huhns.[506] Das Individuum blieb dabei allerdings auf der Strecke. Da die heutigen Broiler auf schnelles Wachstum gezüchtet sind, werden sie noch im Kükenalter geschlachtet, nachdem sie ihr Schlüpfgewicht verfünfzigfacht haben und 1,5 bis 2 kg wiegen (vgl. Abb. 10.3.a und b). Da man diese Hühner auch vermehren muss, hält man ihre Eltern, die möglichst jung sein sollten, weil sie später kaum stehen können, in Batteriekäfigen. Die Väter sind *Cornish*-Hähne, die Mütter *White Plymouth Rock*.[507] Die Tiere werden aufgepäppelt bis zur Geschlechtsreife, dann ausgehungert, um das Wachstum zu verringern und den Paarungsakt vollziehen zu können. Bei der Paarung werden die Hennen meistens verletzt, da die Hähne dennoch unnatürlich groß, hungrig und aggressiv sind.[508]

Abb. 10.3 – Links oben (a): Zwei Küken, die am gleichen Tag geschlüpft sind, im Größenvergleich am 3. Lebenstag: Links im Bild ein Legehybrid, rechts im Bild ein Broiler (© KAGfreiland); links unten (b): Die beiden Küken am 34. Lebenstag. Das Broiler-Küken rechts im Bild ist mit 1,5 kg eine Woche vor Erreichung des Schlachtgewichts (© KAGfreiland); rechts (c): Beinknochen eines modernen Masthuhns/Broilers (links im Bild, etwa 5 Wochen alt) und eines modernen Bankivahuhns (rechts im Bild, etwa 6 Wochen alt), beide männlich (© Bennett et al.).

Ihre Jungen werden nicht miteinander verpaart. Broiler sind schließlich nicht dafür gemacht, jemals erwachsen zu werden – und sie können es nicht, da sie aufgrund des schnellen Wachstums bei Überschreitung des vorgesehenen Schlachtalters bereits nicht mehr gehen können. Ihre Beine sind noch nicht verknöchert – wie in Abbildung 10.3.c für das geschulte Auge erkennbar ist – und können das Gewicht des Körpers nicht mehr tragen. Selbst in Fällen, wo Tierfreunde versucht haben, Broiler zu retten, scheiterten diese an ihrem Versuch, da Broiler das Wachstum nie einstellen und spätestens mit einem Gewicht von etwa 5 kg an Organversagen oder Aortenriss sterben.[509]

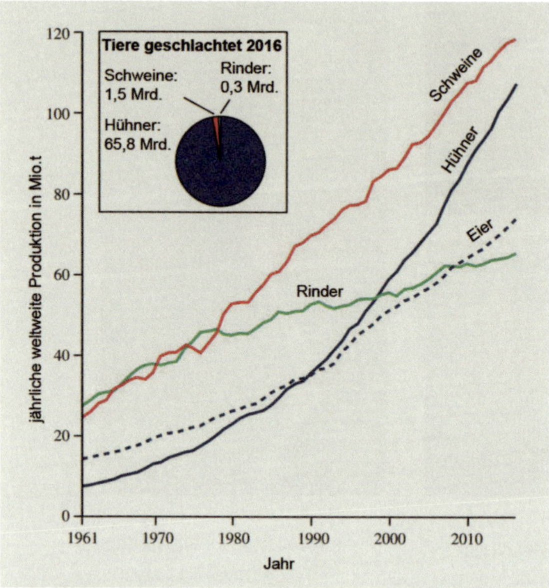

Abb. 10.4 – oben (a): Entwicklung der »Tierproduktion« weltweit von 1962 bis 2018 (© Bennett et al., bearbeitet); unten (b): Diese Aufstellung der täglich geschlachteten Tiere aus dem Jahr 2023 führt uns den unvorstellbaren Fleischkonsum der Menschheit vor Augen (© Roser, bearbeitet).

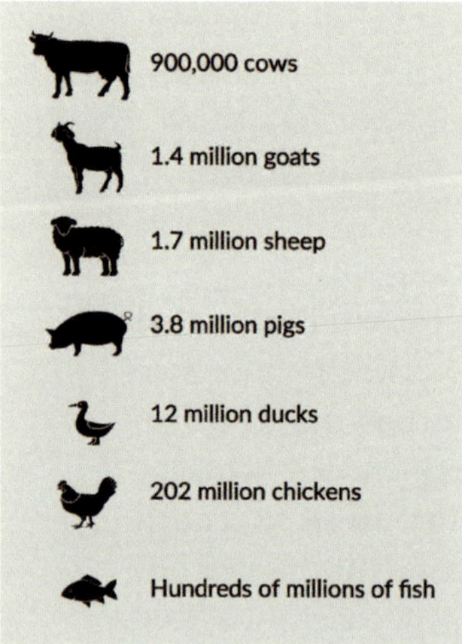

Die Menschheit liebt es, Fleisch zu essen. Die Entwicklung der Masthühner ist besonders drastisch in den Abbildungen 10.4 zu sehen. Ca. 75 Milliarden Broiler wurden im Jahr 2022 weltweit geschlachtet. Im Durchschnitt sind das rund 140.000 Hühner pro Minute (vgl. Abb. 10.4.b). Diese Zahl hat sich seit Anfang der 1960er-Jahre verzehnfacht. Geschätzte 16,8 Milliarden Masthühner landen jährlich nicht auf dem Teller, sondern im Müll oder sterben bereits vor der Schlachtung.[510] Die unfassbaren Dimensionen stimmen, doch sind genaue Daten schwer zu erheben: Die Ziffern der FAO, auf denen die Grafiken basieren, weisen leider noch zahlreiche Schwachstellen auf, die sich aus nationalen Unterschieden in der Datenerhebung und unsicheren Schätzungen der FAO ergeben. So übersteigt in der FAO-Statistik die Zahl der Legehennen in Bangladesch die Hühner insgesamt um 25 Millionen.[511] Auch werden in der Schlachtstatistik die getöteten Legehennen nicht beachtet. Nicht zuletzt, weil deren ausgemergelte Körper nach nur 18 bis 20 Monaten und bis zu 420 gelegten Eiern bestenfalls durch den Fleischwolf gedreht in Pasteten, Hühnersuppenwürfeln oder Tierfutter enden. Im schlechtesten, aber häufigsten Fall werden sie in der Tierkörperverwertung oder mit dem Hausmüll verbrannt.[512] Auch, weil Legehennen und Broiler in der Statistik der UN-Welternährungsorganisation FAO streng getrennt behandelt und in Aufzucht befindliche Tiere nicht explizit berücksichtigt werden, ist eine Schätzung der weltweiten Hühnerpopulation schwierig. Aktuell geht man von etwa 34 Milliarden Hühnern aus, die zu jedem Zeitpunkt auf der Erde leben – wenn auch meist nicht lange.

Die unfassbaren Mengen an Knochen, die unsere Zivilisation durch ihren Hühnerfleischkonsum hervorbringt, bewegten vor einigen Jahren ein Forscherteam aus England zu einem Gedankenexperiment. Wir leben im sogenannten Holozän, der Zeit, in der die Erde maßgeblich vom Menschen verändert wird. Würde man in Tausenden oder Millionen von Jahren unseren (bis dahin womöglich menschenlosen) Planeten untersuchen, was würde man aus unseren faunischen Überresten schließen? Das Team erkor mit guten Argumenten den Broiler zum Leitfossil unserer Zeit. Wir leben im Zeitalter des Huhns.[513]

11 Von Hahneneiern, krähenden Hennen und Hühnersuppe

Freundinnen und Freunden der skurrilen Lektüre sei das *Handwörterbuch des deutschen Aberglaubens* ans Herz gelegt. Wenn auch alles andere als handlich, da zehn Bände zu je rund 2.000 Seiten umfassend, spiegelt es Volksglauben und Traditionen des deutsch(sprachig)en Raums der letzten zwei Jahrtausende wider, sofern diese überliefert wurden. Lesenden sind viele Jahre der Unterhaltung gesichert, weshalb ich das Buch in der Bibliothek des Leibniz-Zentrums für Archäologie in Mainz ›befragt‹ habe. Zu Hühnern und Hähnen, Hahneneiern, krähenden Hähnen und Hennen, zum Hahnenschlagen und Hahnenstein.

Ich habe es hier mit einem 95-jährigen Werk zu tun, das für sein Alter noch erstaunlich gut aussieht. In den supermodernen Regalen der Bibliothek wirkt es zwar anachronistisch, doch angesichts seiner Nachbarn fällt es dennoch nicht aus der Zeit. Systematisch erzählt mir das Buch zu allen diesen Stichwörtern etwas über die Funktionen der Hühner als Orakel und Omen, die Verwendung als Opfer, die Bedeutung bei Festen, über nachgesagte Zauberkräfte, Bräuche aller Art, Besonderheiten von Farben und den Einsatz in der Medizin. Dabei wirft es auch einen Blick auf diverse ethnische, religiöse und kulturelle Minderheiten, jedoch niemals wertend. Ein paar der Kernaussagen und Highlights aus unserer Begegnung möchte ich hier zum Besten geben.

Mir fällt auf, dass der Hahn seine antike Bedeutung auch im Christentum beibehält und heidnische, durchaus abergläubische Rituale bis hin zum Tieropfer (mit und ohne anschließenden Verzehr) in sehr viel größerem oder zumindest breiterem Umfang vertreten sind, als ich erwartet hätte. Häufig werden Rituale und wahrsagerische Fähigkeiten der Tiere in Verbindung mit christlichen Festtagen gebracht. Der Hahn wird als Wetterprophet dargestellt, dessen Verhalten, allen voran das Krähen, zu bestimmten Tageszeiten und Festtagen von maßgeblicher Bedeutung gewesen sein muss: »Hüpft der Hahn über den Zaun, dann gibt es schönes Wetter, läuft er über den Mist, dann regnet es.«[514] Neben tausend genau definierten Regeln, welches Wetter auf (jahres-)zeitliche Krährufe folgen wird, kann man wie folgt zusammenfassen: Kräht der Hahn besonders oft und aufgeregt oder auffällig, wird sich das Wetter ändern, voraussichtlich zum Schlechten, außer der Hahn kräht von oben, gleichsam als siegreicher Streiter. Dann verkündet er Sonnenschein.

Das Krähen des Hahns vertreibt die Dämonen, es kann den Teufel bei schädlichen Handlungen stören, verjagt Hexen und Gespenster. »Wenn kein Hahn mehr nach jemandem krähen kann, dann ist jede Hilfe aussichtslos.«[515] Leider verkündet das Krähen – besonders zu ungewöhnlichen Zeiten – so gut wie immer Unheil: am Nachmittag – Krieg, um Mitternacht – eine Untat im Haus, zu früh – nichts Gutes. Der Hahn kündigt auch den Tod eines Hausbewohners an, oder aber eine Hochzeit. Auch das Feuer steht mit dem Hahn im Bunde: Kräht er mitten im Hof und schlägt dreimal mit den Flügeln, bricht ein Feuer aus. Tut er es im Haus, kommt jedoch Besuch.

Das Huhn wird dem Hahn nun endlich ebenbürtig, indem es nicht nur seine Attribute mitübernimmt, sondern auch eigene dazubekommt. »Heile, heile Hinkeldreck, bis morgen da geht alles wieder weg!«[516] Außerdem wird die Henne umsorgt und gefüttert, umhergetragen, Nester werden für sie gebaut, die Anzahl der untergeschobenen Eier bewusst abgezählt, sie darf aus Schuhen fressen, um zu gesunden, und wird in einem Kreis aus Ketten oder Reifen gefüttert, damit sie sich nicht verlaufen möge (aber nur zu hohen Feiertagen!). Besonders wirksam ist auch, wenn man sie solcherart mit den Resten vom Mittagessen des ersten Weihnachtstags füttert, das schützt vor Raubzeug. Das erste Fasttagsküchlein gehört der Henne und zu Weihnachten etwas vom Schnitterkranz der Ernte. Zu bestimmten Zeiten darf man sie jedoch nicht locken, ein Stück Fuchsfleisch für die Küken schützt dieselbigen vor dem listigen Räuber. Baden Hennen bei Sonnenschein im Sand, wird das Wetter umschlagen.

Beide, Hahn und Henne, besonders in Verbindung miteinander, stehen für Fruchtbarkeit. Der Hahn für sexuelle Potenz, die Henne für Kindersegen. Kinderlose entrichten dem Geistlichen den sogenannten ›Geduldshahn‹, damit der Kindersegen eintrete.[517] »Schreibt man mit dem Blut einer schwarzen Henne den Namen der Geliebten und den eigenen auf einen Zettel und berührt sie damit, so wird ihre Liebe entstehen.«[518] Das Hühnerverhalten rund um die Hochzeit eines Liebespaares ist von großer Bedeutung. Auch steckt man sie jungen Eheleuten unters Bett, und bei der Hochzeit versuchen die Kinder, eine Henne zum Gackern zu bringen, damit die Frau in der Ehe das Sagen habe. Man schläfert in Schwaben ein schwarzes Huhn ein, und die Person, auf die es zugeht, nachdem es erwacht ist, heiratet bald. Für die Geschlechter ›Unnatürliches‹ ist hingegen (fast immer) ein Garant für großes Unheil, etwa das sogenannte Hahnenei, ein ganz besonders kleines Ei, meist ohne Dotter, oder krähende Hennen: »Den Mädchen, die da pfeifen, und den Hühnern, die da krähen, denen muß man beizeiten den Hals umdrehen.«[519]

Schwarze Hähne und Hennen stehen üblicherweise im Bunde mit dem Teufel: Hexen und Gespenster nehmen gern die Gestalt des schwarzen Federviehs an, weshalb sie zur Vertreibung der Dämonen ein beliebtes Opfertier waren. Hexen reiten auf schwarzen Hennen oder Hähnen. Jedoch: »Trägt man ein Ei einer schwarzen Henne sieben Wochen lang unter dem Arm, so wird man unsichtbar.«[520] Und: Schwarze Hennen schützen das Haus vor Hexen. Das Christkind reitet auf einem weißen Hahn, er schützt das Haus vor allem Zauber und nebenbei auch vor Mäusen und milchsaugenden Schlangen. Er ist generell ein Glücksbringer.

Stirbt ein Huhn, so wird bald die Hausfrau sterben, stirbt der Hahn, so hat wohl bald das letzte Stündchen des Hausherrn geschlagen. Daher dürfen die beiden nie vom Haushuhn oder -hahn essen. »So wissen die Hühner viel von der Zukunft, weshalb man von einem Überklugen sagt: ›Du hast wohl im Hühnerstall geschlafen?‹«[521]

Gut gelaunt verlasse ich schließlich die Bibliothek mit dem guten Gefühl, mit meinen eigenen Hühnern bisher Glück gehabt zu haben: Die ›Hahneneier‹ stehen ausgeblasen im Regal, von der krähenden Henne habe ich einen Film aufgenommen. Meine Hähne haben alles Unheil dieser Welt verkündet, zu jeder Tageszeit, sommers wie winters, doch es ist kein Krieg ausgebrochen, wir wurden von der Feuersbrunst verschont, und ja, ich lebe noch! Und meine Familie, allen voran mein Mann, der Hausherr, ist wohlauf. All die Unglücksbringer konnten uns bisher nicht in die Abgründe der Hölle schicken. Ich klopfe auf Holz, dass es so bleibt.

Auch in Simpsons' *Dictionary of English Folklore* finden wir unzählige, fast deckungsgleiche Konnotationen: Kräht der Hahn bei oder vor Sonnenaufgang, vertreibt das die bösen Geister der Nacht.[522] Das Krähen des Hahns zu ungewöhnlichen Zeiten verkündet nach dem Volksaberglauben jedoch nur am Weihnachtsabend etwas Gutes, nämlich die Ankunft des Erlösers.[523] Ansonsten kündige es entweder Besucher oder aber Unheil an (was hoffentlich in der Regel ein Widerspruch ist). So solle der Hahn etwa am Tag des Jüngsten Gerichts krähen, um die Toten zu wecken. In vielen der oben angeführten Aussagen des *Handwörterbuchs des deutschen Aberglaubens* zeigen sich extreme Widersprüchlichkeiten. Phänomene werden miteinander assoziiert, doch ob im positiven oder negativen Sinne, scheint keiner Logik zu folgen.

Wie entstehen solche generalisierten Wertungen des Aberglaubens? Da sich die Menschen früher viele, zu viele Dinge nicht erklären konnten, suchten sie nach Möglichkeiten, Unerwartetes, und hier vor allem Unheilbringendes, vorauszusehen bzw. verhindern zu können. Die Menschen der Antike und des Mittelalters wussten natürlich wenig über das, was hinter den beobachteten Phänomenen stand; sei es nun Krankheit, Wetter oder Fruchtbarkeit. Sie waren ihnen ausgeliefert. Gepaart mit einem tiefen Glauben an übersinnliche böse Mächte (den Teufel, Dämonen und Hexen) und den großen Dogmen der Kirche, die damals ein Machtmonopol weit abseits des Spirituellen hatte, wurden Dinge miteinander in Verbindung gebracht, die ganz und gar nicht kausal waren. Gehirne lernen durch Verknüpfung und gleichzeitige Ausschüttung bestimmter Neurotransmitter. Ereignisse werden dadurch auch emotional verknüpft: Man spricht vom *confirmation bias*, einer Verzerrung des belohnungsgesteuerten Lernsystems.[524] Da abergläubische Interpretationen nicht nur über die Lande verbreitet wurden, sondern außerdem keine alternativen Erklärungen für solch alltägliche und dennoch einschneidende Ereignisse zur Verfügung standen, lebte (und lebt) der Volksglaube weiter. Sicherlich waren den Menschen auch nicht immer alle damals geltenden Deutungen und Verknüpfungen bekannt, Bücher waren auch nicht jedermann zugänglich. Informationen verbreiteten sich durchs Reden, langsam und nur regional begrenzt, doch gab es daher wohl eine reiche Tradition mündlicher Überlieferung, über die sich abergläubische Deutungen und Bräuche lange Zeit hielten.

Talismane und Amulette

Ähnlich verhielt und verhält es sich mit der Medizin: Die Menschen konnten sich nicht erklären, woher ihre Leiden kamen. Sie bedienten sich der Überlieferungen, die ihnen zur Verfügung standen, und derer, die vorgaben, heilen zu können. Überprüfen konnte man die Wirksamkeit nur schwer, also wurde genommen, was man bekommen konnte und was – leider nicht immer – zu seinem Besten war. Auch heute, in Zeiten der Mikro- und Molekularbiologie, greifen 80 % der Weltbevölkerung auf pflanzliche und tierische Naturheilmittel zurück, von denen ja tatsächlich viele wirksam sind.[525] Doch sind nach wie vor auch solche Arzneien gefragt, deren Wirksamkeit (noch?) nicht nachgewiesen wurde oder deren Gesundheitseffekt widerlegt wurde.

Mehrfach erwähnt wird in der Literatur auch der Hahnenstein. Er hat sogar einen eigenen Namen: *Alektorius.* Dabei handelt es sich (angeblich!) um eine kristalline Struktur, die man im Hirn oder Herzen (je nach Quelle) eines Hahns oder Kapauns (ebenso unterschiedlich) finden kann.[526] In der Kapaunen-Version handle es sich um die rückgebildeten Hahnenhoden, die durch den Körper wandern und nach vielen

Jahren im Magen, der Leber oder dem Herzen kristallisieren. Nach weiteren sieben Jahren solle ein bohnengroßer Stein daraus geworden sein. Seine Wirkung entfalte er am besten im Mund des Menschen: Dort wirke er durstlöschend, stärkend und mache eloquent. In der Hirn-Version müsse man einen dreijährigen Hahn in einen Ameisenhaufen legen, wo sich am neunten Tage ein Stein in seinem Kopf zeige, dann werde einem jeder Wunsch erfüllt, den man an andere richte. Er sei ein Siegesstein.[527] Der einzige Haken: Es gibt ihn nicht. Die wahrscheinlichste Interpretation ist, dass man Kieselsteine aus Hühnermägen, die dort der Verdauung dienen (sogenannte Gastrolithen), gemeint haben könnte.[528] Je nachdem, welche Steine der Hahn verschluckt hat, können auch sehr schöne Exemplare darunter sein. So fand der umtriebige Vogelforscher William Beebe einst im Magen eines indischen Bankivahuhns 17 Saphire.[529] Der Hahnenstein soll von Sportlern gern an einer Kette um den Hals getragen worden sein, um sie unbesiegbar zu machen.[530] Da es sich um ein Objekt handelt, dem die vermeintliche Zauberkraft innewohnt, handelt es sich nach Pennick dabei um ein Amulett.[531]

Hühnerfüße und kleine Säckchen aus Leder oder Baumwolle, aus denen nur die Schnäbel der ganzen Hühnerschädel, die mit eingepackt wurden, herauslugen, wie ich sie in Alain Epelboins Sammlung gesehen habe (vgl. Kapitel 7 und Abb. 11.1), gelten als Glücksbringer in Teilen Westafrikas, dienen darüber hinaus oft der Schadabwehr. Sie stammen meist aus bestimmten Opferritualen und werden verwendet, um die Wirkung des Zaubers längerfristig zu halten, etwa, um Krankheiten zu heilen, böse Träume oder Geister auszutreiben.[532] Nach der Definition von Pennick handelt es sich um Talismane, da die Objekte erst durch ein Ritual ihre Zauberkraft erhalten.[533]

Abb. 11.1 – Verschiedene westafrikanische Talismane im Musée de l'Homme, Paris (© P. Rameau).

»Auch in Europa war das Anfertigen von Amuletten aus tierischen Ingredienzien weit verbreitet. Die häufig verwendeten Amulette mit Anhängern aus Tierzähnen oder Tiergebissen hatten sowohl eine Abwehrbedeutung gemäß einer Drohung, die ihren Träger vor dem ›bösen Blick‹ und schädlichen Geistern schützen sollte, als auch Trophäencharakter, da potentielle menschliche Angreifer wohl darauf hingewiesen werden sollten, dass sie es mit einem flinken Jäger zu tun hatten. Auch Amulette mit Pfoten, Klauen oder Krallen waren weit verbreitet; diese werden ähnlich wie die Hände des Menschen gleichzeitig als Werkzeug und Waffe gesehen und können auf Geschicklichkeit, Ausdauer oder Härte hinweisen. Ein prominentes Beispiel für ein Schutzamulett ist die so genannte Fraisenkette, die noch im 19. Jahrhundert kleinen Kindern zum Schutz vor den Fraisen (kindliche Epilepsie oder Krämpfe) an die Wiege oder um den Hals gehängt wurde. Sie wurde meist aus Hühner- oder Schlangenknochen gefertigt und mit verschiedenen Anhängern versehen.«[534]

Beim sogenannten Hühnergott handelt es sich ebenfalls um ein Amulett: Ein Stein, mit einem natürlich entstandenen Loch wurde von den Ostslawen als Glücksbringer für ihre Tiere auf die Hühnerstange gehängt, um die Tiere vor Hexerei zu schützen und ihre Fruchtbarkeit und Gesundheit zu fördern.[535] Auch heute kennt man den Hühnergott noch in Deutschland und rund um die Ostsee als Glücksbringer.

Abb. 11.2 – Ein sogenannter ›Hühnergott‹ am Strand auf Rügen (© A. Koreng).

Wir kennen die symbolträchtige Bedeutung von Glücksbringern und Amuletten also auch aus unserer heutigen Perspektive. Besonders Steine erfreuen sich durch ihre angeblich heilende Wirkung (oft in Abhängigkeit zum Sternzeichen des Tragenden) großer Beliebtheit. Manche hängen sich Traumfänger mit verschiedenen Federn über das Bett, um besser schlafen zu können. Auch Perlen, Haifischzähne, Muscheln, Hörner, Stücke von Geweihen und Schmuckstücke aus Elefantenzähnen (Elfenbein) werden gern getragen. Dafür werden zwar keine Tiere mehr für uns persönlich geopfert, aber dennoch tragen wir tierische Körperteile an uns, die oft symbolisch aufgeladen sind, auch wenn wir ihnen in unserer Kultur keine direkte heilende Wirkung zuschreiben.

Volksmedizin

Der Grat zwischen Religion, Aberglaube und Medizin war seit Menschengedenken sehr schmal. Bis ins 19. Jahrhundert war die Medizin der Mythologie, Philosophie und den Dogmen verschiedener Glaubensrichtungen näher als den Naturwissenschaften, bis schließlich die Vier-Säfte-Lehre der alten Griechen von den aufgeklärten ›modernen‹ Medizinern abgelöst wurde.[536] In Ägypten, Mesopotamien, Babylonien und Syrien waren Arzt und Priester ein und dieselbe Person. Krankheit wurde als Strafe der Götter, Transgression oder Werk magischer Kräfte angesehen, weshalb der Priester auch die richtige Instanz für Heilung war.[537] Später, bei Hippokrates, kam man zu der Überzeugung, Krankheiten seien nicht übernatürlichen Ursprungs, sondern hätten eine irdische Ursache. Dennoch suchte man Unterstützung bei den Göttern, indem man ihnen Opfer brachte: Hippokrates selbst hatte einen Tempel zu Ehren Asklepios' im Garten.[538] In Ermangelung besseren Wissens versuchte man in der Antike, Zusammenhänge zwischen dem menschlichen Körper und seinen Krankheiten mit philosophischen Ansätzen über die Welt im Allgemeinen zu ergründen.[539] So waren die alten Griechen überzeugt, dass Krankheiten von Menschen auf Tiere übertragen werden könnten, allerdings in einem magischen Sinne. Würde das Tier anschließend getötet, wäre die Krankheit ebenso besiegt. Es handelt sich dann um einen sogenannten Eliminationsritus, wie wir ihn bereits in Kapitel 7 kennengelernt haben.[540] So wurden im alten Griechenland zu Heilzwecken – mit ›den auf sie übertragenen‹ Krankheiten – Katzen ertränkt. Man muss befürchten, dass auch schon viele Hühner zu ›Heilzwecken‹ getötet wurden.[541] Bis in die heutige Zeit hinein scheinen in vielen Kulturen unzählige auf Eliminationsriten beruhende Opfer zu existieren.[542]

Plinius der Ältere lebte im Rom des 1. Jh. n. Chr. und war ein Universalgenie seiner Zeit. Er schrieb ein ausladendes naturwissenschaftliches Werk, das – seiner Zeit gemäß – Heilmittel aller Art und eine Erklärung, warum eine Medizin, ein Ritus o. Ä. helfen solle, umfasst. Heilung versuchte man entweder mit dem (symbolisch) Gleichen oder aber mit etwas dem Leiden Entgegengesetzten zu bewirken – wie Wasser gegen Feuer. Dem zugrunde lag der Gedanke, dass die Welt auf Sympathien und Antipathien gründete. So war Plinius überzeugt, eine Wunde oder Krankheit, die von einem kriechenden Tier verursacht würde (zum Beispiel ein Schlangenbiss), könne durch das Gegenteil – ein fliegendes Tier, etwa ein Huhn – geheilt werden.[543]

Ganz und gar nicht zimperlich probierte man also im alten Rom bis hinein ins Mittelalter die Heilwirkung verschiedener Tiere aus. Der Tod, den diese sterben mussten, zeugt in vielerlei Hinsicht davon, dass es keinerlei Empathie für die Kreaturen gab, sondern allein der Nutzen der Tiere für den Menschen beachtet wurde. Aldrovandi gibt einen 100 Seiten langen Überblick über verschiedenste medizinische Rezepte römischer und mittelalterlicher Gelehrter. Er schreibt über das Asklepios-Opfer: »[Die Römer] sagten, dieses Opfer wurde eingerichtet, weil das Hühnerfleisch so leicht verdaulich und deshalb für die Kranken bestens geeignet war, besonders weil es fast kein noch so kleines Teilchen des Huhns gibt […], welches nicht seine Nützlichkeit für den Arzt hat.«[544]

Weiters solle man, um Melancholie und Wahnsinn bei Frauen zu heilen, eine lebendig der Länge nach halbierte schwarze Henne auf deren Kopf platzieren (Amato Lusitano, 16. Jahrhundert), gegen Giftbisse solle man eine ebensolche Henne auf die Wunde drücken oder aber einem Huhn (egal ob männlich oder weiblich) die Federn rund um die Kloake ausreißen und diese dann auf die Wunde platzieren. Durch seine Körperwärme würde das Tier das Gift in sich aufnehmen, und der Kranke wäre geheilt.[545] Die Halsfedern eines Hahns, Tag und Nacht eingesperrt und fastend, wie der Kranke auch, zusammengebunden mit dem Kamm als Kette auf dem Kopf des Leidenden platziert, heilten dessen Kopfschmerz (Plinius, Rom, 1. Jahrhundert). Hahnenhoden gegen Epilepsie (Sextus Empiricus, Griechenland, 2. Jahrhundert),[546] selbstverständlich aber auch gegen Unfruchtbarkeit und Impotenz,[547] Hahnenhirn gegen Vergesslichkeit (Rhazes, Persien, 9. Jahrhundert). Hennengehirn oder Hennenblut würden gegen Nasenbluten, besonders wenn auf der Stirn verschmiert, wirken.[548] Letzteres sei auch ein hervorragendes Mittel gegen Augenleiden, wie etwa Kurzsichtigkeit, aber das Blut eines weißen Hahns habe auch schon Blinde geheilt. Plinius empfiehlt hiergegen allerdings Hühnerkot, verschmiert auf die Augen des Fehlsichtigen.[549] Das waren nur einige Blitzlichter aus Aldrovandis Rundschau durch die Hühnermedizin.

Auch Henninger beschreibt in einer Veröffentlichung aus dem Jahr 1946, dass in der ersten Hälfte des 20. Jahrhunderts in Nordsyrien gegen Augenleiden das Blut eines frisch geschlachteten Hahns in die betroffenen Augen getropft werden sollte. Danach verschenkt man den Hahn an die Armen, damit die Augen gesunden mögen. Einige blutige Gesundheitstipps werden auch im *Handwörterbuch des deutschen Aberglaubens*[550] aufgezählt: Sowohl der Kamm als auch das Blut des weißen Hahns würden Unheil abwehren[551] und im selben Buch ist auch schon folgendes Wissen festgehalten: Eine Suppe vom schwarzen Huhn hilft den Wöchnerinnen nach der Geburt.[552]

Heiß diskutierte Hühnersuppe

Auch Aldrovandi lobt die Hühnersuppe in höchsten Tönen, wobei er – je nach Krankheit – nicht nur die verwendeten Gewürze, sondern besonders auch auf das Fleisch des richtigen Tiers Wert legt. Dem Verständnis von Medizin seiner Zeit entsprechend, vertrat Aldrovandi die humorale Vier-Säfte-Lehre: Die Grundtypen waren den Körpersäften Schleim (phlegmatisch), Blut (sanguinisch), gelbe Galle (cholerisch), schwarze Galle (melancholisch) zugeordnet, und es dauerte Jahrtausende, bis man herausfand, dass es gar keine schwarze Galle gibt. Falls die Adjektive vertraut klingen: In unserer Sprache hat sich dieses Medizinverständnis verewigt. Bei jeder Arznei mit Hühnerbeteiligung wird auch der Patiententyp genau angegeben. Dementsprechend wird dann das für die Hühnersuppe wirksamste Fleisch entweder eines alten Hahns, der gerade in einem langen Kampf durch seinen Gegner getötet wurde, oder aber einer jungen Henne, manchmal auch das eines jungen Hahns, empfohlen. Er betont, dass, wenn das passende Schlachttier nicht zur Hand sei, man nur mit Linderung, keinesfalls aber mit Heilung des Leidens durch die entsprechende Brühe rechnen könne.[553]

Der legendäre jüdische Arzt Maimonides pries im 12. Jahrhundert bereits Hühnersuppe als Medizin gegen fast alles – von Asthma bis Lepra. Sie wird daher auch scherzhaft als ›jüdisches Penizillin‹ bezeichnet. Dabei war keinesfalls immer klar, ob Hühnerfleisch koscher war, waren Hühner doch ein relativ neues Schlachttier, über das in den alten Schriften nichts zu finden ist. Schließlich kam man überein, dass Hühner alle Bedingungen dafür erfüllten (Vogel, kein Fleisch- oder Aasfresser), und schließlich waren sie auch für arme Familien leicht zu halten bzw. auf dem Markt zu erschwinglichen Preisen erhältlich.[554] Doch auch im arabischen und persischen Kulturraum wurde seit dem Mittelalter häufig Hühnersuppe gegen alle möglichen Leiden verschrieben.[555]

Viele amerikanische Präsidenten wurden in ihren letzten Atemzügen noch mit Hühnersuppe therapiert: Bei Harrisons Typhuserkrankung sowie Garfields und McKinleys Schussverletzungen war diese Behandlung leider erfolglos. George Washington und James Madison wurden prophylaktisch von ihren Frauen täglich mit Hühnersuppe versorgt, um Krankheiten vorzubeugen.[556] An der Allheilkraft der Hühnersuppe hat sich bis heute nur wenig Zweifel erhoben. Tatsächlich konnten japanische Forscher nachweisen, dass die Einnahme von Hühnersuppe die periphere Durchblutung fördert und Angst- und Spannungszustände lindert.[557] Entzündungshemmende Wirkung wurde ihr scheinbar wissenschaftlich attestiert, wobei Hühnersuppe nach ›Omas Rezept‹ in ihrer Wirkung auf die Chemotaxis der Neutrophile alle 13 Fertigprodukte, die ebenso im Rennen waren, übertraf. Das könnte aber genauso durch weitere Zutaten wie Gemüse und Kräuter bedingt sein.[558] Doch auch die Fertigprodukte waren nicht wirkungslos. Eine große Schwäche dieser Studie ist allerdings, dass sie nur in vitro durchgeführt wurde, also nicht an lebenden Organismen, sondern im Reagenzglas. Inwiefern ihre Erkenntnisse über Hühnersuppe bei Erkältungen nun wirklich relevant sind, war und ist umstritten, etwa, weil die verwendeten Hühner selbst mit Antibiotika vollgepumpt sein könnten und die Hemmung der Immunreaktion eventuell dem Patienten mehr schaden als nutzen würde.[559] Deshalb ist die Aussagekraft für die gelebte (klinische) Praxis limitiert. Dies räumten, 20 Jahre später, auch die Wissenschaftler ein, die die Studie durchgeführt hatten, als sie mit Schrecken feststellen mussten, dass der entzündungshemmende Effekt, den sie selbst nachgewiesen hatten, anderenorts angepriesen wurde, um Covid-19 mit Hühnersuppe zu behandeln.[560]

Ebenfalls untersucht wurde kürzlich die positive Wirkung auf die Genesung immunsupprimierter Mäuse, wobei interessanterweise die Herkunft und Haltung der Hühner in der Suppe sowie deren Rassen Auswirkungen auf die Art und Weise, wie das Immunsystem gestärkt wird, haben.[561] Studien haben ebenso gezeigt, dass auch Gemüsesuppen erhebliche Wirkung auf den Gesundheitszustand haben können, wobei die Zusammensetzung der beigefügten Gemüse und Kräuter eine große Rolle spielt.[562] Bei einer viel zitierten Studie wurde der Einfluss von kaltem und heißem Wasser und Hühnersuppe auf die Nasenschleimhäute untersucht, doch wurden etwa Salzwasser und Gemüsesuppen bei diesem Versuch ausgeschlossen.[563] Leider fehlt bisher eine wissenschaftliche Gegenüberstellung der heilenden Wirkung von Gemüsesuppen und Hühnersuppe, oder anders gesagt: Es ist nicht klar, welchen Beitrag die tierischen Anteile in der Suppe zur Heilkraft der Brühe leisten. Und ob diese Heilkraft wirklich vorhanden ist, löste unter Medizinern eine ernsthafte Debatte in Form einer Flut an teilweise ernst gemeinten, teilweise ironischen Leserbriefen an das medizinische Journal *Chest* aus, das seit den 1970er-Jahren einen Großteil der wissenschaftlichen Artikel über Hühnersuppe veröffentlichte.[564] Einer dieser Leserbriefe beschrieb den – wohl zu Satirezwecken frei erfundenen – Fall einer Lungenentzündung, bei der die frühzeitige Unterbrechung der Hühnersuppentherapie zu einem ernsthaften Rückfall geführt haben soll: durch Resistenz, die die Bakterien gegen Hühnersuppe entwickelt hatten.[565] Ein anderer definierte die Wirkstoffe der Hühnersuppe so: Ruhe (weil man sich zum Genuss einer ruhigen Suppe hinsetzen muss), warmer Dampf (wirkt schleimlösend in der Nase) und Flüssigkeit (immer gut).[566]

Wie gesund sie auch immer sei: Hühnersuppe begleitete gefriergetrocknet die ersten Astronauten auf den Mond, spielte eine wichtige Rolle als Trägermedium bei der Entdeckung passiver Impfstoffe durch Louis Pasteur und Charles

Chamberland und wurde in Dosenform zur Ikone der Pop-Art. Hühnerfleisch wird als fettarme, schonende Kost bei allen möglichen Verdauungsbeschwerden und Diäten empfohlen.[567] Die USA sind Hühnerfleischverbraucher Nr. 1 weltweit: Jede Woche werden dort knapp 170 Millionen Broiler geschlachtet und 2,3 Millionen Legehennen ›entsorgt‹ – das ist dreimal mehr als in den 1960er-Jahren.[568] Die Suppe war der Ort, wo ausgediente Legehennen heute noch manchmal landen, doch verschwinden sie immer mehr aus den Supermarktregalen.

Zum Glück gibt es aber auch einen Trend, der sich gegen die immer schneller wachsende Hühnerfleisch- und Eierindustrie stellt: die Rückbesinnung auf die Hühner als Hinterhofgeflügel und die Erhaltung der Hühnerbiodiversität. Diese Leidenschaft betrifft alle Altersstufen und Gesellschaftsschichten: Es ist die Leidenschaft für die Schönheit der Hühner.

12 Schöne und schräge Hühner

Alle Veränderungen unserer Haushühner, die sich in neuen Merkmalen niederschlagen, gehen ursprünglich auf Mutationen im Genom zurück (vgl. Kapitel 4). Dabei können einzelne Genabschnitte, ganze Gene oder die Anzahl der Chromosomen spontan, also ohne sichtlichen Grund, mutieren. Sofern Tiere mit diesen Mutationen bis zur Geschlechtsreife überleben und sich paaren können, kann das neue Merkmal vererbt werden. Für die Weitergabe vieler solcher Mutationen, die mitunter ein Überleben in freier Natur erschweren würden, ist die Obhut des Menschen ausschlaggebend. Werden gezielt Individuen mit bestimmten Merkmalen verpaart, spricht man von Zuchtselektion. Besonders in den letzten 200 Jahren wurde durch bewusste Selektion weltweit eine Vielfalt von Hühnerrassen geschaffen. Nicht bei allen Tieren wurde dabei das Tierwohl beachtet. Es sollen exemplarisch einige Beispiele genannt werden.

Unglaubliche Hühnervarietät

Der uns aus dem vorigen Kapitel bekannte Ulisse Aldrovandi, Universalgelehrter aus dem Bologna des 16./17. Jahrhunderts, begeisterte sich generell für Hühner mit ungewöhnlichen anatomischen Besonderheiten: Hühner mit drei und vier Beinen oder siamesische Zwillingsküken, die sich diverse Körperteile teilen. Seinem Buch sind jede Menge interessante Abbildungen beigefügt, wo Hühnern zusätzliche Füße herauswachsen können: auf dem Bauch, am Rücken, am Hinterteil, vor und hinter den beiden herkömmlichen Beinen usw.[569]

Hier muss betont werden, dass manche von Aldrovandis Zeichnungen ganz klar in die Kategorie ›Fabelwesen‹ fallen (vgl. Abb. 12.1), wofür der italienische Gelehrte auch durchaus empfänglich war. Schließlich musste er sich in weiten Teilen seiner Forschung auf Berichte und Zeichnungen von Menschen verlassen, die weit gereist waren, da er als Erwachsener Bologna kaum verließ.[570]

Abb. 12.1 – »Das geschwänzte Huhn« aus Ulisse Aldrovandis Werk Ornithologiae, 1600 (© Aldrovandi).

Tatsächlich gibt es zahlreiche kuriose Anomalien und Fehlbildungen beim Geflügel (vgl. Abb. 12.2), von denen auch William Beebe berichtete.[571] Die Plastizität des Hausgeflügels, also die Fähigkeit, die Form zu verändern, sei bemerkenswert. Er zitiert dann Charles Davenport, einen Biologen seiner Zeit: »Innerhalb von vier Jahren habe ich in Eiern, ungeschlüpft, Individuen mit verkürztem Oberschnabel, siamesische Zwillinge, doppelten[572] und fehlenden Beinknochen gesehen. Hühner wurden großgezogen, die netzartig zusammengewachsene Zehen hatten, jedoch ohne Krallen, oder mit zwei an einem Zeh; mit fünf, sechs, sieben oder drei Zehen; mit einem fehlenden Flügel oder gar keinem; ohne Bürzeldrüse oder Schwanz (obwohl von Eltern mit Schwanz abstämmig); mit einem fast gänzlich nackten Hals; mit Schädelausstülpung und riesigem Kamm; mit verdrehtem Federschaft; mit verdrehten und doppelt gespaltenen Federhaken oder gänzlich fehlend. Allein beim Kamm habe ich eine ganze Reihe von Formen gesehen: einfach, doppelt, dreifach, vierfach oder walnussförmig, V-förmig, becherförmig, zwei Hörner formend, oder vier oder sechs, mit fehlender Rückseite, mit fehlender Vorderseite oder ganz fehlend.«[573]

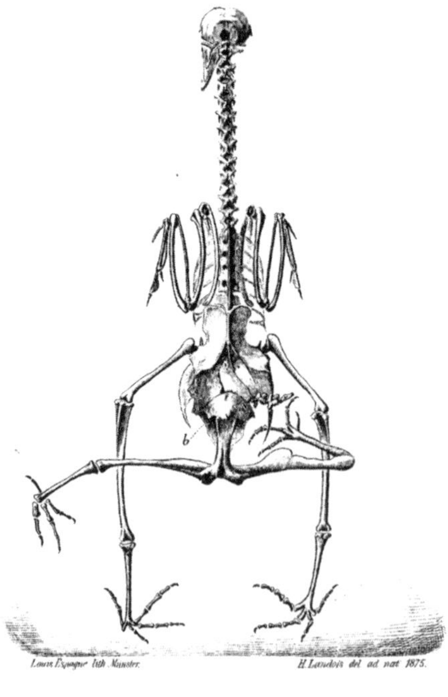

Abb. 12.2 – Darstellung des Skeletts eines vierbeinigen Haushuhns im Jahresbericht des Westfälischen Provinzial-Vereins für Wissenschaft und Kunst, 1875 (© Landois).

Hühnerrassen: Entstehung und Standardisierung

Diese genetische Plastizität der Hühner hat, wie bereits behandelt, besonders im 21. Jahrhundert eine maßgebliche Rolle in ihrer Geschichte gespielt. Doch sind Hühner auch deshalb besonders beliebte Zuchttiere, da sie kurze Entwicklungszyklen haben und noch dazu die meiste Zeit über Eier zur Verfügung stellen. Auch für ›Anfänger‹ eignet sich die Hühnerzucht als Experimentierfeld. Zu beachten ist dabei, dass das Tierwohl nicht aus den Augen verloren wird und dass die Geschlechterverteilung beim Nachwuchs statistisch gesehen 1:1 beträgt. Wer seine Hühner brüten lässt, wird daher mit großer Wahrscheinlichkeit auch viele Hahnenküken haben.

Wie bereits erwähnt, hatten schon die Römer ein buntes Spektrum an Hühnerrassen, angepasst an die verschiedenen Klimata in fast allen Ecken ihres Reiches. Verschiedene Landhuhnschläge hatten sich rasch anhand der klimatischen Gegebenheiten und der Vegetation in einem Gebiet herausgebildet. Auch gab es bereits Zwerghühner, jedoch hauptsächlich als ›niedliches‹ Ziergeflügel.[574] Über die Verschiedenheit der Hühner im Mittelalter ist nicht viel bekannt. Erst in der Renaissance besann man sich wieder an die enormen landwirtschaftlichen Fähigkeiten der Römer zurück, las ihre Literatur und begann, sich intensiver mit der Geflügelzucht zu beschäftigen.

Die alte Literatur, die über Hühner zu finden ist, spiegelt das aus heutiger Sicht konfuse Bild der frühen Gelehrten wider. Bei Aldrovandi werden Wild- und Haushühner neben Hühnern mit diversen Anomalien ohne erkennbare Abgrenzung aneinandergereiht. Was damals für ein genaueres Verständnis der vielen verschiedenen Erscheinungsformen des

Geflügels fehlte, war der biologische Artbegriff, der erst von Darwin Mitte des 19. Jahrhunderts ausführlich belegt und erklärt wurde. Er benannte für jedes unserer Haustiere eine wilde Stammform und lag dabei – wie moderne genetische Untersuchungen[575] bestätigten – in fast allen Fällen richtig. Bis dahin hatte man sich grundsätzlich nur an der optischen Erscheinung der Hühner orientiert und nahm für jede Abwandlung des Huhns eine eigene Wildform an. Man spricht dann vom morphologischen Artbegriff.[576]

Im Gespräch mit Laurent Frantz wurde bereits erwähnt, dass das 19. Jahrhundert die bedeutsame Trendwende in der weiteren Entwicklung des Haushuhns einläutete, denn um 1800 begann in Europa ein wahrer Hype der Hühnerzucht. Durch besseres Verständnis der Vererbungsregeln versuchte man fortan, Hühner für verschiedene Zwecke gezielt zu züchten. Am Anfang waren es wohl noch Kampfhähne, die im Mittelpunkt standen, doch nach dem Verbot des Hahnenkampfs 1848 in England wurden die Erfahrungen rund um die Geflügelzucht beim Ziergeflügel angewandt.[577] Damit einher ging ein reger Import in Europa unbekannter, aufregender Hühnerrassen aus Asien – und derer gab es viele. Der europäische Genpool erfuhr eine massive Durchmischung mit völlig neuen, doch in Asien schon sehr alten Rassen: Kampfhühner, Zwergrassen, *Seidenhühner*, *Strupphühner*, *Bantam* usw. Die neuen Züchtungen wurden zu ›Nationalhühnern‹ (zum Beispiel *Deutsches Reichshuhn*) oder aber verewigten den Namen ihres Züchters (zum Beispiel *Sebright*).

Keine geringere als Queen Victoria bekannte sich in dieser Zeit als Hühnerliebhaberin und fungierte als ultimative Trendsetterin.[578] Die adelige Sammelleidenschaft ästhetischer und exotischer Hühner breitete sich über Europa und Amerika aus, wo 1849 die dreitägige *Boston Poultry Show* das Geflügelfieber weiter entfachte.[579] Bald waren alle Gesellschaftsschichten davon ›infiziert‹, die Preise für schöne Hühner gingen durch die Decke.

In einem der frühesten Werke auf dem Gebiet, *Domestic Fowl* des Iren H. D. Richardson aus dem Jahr 1847, werden 25 Hühnerrassen beschrieben. Einen Standard oder eine wirklich klare Beschreibung der Hühner oder gar Zeichnungen zu jeder Sorte sucht man vergebens. Neben auch heute noch gängigen Rassen wie den *Malaien*, *Spaniern*, *Dorking*, *Sebright* und *Cochin* erwähnt er außergewöhnlichere, aber bereits sehr alte Rassen wie *Paduaner*, *Seidenhühner* oder *Strupphühner.* Auch *Krüper*, also besonders kurzbeinige Hühner, die er *Jumper* nennt, und deren Zwergform (*Creeper*) sowie die schwanzlosen *Kaulhühner* (vgl. Abb. 12.5.a) sind beschrieben. Als Letzte in seiner Aufzählung kommen die ganz ordinären, lokalen, wie er sie nennt *Scheunentorhühner*, immerhin in acht Farb- und Kammvariationen, und die *Misthaufenhühner* (*Dunghill Fowl*) vor. Letztere seien »das Produkt einer bunten Mixtur aus den üblichen Hausvarietäten, deren Erscheinung sich darin unterscheidet, welcher Unfall die Elternschaft beeinflusst haben möge«.[580] Ihre Legeleistung sei nicht zu vergleichen mit den wahren Rassehühnern, aber sie wären leicht zu halten, ernährten sich selbst, und wenn man sie denn unbedingt füttern wolle, dann reiche eine Handvoll Kartoffelschalen oder andere Küchenabfälle. Sie seien robust und leicht zu mästen, »und außerdem sind die Misthaufenhühner meist das einzige Geflügel, das sich der arme Mann leisten kann«[581].

Richardson war ganz sicher nicht gefeit vor Unwahrheiten, die er mit großer Überzeugung in seinem Buch vertrat. Besonders kurios ist die Beschreibung des ›Straußes‹ (*ostrich*), wie Richardson auch das *Cochinchina-Huhn* nennt. Ihre Königliche Hoheit, Queen Victoria, begeisterte sich selbst für diese Hühnerrasse. Dies könnte dazu beigetragen haben, dass Richardson diese nicht nur in den Himmel lobt, sondern ihr sogar unglaubliche Qualitäten zuschreibt: Das riesenhafte Huhn sei so groß, dass man es versehentlich den Trappen zugeschrieben hätte, und so unfassbar fruchtbar, dass die Henne (so habe ihm ein Bekannter, der diese Rasse hielt, erzählt) oftmals gleich zwei bis drei Eier hintereinander lege.[582] Die Biologie des Huhns verrät uns: Hier hat irgendjemand geflunkert …

Abb. 12.3 – Cochinchina-Hühner waren die Lieblinge von Queen Victoria. Ihre stattliche Erscheinung und Größe veranlassten Zeitgenossen sogar, sie als ›Strauße‹ zu bezeichnen (© Manning).

Der Hühnerliebhaber und Richardson-Kritiker Reverend Edmund Saul Dixon war Geistlicher, aber sehr den Naturwissenschaften und den Fakten, die sie zutage brachten, verpflichtet; so sehr, dass er damals den besonders in kirchlichen Kreisen umstrittenen Charles Darwin in Geflügelfragen beriet und lebhaft mit ihm diskutierte. Auch er verfasste ein Standardwerk, *Ornamental and Domestic Poultry*, welches erstmals 1848 erschien. Er beschränkt darin seine Ausführungen auf 15 Rassen, bezieht sich aber immer wieder auch auf Richardsons Werk, das ein Jahr zuvor erschienen war. Dixons Werk zeichnet sich durch Struktur und das Bestreben nach Systematik aus. Er zieht bereits ähnliche Rassen, die Richardson noch getrennt beschreibt, zu einer zusammen und versucht, ihre (vermutlich oft gemeinsame) Herkunft zu ergründen. Dixon bemüht sich, mit diversen

Mythen um Hühnerrassen aufzuräumen, wehrt sich gegen den verwirrenden Zweitnamen ›Strauß‹ für das *Cochinchina-Huhn* und verbannt Behauptungen wie die, dass Hühner mehr als ein Ei pro Tag legen könnten, ins Reich der Märchen.[583] Ebenso straft er folgende Geschichte, die er einer amerikanischen Zeitung zuschreibt, Lügen: Ein Amerikaner habe ein Nest erfunden, so die von ihm zitierten Quellen, in dem das frisch gelegte Ei im Nest durch eine Art Falltür verschwinde. Das Huhn wundere sich, wo denn das Ei geblieben sei, und mache sich sofort daran, ein neues zu legen. Mit diesem Trick könne man einem Huhn bis zu drei Eier am Tage entlocken.[584]

Dixon war einer der ersten englischen Preisrichter für Geflügelrassen, denn ihm war es offenbar ein Anliegen, Ordnung in das Wirrwarr zu bringen. Er war maßgeblich daran beteiligt, Rassestandards zu setzen – als einer der Ersten in Europa. Der Hühnerboom, auch *Hen Craze*[585] oder schlichtweg *The Fancy*[586], dieser Zeit raste nun durch Europa: Hühner waren hip – ganz ähnlich wie heute. So liebevoll wie Edmund Saul Dixon über die Hühner schreibt, so fühlte wohl auch Witwe Bolte aus Wilhelm Buschs *Max und Moritz*, einem Werk, das dieser Zeit entstammt.[587]

Tatsächlich findet man aus der zweiten Hälfte dieses Jahrhunderts wunderschön illustrierte Rassebücher und Ratgeber zur Hühnerhaltung aus ganz Europa und den USA. In Jean Bungartz' Geflügelalbum von 1885 finden sich bereits Abbildungen von 60 Rassen, die man auch heute noch kennt, wenn auch eventuell unter anderem Namen.[588] Von Jahr zu Jahr verfeinerten sich die Standards, wurden neue und bessere Zuchtmethoden und Verbesserungen in der Haltung besprochen. Man war bemüht, das Image des Geflügels wieder aufzuwerten, verwies auf seine Schönheit und die Wichtigkeit, es zu hegen und zu pflegen. Hühner tauchen im 19. Jahrhundert auch vermehrt in Gemälden auf. Die Schönheit des Federviehs wurde gefeiert. Eine vorerst letzte große

Welle der Anerkennung, ja sogar der Bewunderung, bevor etwa 100 Jahre später die universelle Abwertung der Spezies begann. Überlebt hat die Liebe zum Geflügel dennoch: Heute sind weltweit 1.600 Hühnerrassen registriert.[589] Allein in den USA sind 277 Zwerg- und 188 Großhühnerrassen zugelassen.[590]

1890 fand in Wien die zweite Geflügelausstellung statt. Es handelte sich um ein Event der Extraklasse, mit reichlich Dekor und mehreren Hundert Stück Geflügel. Bei den Hühnern waren die Preisträger zumeist Adelige – ein Zeichen dafür, wie edel das Hobby der Hühnerzucht damals war. »Am Nachmittag des 11. October beehrte Se. kais. Hoheit Herr Erzherzog Carl Ludwig die Geflügel-Ausstellung mit seinem Besuche und besichtigte dieselbe, geführt von dem Obmann des Comite‹s Herrn Baron Ludwig Villa-Secca sehr eingehend. Der Besuch von Seite des Publicums wurde bereits in den Nachmittagsstunden sehr lebhaft und steigerte sich Abends, als die electrischen Lampen ihr mildes Licht in die weite Halle sandten, fortwährend«, berichtet ein Zeitzeuge in den *Mittheilungen des Ornithologischen Vereins in Wien*.[591]

In den Archiven finden sich aus dieser Zeit im deutschsprachigen Raum viele Einzelberichte über besonders tolle, wunderliche oder nur irgendwie ›besondere‹ Hühnerthemen und spiegeln die Faszination, die Hühner damals auf Menschen ausgeübt haben, wider. Über Besuche auf Bauernhöfen in anderen Ländern wurde damals genauso berichtet wie über Beobachtungen der eigenen Hühner im Hinterhof. Auch die Aufmerksamkeit, die etwa ein Doppeldotter bei den Gelehrten ausgelöst hat, ist bemerkenswert. Schließlich schaffte es das Ei in das *Biologische Centralblatt*, wo es genau beschrieben wurde und die Ergebnisse der Vermessung publiziert wurden.[592]

Rück- und ›Vorauskreuzungen‹

Im Königsberg (heutiges Kaliningrad) des frühen 20. Jahrhunderts versuchte indes der naturbegeisterte junge Hobbyzüchter Alfred Muntau Wildhühner zu züchten. Der Traum, eine solche Rückkreuzung zu erwirken, jedoch mit wetterharten Eigenschaften, sodass das Huhn frei in den Wäldern seines riesigen ostpreußischen Anwesens leben konnte, ließ ihn nicht los. Es gelang ihm schließlich als jungem Erwachsenen die Züchtung eines wildfarbenen Huhns mit kleinem Kamm und ohne Kehllappen (*vogelköpfig*), für die er verschiedene *Gallus*-Arten und Haushühner miteinander kreuzte (*Gallus gallus, Gallus sonneratii, Gallus varius*), bis sein *Deutsches Buschhuhn* aussah wie ein echtes *Bankivahuhn*.[593] Er startete Experimente und ließ die neu kreierte Rasse frei laufen, sie lebte in den Wäldern, Feldern und Parks, überlebte aber nur unter menschlicher Obhut die strengen Winter. Muntaus züchterische und hegende Bemühungen wurden durch zwei Weltkriege und die Vertreibung aus seiner Heimat vereitelt. Schließlich gelang ihm später noch einmal ein ähnlicher züchterischer Wurf, von dem ausgehend noch einige Zuchtstämme Verbreitung fanden.[594] Seine *Buschhühner* waren auch für andere Züchter ein Ansporn, ähnliche Rückkreuzungen zu probieren. Ob es Muntaus originale *Buschhühner* in ihrer Reinform noch tatsächlich bei Privatzüchtern gibt, ist strittig.[595]

Während Muntau versuchte, Hühner zum Ursprung rückzukreuzen, blickt ein spannendes Projekt in die Zukunft: Der Künstler Koen Vanmechelen hat 1999 das *Cosmopolitan Chicken Project* ausgerufen, bei dem er durch die Einkreuzung von je einer neuen internationalen Rasse pro Generation in seine Rasse *Mechelse Aseel* das wahre internationale Huhn kreieren möchte. Das Kunst- ist aber auch

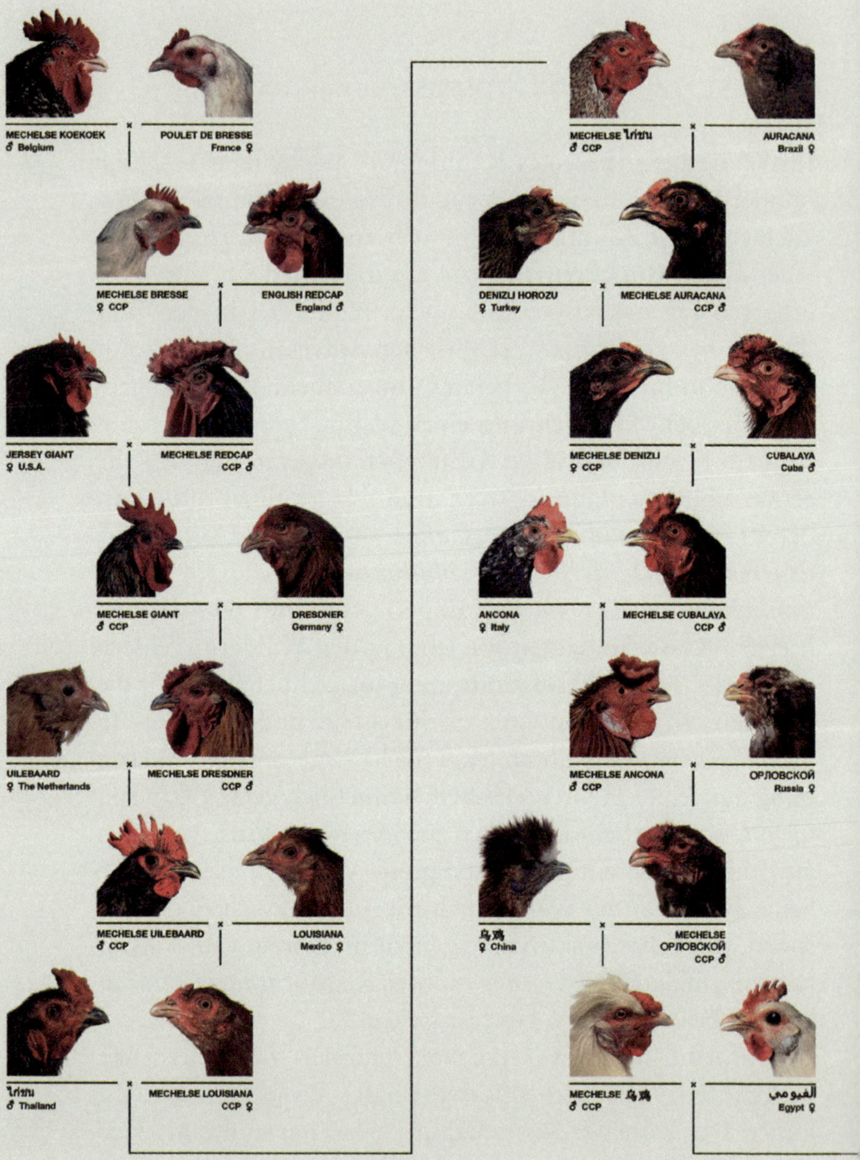
MECHELSE KOEKOEK
♂ Belgium
×
POULET DE BRESSE
France ♀
MECHELSE BRESSE
♀ CCP
×
ENGLISH REDCAP
England ♂
JERSEY GIANT
♀ U.S.A.
×
MECHELSE REDCAP
CCP ♂
MECHELSE GIANT
♂ CCP
×
DRESDNER
Germany ♀
UILEBAARD
♀ The Netherlands
×
MECHELSE DRESDNER
CCP ♂
MECHELSE UILEBAARD
♂ CCP
×
LOUISIANA
Mexico ♀
ไก่ชน
♂ Thailand
×
MECHELSE LOUISIANA
CCP ♀
MECHELSE ไก่ชน
♂ CCP
×
AURACANA
Brazil ♀
DENIZLI HOROZU
♀ Turkey
×
MECHELSE AURACANA
CCP ♂
MECHELSE DENIZLI
♀ CCP
×
CUBALAYA
Cuba ♂
ANCONA
♀ Italy
×
MECHELSE CUBALAYA
CCP ♂
MECHELSE ANCONA
♂ CCP
×
ОРЛОВСКОЙ
Russia ♀
乌鸡
♀ China
×
MECHELSE
ОРЛОВСКОЙ
CCP ♂
MECHELSE 乌鸡
♂ CCP
×
الفيومي
Egypt ♀

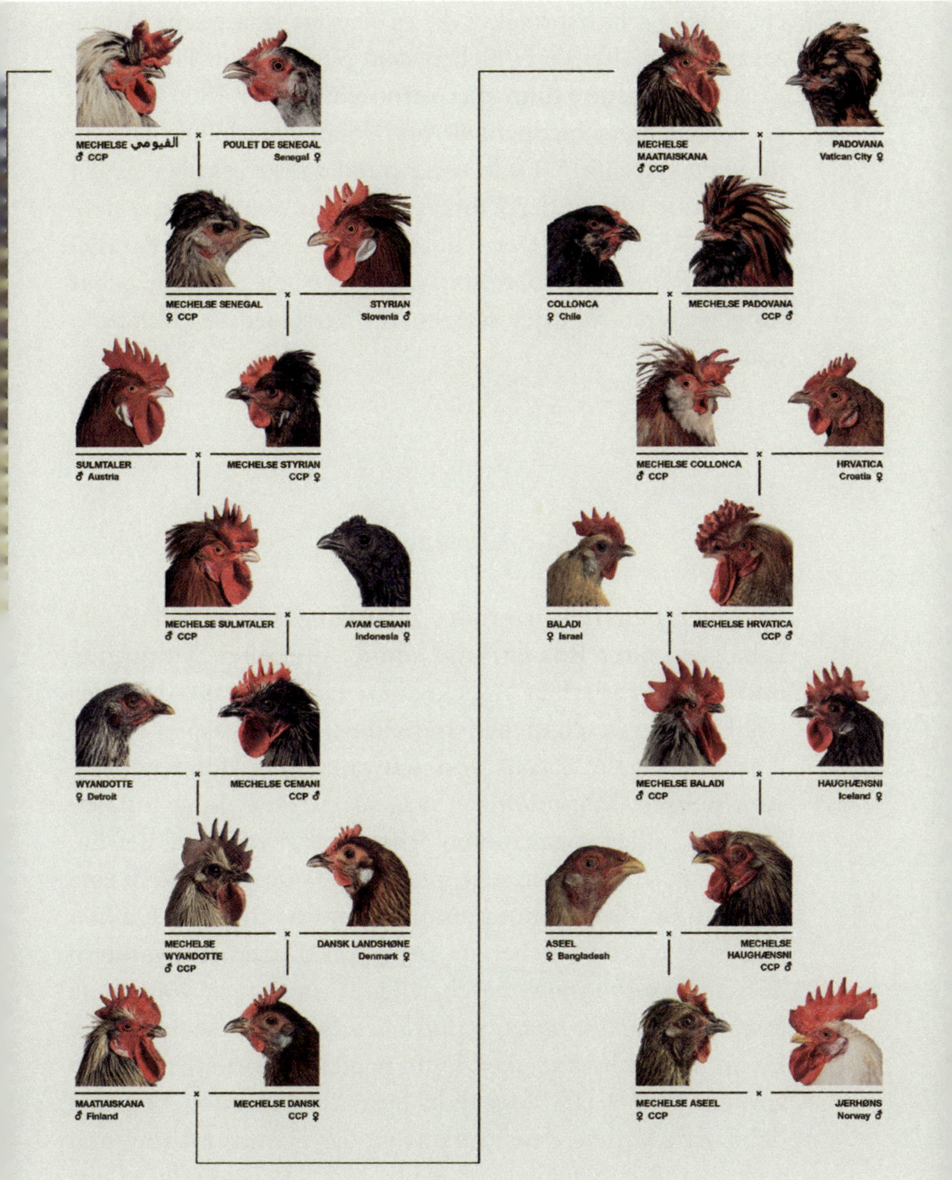

Abb. 12.4 – Koen Vanmechelens Cosmopolitan Chicken Project (CCP), das seit 1999 läuft (hier: Stand 2024, 29 Generationen), zeigt die unvergleichliche Formenvielfalt der Hühner. Jedes Hühnerpaar zeigt die Eltern der nächsten Generation (© Koen Vanmechelen; bearbeitet).

ein Wissenschaftsprojekt, da es neueste genetische Analyseverfahren integriert. Neben dem Symbol von Huhn und Ei soll das neue Huhn die Vermischung der Menschen in all ihrer Unterschiedlichkeit und somit die globale Diversität widerspiegeln.[596] Ende 2024 stand das Projekt bei der 29. Generation, die in der *Kunsthall 3,14* in Bergen ausgestellt wurde (Abb. 12.4). Der Künstler strebt in seinem Parallelprojekt *Planetary Community Chicken* seit 2016 die Schaffung weiterer robuster Rassen für verschiedene Weltregionen an.[597]

Qualzucht?

Mitunter besteht ein großes Spannungsfeld zwischen der Erhaltung alter Rassen, und somit eines alten Kulturguts, und problematischen Aspekten in Hinblick auf das Tierwohl der so geschaffenen Individuen. Ein Beispiel ist die jahrhundertealte Zucht von schwanzlosen Hühnern, wie zum Beispiel *Kaulhühnern*, was so viel wie ›Kugelhühner‹ bedeutet, oder sogenannten *Rumpless Araucana*. Bei beiden handelt es sich um sehr alte Rassen, die wohl durch eine sogenannte ›Verlustmutation‹ entstanden sind. Als *Gallina ex persia* wurden sie bereits 1600 von Ulisse Aldrovandi in dessen *Ornithologiae* beschrieben,[598] und auch von Linné erwähnte das *Phasianus gallus ecaudatus*, das schwanzlose Huhn. Kaulschwänzigkeit kann prinzipiell bei allen Rassen vorkommen.[599] Die zugrunde liegende Mutation bedeutet dabei den Verlust des Schwanzes, der Schwanzwirbel und auch der Bürzeldrüse (vgl. Abb. 12.5).[600] Dadurch ist die Gefiederpflege dieser Hühner nicht in vollem Ausmaß möglich[601] und es kann zu Gleichgewichtsproblemen kommen.[602] Dennoch ist nicht von der Hand zu weisen, dass das wegen seiner blaugrünen Eier beliebte *Araucana* häufig und ein fixer Teil der Hühnerrassenlandschaft ist, offenbar als besonders robustes und gesundes Huhn gilt und sich seit seiner Entstehung in Südamerika auch dort trotz der Verlustmutation über mehrere Jahrhunderte problemlos gehalten hat.[603] Als *Lavender Araucana* und *Ameraucana* gibt es das *Auracana*-Huhn auch mit Schwanz, was die Buntheit der Eier nicht trübt. Da diese Rasse bereits seit langer Zeit schwanzlos ist, gilt ihre Zucht als »Erhaltungszucht ursprünglicher Eigenschaften«[604].

Abb. 12.5 – Links (a): Kaulschwänzige Araucana-Henne: Durch eine Mutation, die den Verlust von Genen bewirkte, hat diese alte südamerikanische Rasse keine Schwanzwirbel, keinen Bürzel und auch keine Bürzeldrüse (© M. Marfeld); rechts (b): Onagadori-Hähne mit ihren dekorativen, lebenslang wachsenden Schwanzfedern, unten am Boden die Hennen (© S. Okamoto).

Erhaltungszucht ist nach Armin Six[605] die Zuchtselektion, die entweder auf den Fortbestand einer Rasse hinsichtlich ihrer äußerlichen Merkmale, die Konservierung eines Genpools oder aber den Schutz von bestimmten Merkmalen oder Eigenschaften abzielt. Ihr Vorteil ist, dass dadurch die genetische Variabilität innerhalb der Haushühner gesichert werden kann.[606] Ein Nachteil besteht jedoch in der möglichen Inzucht und der Gefahr, dass die Fokussierung auf tierschutzrechtlich bedenkliche anatomische Merkmale ausartet.[607]

Am anderen Ende des Spektrums von Zuchtextremen steht die unnatürliche Verlängerung der Schmuckfedern beim Hahn, wie bei den japanischen *Onagadori*-Hühnern. Die Hähne weisen bei dieser Rasse, die bereits seit über 300 Jahren in Japan gezüchtet wird, ein ununterbrochenes Wachstum der Schwanzfedern auf. Rekorde bei der Länge dieser Schmuckfedern liegen bei 13 Metern (vgl. Abb. 12.5.b).[608] William Beebe berichtete 1926, dass Vertreter dieser als »hohes Kulturgut«[609] behandelten Rasse ab ihrem dritten Lebensjahr in enge hohe Käfige (sogenannte Schrankkäfige[610]) gesperrt würden, wo sie auf einer Stange sitzen, um ihr Prachtkleid nicht zu verschmutzen. Besonders lange Schwanzfedern würden sorgfältig in Seidenpapier gewickelt. Sie würden regelmäßig gesäubert und gepflegt, die Tiere könnten aber nicht den alltäglichen Freuden eines normalen Hühnerlebens wie Scharren oder Sandbaden frönen. Alle ein bis zwei Tage, so Beebe, würden sie für einen Spaziergang hinausgeführt, wobei ein Träger den Schwanz gleich einem Brautschleier hochhalte.[611]

Das *Seidenhuhn* wird seit mindestens 2.000 Jahren in China gezüchtet, erwähnt wurde es bei Aristoteles Mitte des 4. Jh. v. Chr. als ›Huhn mit Katzenhaar‹, während es im mittelalterlichen Europa als ›Gauklerhuhn‹ bekannt war, eine Mischung aus Kaninchen und Huhn.[612] Marco Polo sah wohl als erster Europäer *Seidenhühner* im China des

13. Jahrhunderts.[613] Als die Rassegeflügelzucht im England des 19. Jahrhunderts boomte, schrieb hingegen Richardson: »Seidenhühner sind gute Leger, aber die Eier sind klein. Für jeden praktischen Zweck sind sie ziemlich nutzlos und müssen darüber hinaus auch noch von den anderen Hühnern getrennt werden, weil eine Einkreuzung dieser Rasse sehr schnell den Wert unseres Hausgeflügels zerstört, indem sie die Haut verdunkelt und es sowohl in der Erscheinung als auch im Nutzen fehlleitet.«[614] Er spielt dabei auf ein weiteres interessantes Phänomen der *Seidenhühner* an: die Fibromelanose (Schwarzfasrigkeit).[615] Denn außer dem strahlend weißen Gefieder und der Eischale ist beim *Seidenhuhn* alles schwarz: Haut, Knochen und innere Organe. Das Gefieder ist nicht wasserabweisend, weshalb man *Seidenhühner* trocken halten sollte. Außerdem verfügen *Seidenhühner* über fünf Zehen,[616] eine besonders interessante Mutation, die in einigen Rassen fixiert wurde. Beim *Seidenhuhn* ist dieser Zeitpunkt aber nicht mit Sicherheit bekannt.[617] Vielzehigkeit ist unabhängig voneinander in Asien und Europa aufgetreten und offenbar gar nicht besonders selten,[618] sie wurde ebenfalls bei Aldrovandi beschrieben.[619] Heute gehört Fünfzehigkeit unter anderem zum Rassestandard von *Dorking*, *Pavlovskaja*, *Houdan* und *Faverolles*.[620]

Paduaner und *Holländische Haubenhühner* tragen eine sogenannte Vollhaube aus Federn und sind häufig in ihrem Sichtfeld eingeschränkt, sodass sie nur bedingt bis gar nicht nach Raubvögeln und anderen Fressfeinden Ausschau halten können, weshalb die Augen freigeschnitten werden sollten.[621] Vielen unbekannt ist, dass mit der Federhaube Veränderungen im Skelett einhergehen. Die Schädel haben eine blasenförmige Knochenkapsel, in der das Großhirn vollständig eingeschlossen ist (vgl. Abb. 12.6).[622] Auch hier handelt es sich um sehr alte Rassen. In römischen Ausgrabungen wurden vereinzelt Schädelknochen mit Protuberanzen gefunden, die wohl von *Haubenhühnern* stammen.[623] Das *Padu-*

anerhuhn war auch zu Aldrovandis Zeiten (1600) bereits in Europa bekannt und verbreitet, ebenso wie *Strupp-* und *gelockte Hühner.*[624]

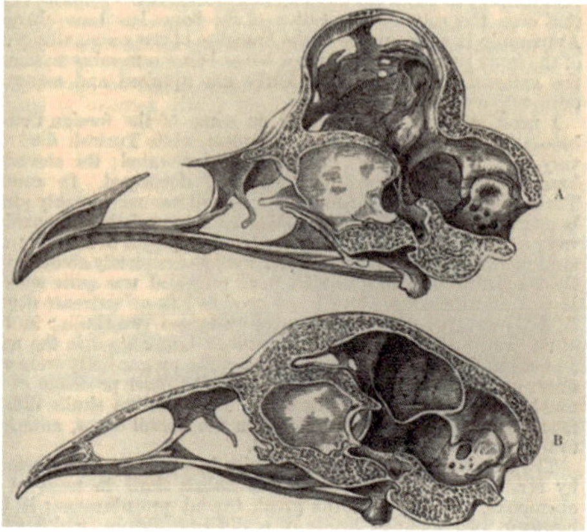

Abb. 12.6 – Schon Darwin war fasziniert, dass bei Haubenhühnern der Schädel eine Knochenblase ausbildet (oben im Bild). Im Rassestandard der Paduaner ist die Größe dieser ›Protuberanz‹ genau festgeschrieben. Unten der ›normale‹ Hühnerschädel eines Cochinchina-Hahns im Vergleich (© Darwin 1875).

In Österreich und Deutschland wird in letzter Zeit (laut) über ein behördliches Verbot von qualzuchtrelevanten Hühnerrassen nachgedacht. Tatsächlich wurden nebst den oben angeführten noch viele weitere Merkmale als Qualzucht beschrieben, wie etwa Federbärte und -bommel.[625] Es ist freilich in vielen Fällen schwer einzuschätzen, inwiefern ein Tier, das mit solchen anatomischen Merkmalen geboren wurde, unter ihnen leidet. Fraglich ist daher auch, ob ein Verbot von solch speziellen Rassen, die vor allem bei Liebhabern ein Zuhause finden, denen das Wohl ihrer Tiere am Herzen liegt, die sie hegen und pflegen, der richtige Weg ist. Besonders das befürchtete Verschwinden der alten Rassen stößt auf großen Widerstand bei Hühnerbegeisterten. Vielmehr drängt sich die Frage auf, ob eine schrittweise Bewusstseinsbildung hin zu einer tiergerechten Zucht nicht sinnvoller wäre.[626]

Die schwerwiegendsten Qualzuchten finden wir aber nicht im Rassegeflügelbereich, sondern in der Zucht von Hochleistungslinien zur wirtschaftlichen Verwendung. Diese Qualzuchtaspekte betreffen etwa 99 % der Hühner, die es auf der Welt gibt. Sie werden weit weniger diskutiert. Legehybride, die für ein 18-monatiges Leben bestimmt sind, da sie in dieser kurzen Lebensspanne ab der Geschlechtsreife täglich ein Ei legen müssen und anschließend körperlich derart ausgelaugt sind, dass eine pathologische Veränderung des Legeapparats die Regel ist, sind die eine Seite der Hochleistungszucht. Noch viel bedenklicher ist die Zucht der Broiler, die – wie bereits in Kapitel 10 und 12 angesprochen – das Erwachsenenalter nicht gesund und schmerzfrei erreichen können. Es fragt sich, ob der Gesetzgeber bei Tierschutzaspekten, die zig Milliarden Hühner betreffen, nicht wesentlich genauer hinsehen sollte als auf die Kuriositäten einiger weniger Rassehühner, sofern diese entsprechend gehegt und mit allen Hühnerannehmlichkeiten versorgt werden.

Wohin wird die Reise der ›bunten Hühner‹ führen? Wir widmen uns im nächsten Kapitel der Zukunft, bei der Zucht und Genetik eine große Rolle spielen werden.

13 Das Huhn der Zukunft

Somerset liegt im Südwesten Englands und ist eine durchaus malerische Gegend. Über sanfte Hügel und vorbei an grasenden Kühen führt mich der Weg zu Hestercombe Gardens, einem Landsitz, wie er englischer nicht sein könnte. Dort im Café treffe ich Christine Nicol. Sie ist Professorin für Animal Welfare am Veterinary College in London und Autorin eines ungemein wichtigen Buches über die Verhaltensbiologie der Hühner: nämlich des ersten, das sich nur mit dieser Spezies befasst. Als wir uns einen Kaffee an der Theke holen, bemerkt sie, dass sie es interessant findet, wie leicht Menschen Geld für Getränke ausgeben: »Wir zahlen gern 2 Euro für eine Flasche Wasser, obwohl wir das auch aus der Leitung beziehen könnten. Aber wenn es darum geht, ein paar Cent mehr für ein Ei oder ein Pfund Fleisch zu bezahlen, greifen viele lieber zum billigsten Produkt.« Dabei steht hinter jedem tierischen Produkt ein Lebewesen, über dessen Schicksal wir mitentscheiden. Sie selbst lebt ovovegetarisch.

Schon von Kindesbeinen an liebte sie Tiere, erzählt Christine. Sie spürte eine tiefe Verbundenheit, obwohl sie in einer Wohnung ohne Haustiere aufwuchs. Nach einem Umzug schenkte ihr die Großmutter einen Hund, und von da an wollte sie mit Tieren arbeiten. Praktika beim Tierarzt brachten sie auf die Idee, sich der Verhaltensforschung zuzuwenden. Ihre Vorbilder waren die Menschenaffen beforschenden Jane Goodall und Dian Fossey, was zu einem kleinen

Job im Zoo führte. Erst durch den Kontakt mit einer Freundin, die im Tierschutz tätig war, wurde sie auf Labor- und Nutztiere aufmerksam. Noch immer war nicht klar, was und wo Christine studieren wollte. Über Umwege bewarb sie sich schließlich in Oxford für das Studium der Zoologie, wo sie bei einem Bewerbungsgespräch auf Marian Stamp Dawkins traf. »Ich saß bei diesem Gespräch und machte gleich klar, dass ich niemals ein Tier sezieren würde. Ich wollte nicht, dass irgendjemand für mich sterben muss.« Überall anders, meint sie, wäre sie wohl abgeblitzt, aber nicht bei Marian, der der Tierschutz selbst ein Anliegen war und die sich gerade intensiv mit Präferenztests für Hühner beschäftigte, um die Wichtigkeiten in einem Hühnerleben zu ordnen (Gesellschaft, Futter, Sandbad, Scharren usw.).

So kam es, dass sie das Studium der Verhaltenswissenschaften wählte und über Lindsay J. Wilkins zur Erforschung industrieller Haltungsbedingungen und dadurch bedingter Verletzungen bei Legehennen kam. Seitdem ist sie viel unterwegs in den Hühnerställen Großbritanniens und anderen Teilen der Welt.

Im Rahmen ihrer Doktorarbeit entdeckte sie den *Rebound*-Effekt bei Legehennen, die sich, je länger sie in Käfighaltung gelebt hatten, nach ihrer Freilassung umso ausgiebiger bewegten. Man kann also nicht davon ausgehen, dass selbst Tiere, die immer beengt gelebt hatten, sich jemals daran gewöhnen würden. »Mich hat der Ehrgeiz gepackt, etwas mit wissenschaftlichen Methoden zu erforschen, zu testen und zu begründen, um es dann für eine echte Veränderung in der Praxis zu nutzen. Ich habe mir schon gedacht, dass diese Hühner sich in den Käfigen nicht wohlfühlen können, doch andere hatten Zweifel. Wenn man das aber bewiesen hat, kann man in einen wissenschaftlich fundierten Diskurs gehen, wo man auch gehört wird.« Christine Nicol trug damit zur Abschaffung traditioneller Käfighaltung in Großbritannien und der EU 2012 bei. (Sie erwähnt dieses Verbot nebenbei, heftet sich diesen Triumph nicht an die Fahnen, aber ich kann mir gut vorstellen, dass an ihrem Institut an der University of Bristol damals die Korken geknallt haben.) Käfige müssen seit 2012 ausgestaltet sein, was Gruppenhaltung und mehr Bewegungsfreiheit (auf nunmehr 1,5 DIN-A4-Blättern, statt nur einem) bedeutet – aber auch diese werden immer unbeliebter bei der Kundschaft. Käfighaltung ist daher bereits in vielen Ländern verboten, doch sind rege Billigimporte aus anderen Regionen dennoch an der Tagesordnung. Käfigeier landen hauptsächlich in verarbeiteten Lebensmitteln wie Kuchen, Saucen und Fertigprodukten. Nicols Meinung nach wird sich die Käfighaltung auf den Britischen Inseln, und früher oder später in den weitesten Teilen der EU, bald erledigt haben. »Die Leute wollen das nicht mehr.«

Bodenhaltung ist die kleine Schwester der Käfighaltung. Hennen haben wenig Platz, großen Stress, keinen Auslauf, kein Tageslicht, verletzen sich selbst und andere regelmäßig: In Deutschland und Österreich kommen noch etwa 60 % der Schaleneier aus Bodenhaltungsbetrieben, Käfighaltung ist jedoch gänzlich verboten. In Großbritannien wurde nach Abschaffung der traditionellen Käfighaltung aber nicht umgeschwenkt auf andere Indoor-Lösungen, sondern sukzessive die Freilandhaltung etabliert. Mehr als die Hälfte der Briten greift zu *free-range eggs*. In einer Gegend, die von feuchtem und windigem Wetter geprägt ist, wären die Hennen aber nicht immer glücklich mit ihrem Auslauf. Der nächste Schritt wäre für Christine daher eine Verbesserung der Freilandstallungen etwa durch Wintergärten, wie sie beispielsweise in der Schweiz verbreitet sind, wo Freilandhaltung fast 60 % ausmacht. Die Gesundheit der Tiere wäre dort in vielerlei Hinsicht geschützt: Schutz vor Witterung, Parasiten und Infektionen durch Wildvögel.

Ein unerwarteter Effekt des Käfighaltungsverbots war einst das massive Auftreten von Brustbeinfrakturen bei Legehennen, die in Ställen mit mehreren Ebenen gehalten werden, wo regelmäßig 50 bis 90 % von Knochenbrüchen betroffen sind. Durch das Auf- und Abfliegen auf die Sitzstangen, in Verbindung mit dem belasteten Skelett – bedingt durch das unnatürliche pausenlose Eierlegen – brechen Brust- und Gabelbein bei Legehennen leicht: und das, obwohl sie nie älter als 20 Monate werden. Erkennen kann man solche Verletzungen durch das schmerzbedingte Vermeidungsverhalten (sie brauchen lange, um morgens von der Stange zu fliegen) oder durch geübte Betastung.[627] Rund um das Forschungsteam von Christine Nicol wurden nicht nur ihre Ursachen und Häufigkeit festgestellt, sondern auch verbessernde Managementprogramme erstellt, die für Landwirte leicht verständlich und anwendbar sind. Hinzu kommt eine enge Zusammenarbeit mit dem Handel: Denn ohne den entsprechenden Absatzmarkt würde sich keine Innovation jemals dauerhaft manifestieren.

Feder- und Kloakenpicken zählen zu den weiteren Problemen in der industriellen Legehennenhaltung. Hierfür wurden ebenfalls niederschwellige Informationskampagnen für Produktionsbetriebe ins Leben gerufen.[628] Dies alles passierte noch in Christine Nicols jahrzehntelanger Tätigkeit an der University of Bristol. Ein solcher Erfolg spiegelt sich in den neuesten Entwicklungen der Hühnerhaltung wider, bei denen man offensichtlich auch viele aktuelle wissenschaftliche Erkenntnisse einbezogen hat. Das Paradebeispiel für Innovationen in der Hühnerhaltung sind für Christine Nicol die Niederlande: Dort würden »völlig neue Konzepte rund um das Wohl und die Bedürfnisse der Vögel, nicht der Menschen« erdacht. Sie erwähnt namentlich Rondeel- und Kipster-Stallungen – beide werden später noch vorgestellt.

Wie die meisten Menschen, die mit Tierschutzaspekten in der Nutztierhaltung zu tun haben, verzichtet Nicol auf den Verzehr tierischer Produkte: mit Ausnahme von Eiern. In der Pandemie habe sie – nach langem Zögern – das

Abenteuer gewagt, eigene Hühner in den Garten zu nehmen. Mit mäßigem Erfolg, wie sie lächelnd hinzufügt. Unweigerlich muss ich an die Fuchsmassaker in Naomi Sykes' Garten denken, aber ich liege falsch: »Ich dachte, ich würde alles richtig machen, ich bin Expertin auf diesem Gebiet; ich weiß, was Hühner wollen und brauchen. Meine fünf Hühner haben einen Traumstall bekommen, alles war super.« Dann aber kamen die Ratten – ein Problem, das in der Hühnerhaltung omnipräsent ist. Weil Christine aber alle Tiere liebt, konnte sie den Ratten nichts antun. »Wenn ich abends in den Stall ging, saßen die Ratten aufgereiht an der Stallwand, schauten mir zu und signalisierten, dass sie, sobald ich verschwunden wäre, alles an Hühnerfutter fressen würden, das sie finden würden.« Weil ihr dieser innere Konflikt unlösbar erschien, gab sie die Hühnerhaltung wieder auf, schenkte die Hühner einer lieben Freundin und bezieht seitdem ihre Eier wieder bei ihrer Nachbarin, die ebenfalls Hühner im Garten hält. Die »glücklichsten Hühner« sieht sie dort: in der kleinen, privaten Hobbyhaltung.

Das *backyard chicken movement*, die Hinwendung zur privaten Hühnerhaltung, hat in den letzten Jahrzehnten beachtliche Dimensionen angenommen: Gepusht wurde dieser Trend durch die Covid-19-Pandemie, die viele Menschen zur Selbstversorgung trieb: In den USA stieg die Hühnerhaltung zwischen 2018 und 2022 um 50 % an. Manche Studien schätzen den dortigen Anteil der hühnerhaltenden Haushalte auf 13 %, in Großbritannien sollen es mit rund fünf Millionen Hobbyhühnern sogar 17 % sein. Wenn auch – wie etwa im deutschsprachigen Raum – keine offiziellen Zahlen vorhanden sind und Schätzungen oft stark divergieren, so meint man doch, dass in vielen anderen Ländern das Huhn inzwischen nach Hund und Katze an dritter Stelle der Haustiere steht und somit Kaninchen und Kleinnager vom Podest verdrängt hat.[629] Beliebt sind dabei auch ›gerettete Hühner‹: Spezialisierte Tierschutzorganisationen vermitteln jährlich Zigtausende ausgestallte Legehennen, die in privaten Haushalten dann ihren Lebensabend verbringen können.[630] Die Royals kommen hier wieder als Trendsetter ins Spiel: Prince Harry und Familie sind bekannt für ihre *rescue chickens*.[631]

Backyard chickens heben sich insofern von Rassezüchtungen ab, als hier häufig nicht bewusst gezüchtet, sondern eher unbewusst vermehrt und genetisch gemischt wird. In vielen solcher Gärten fehlt auch ein Hahn, um Probleme mit der Nachbarschaft zu vermeiden. In der französischen Gemeinde Colmar werden zweijährlich Hühner an Haushalte verteilt, da sie bei der Entsorgung biogener Abfälle helfen sollen. Die Gemeinde reduziert ihre Müllmenge dadurch jährlich um 90 Tonnen.[632] Die Hobbyhaltung ist ein Dorn im Auge der Industrie: weniger als Konkurrenz denn als Reservoir für Krankheiten, da viele Kleinhalter auf Impfungen, besonders gegen Marek, verzichten[633] oder schlichtweg zu wenig über andere Infekte wie Salmonellen informiert sind.[634] Tatsächlich schrecken Krankheiten, und vor allem Seuchen, Private vermehrt wieder von der Hühnerhaltung ab.[635]

Tierwohl-Thema Nr. 1: Schutz vor Pandemien

Die größten Probleme bereitet weltweit die Vogelgrippe, gegen die es (noch?) keine Impfung gibt. Bei einer aviären Influenza-Pandemie ist aufgrund der vielen potenziell betroffenen Tiere die Wahrscheinlichkeit besonders groß, dass das Virus mutiert und unter anderem auch andere Tierarten befallen könnte, allen voran den Menschen. Diese mutierten Stämme sprangen im Frühling 2024 in den USA auf Kühe und Stallarbeiter über und sorgten nicht nur für Millionen Keulungen, sondern auch für Panik vor einer neuen Grippe-Pandemie unter den Menschen.[636] Paradoxerweise könnte ein solcher Übersprung auf unseresgleichen der Anstoß zu einer bereits dringend notwendigen (!) internationalen und interdisziplinären Beforschung sein, die das Virus und seine Verbreitung besser zu verstehen sucht.[637] Denn im Moment ist die (präventive) Tötung von Nutztieren, die mit dem Virus in Berührung gekommen sein könnten, die einzige weltweite Strategie. Es wurde sogar angedacht, Wildvögel (allen voran Zugvögel, die ans Wasser gebunden sind) zu schießen, um die Verbreitung einzudämmen. Dadurch könnte die Ausrottung zahlreicher Arten vorangetrieben werden.[638] Die Vogelgrippe tritt hauptsächlich im nördlichen Winter auf, zieht sich aber zunehmend in die warmen Monate. Im Winter 2021/22 wurden weltweit 48 Millionen gefiederte Nutztiere gekeult, im darauffolgenden Jahr (nach einem besonders starken Ausbruch) 78 Millionen, auch 400.000 Wildvögel waren davon betroffen.[639] Die größten Tierwohlverbrechen wurden bei solchen Massentötungen in den USA begangen: allen voran durch *ventilation shutdown*, bei dem die Tiere in den Stallungen durch die Einleitung von heißem Dampf unter infernalischen Umständen getötet werden. Eine Methode, die beiwohnende Menschen in großer Zahl traumatherapiebedürftig macht.[640]

Für Christine Nicol gehört der Schutz vor solchen Pandemien zu den größten Herausforderungen der Zukunft. Denn im Moment haben die offiziellen Stellen der Länder nebst den gängigen Hygienemaßnahmen nur eine Handhabe, um Nutzgeflügel zu schützen: Stallpflicht. Diese verbannt plötzlich Milliarden von Freilaufhühnern in die (oft viel zu klein bemessenen) Ställe, wo sie dann in beengten Verhältnissen monatelang ein traurigeres Dasein fristen als ihre Artgenossinnen in Bodenhaltung.[641] Innovationen sind in einer Zeit, wo solche Seuchenepisoden immer häufiger werden und länger dauern, gefragt.

Tierwohl-Thema Nr. 2: Tiergerechte Haltung für alle

In der Schweiz ist man schon länger in Sachen Tierwohl vorgeprescht. Untersuchungen von Freilandbetrieben haben gezeigt, dass viele den Freilauf kaum nutzen würden, da es zu wenig Versteckmöglichkeiten und Struktur gebe.[642] Das Bild kennt man von Fahrten übers Land: Eine Fläche von zigtausend Quadratmetern und dennoch sitzen alle Hühner vor den Stalltüren oder im Stall selbst. Abhilfe schaffen könnte man leicht mit Tunneln, kleinen mobilen Dächern oder Zelten.[643] Oder eben Wintergärten, die Sonnenlicht und Scharrraum optimal miteinander verbinden. Dieses ist das größte Problem bei der im Moment sehr beliebten Mobilstallhaltung, bei der die Landwirte ihre ungenutzten Flächen aufwerten können, indem sie einen fahrbaren Stall aufstellen.[644] Diese Wander-Haltung bietet zwar grundsätzlich viel Platz in kleinen Gruppen und kommt dem Erkundungsverhalten der Hühner entgegen, doch gibt es bei Stallpflicht selten eine rasch verfügbare Alternative in Form eines artgerechten Stalls in passender Größe.

Da bei einer Vogelgrippe-Infektion der gesamte Geflügelbestand eines Standorts gekeult werden muss, um weitere Ansteckungen zu vermeiden, wäre eine Stallhaltung mit Wintergärten nach Nicols Empfinden für die Industrie, an der vorerst wohl leider kein Weg vorbeiführt, ein akzeptabler Mittelweg. Diese Wintergärten müssten natürlich ebenso mit Streu- und Beschäftigungsmaterial ausgestattet sein wie jeder gute Hühnerstall (egal welcher Größe), denn beides würde Krankheiten und Kannibalismus vorbeugen, die in der industriellen Haltung ein riesiges Tierschutz- und Kostenproblem darstellen.[645] Welche Optionen gibt es also für eine tiergerechte Zukunft?

Hühnerställe mit viel Tageslicht und Sitzstangen in der richtigen Höhe, kreisförmig um ein zentrales Managementelement angeordnet, Photovoltaikanlagen in Tortenstückform auf dem Dach: Das ist Rondeel. Die Hennen haben den ganzen Tag natürliches Licht, das Dach öffnet sich bei Sonnenschein automatisch. Ganz außen befinden sich die Outdoor-Zonen mit Ästen und anderen Holzelementen. 3.500 braune Hühner sind in Kleingruppen zu je 100 Tieren zusammengefasst, überall gibt es auch ein paar Hähne. Innen befinden sich verschiedene Strukturelemente wie Dächer, Legenester und Sitzstangen am Rand jedes Abteils. Die Philosophie Rondeels offenbart sich im Aufbau der Website: *About us* gibt eine ausführliche Information über die natürlichen Bedürfnisse der Hühner, die viel zu oft missachtet werden. Ganz besonders die Notwendigkeit, sich verstecken zu können und Ausschau zu halten, zu scharren und in der Sonne zu baden, wird hier unterstrichen.[646]

Rondeels Innovation ist aber nebst der ansprechenden Stallstruktur und -architektur der Fokus auf den Lebenszyklus seiner Bewohnerinnen und Bewohner. Inkludiert ist eine Brüterei, wo die nächste Generation bereits am Stand-

Abb. 13.1 – links (a): Rondeel-Stall für 3.500 Legehennen; rechts (b): Der Stall von innen (Blick vom Außenbereich in den Wintergarten) (© Rondeel).

ort herangezüchtet wird. Und diese sind alle Hennen. Rondeel macht sich nämlich eine der neuesten Technologien zunutze: die Geschlechtsbestimmung im Ei. Diese ist bereits gut ausgereift, wird aber noch kaum verwendet, weshalb weltweit jährlich Milliarden männliche Legehennenküken getötet werden.[647] Die wichtigsten Impfungen erfolgen ebenfalls schon im Ei, weshalb die Küken nicht mehr gefangen werden müssen, was wiederum weniger Stress bedeutet.[648]

Ein zweites bemerkenswertes Beispiel ist das niederländische Start-up Kipster, das artgerechte Hühnerhaltung mit Klimaneutralität und den Gesetzen des freien Marktes verknüpft. Vier innovative Unternehmer aus den Bereichen Landwirtschaft, Marketing, nachhaltiger Unternehmensgründung und Hühner-Know-how taten sich zusammen, um das fortschrittlichste Eierunternehmen unserer Tage zu gründen.[649] Das Zauberwort ist alt, aber gut: Kreislaufwirtschaft. Dieser Schritt in die Zukunft ist eigentlich auch ein riesiger Schritt in die Vergangenheit – nämlich als Hühner noch Küchenabfälle zu essen bekamen. Denn hier passiert genau das: Lebensmittelabfälle aus Überproduktion oder B-Waren aus allen möglichen Bereichen werden in einer Futtermühle zu Pellets verarbeitet. Das Futter darf nur nicht zu salzig sein: 70 % kommen aus der Lebensmittelindustrie (Pasta, Mehl, Zuckerrübenschnitzel, Brot, Eis- und Reiswaffeln), 30 % aus der Landwirtschaft (Gemüse, Obst, Getreide). Die optimale Mischung wird in der Futtermühle berechnet. Zugesetzt würden allenfalls noch Vitamine und Mineralstoffe.[650] »Früher haben wir unsere Reste über den Zaun zu den Hühnern und Schweinen geworfen. In Wirklichkeit machen wir hier das Gleiche; nur in größerem Ausmaß«, sagt der Chef der Futtermühle sinngemäß.[651]

Abb. 13.2 – links (a): Kipster-Stall von außen; rechts (b): Der Stall von innen (permanenter Wintergarten) (© Kipster).

Das Unternehmen wächst durch Franchising. Bereits vier weitere Kipster-Ställe sind in den Niederlanden und den USA entstanden, der Ausbau in Nordamerika schreitet hurtig voran. Der erste Standort in Indiana ist ein Vorzeigebetrieb sondergleichen, besonders aber für die USA, die in Sachen Tierwohl noch nicht besonders weit entwickelt sind. Rondeel-Ställe beherbergen ca. 24.000 weiße Legehennen in einem für industrielle Verhältnisse optimalen Umfeld: Sitzstangen, Sandbäder, Ruhestangen, Legenester ... alles in

Kleingruppenhaltung mit großzügigem überdachtem Auslauf, der auch gleich die Photovoltaikanlage trägt. Im Positiven ungewöhnlich ist auch die Fülle an Beschäftigungselementen wie Picksteinen, Kletterästen, Pflanzentöpfen, Schattenspendern, Heuraufen und die oben beschriebenen Futterpellets, die ausgestreut (!) werden, damit die Hennen den ganzen Tag etwas zu scharren haben (vgl. Abb. 13.2.b).[652] Denn Scharren macht in einem natürlichen Hühnerleben fast zwei Drittel der Tagesbeschäftigung aus.[653]

Anstatt die Medien, die Konsumenten und den Tierschutz auszusperren, arbeitet Kipster mit Transparenz: Im Stall sind Live-Webcams installiert, über die man den Hühnern zuschauen kann, es gibt Führungen und Schaufenster für das interessierte Publikum, bei der Planung und Umsetzung wurden Universitäten und Tierschutzorganisationen miteinbezogen. Letztere unterstützen bei kritischen Fragen wie dem Hühnerfang vor dem Abtransport zum Schlachthof (bei dem üblicherweise alles andere als zimperlich vorgegangen wird). Eine von *Eyes on Animals* entwickelte, sanfte Art, Hühner zu fangen, wurde (wie auch von Rondeel) übernommen.[654] Die Geschlechtsbestimmung im Ei wurde hier ebenfalls angestrebt, doch scheiterte das Projekt in den USA daran, dass man die Technologie noch nicht an weißen Eiern anwenden könne.[655]

Huhn, quo vadis?

Als ›Verbesserungsmöglichkeiten‹ nennt die Kipster-Homepage unter anderem, dass Hennen und Hähne eigentlich am besten auf kleinen Höfen und nicht in großen Ställen untergebracht seien. Aber das könne man nur bewirken, indem die Menschheit weniger oder gar keine Eier mehr isst.[656] Der Geschäftsführer des Unternehmens Ruud Zanders argumentiert: Sollten einmal nicht mehr genug Essensreste für die Hühner anfallen, würde er sich freuen. Dann müsse man die Hühnerzahl entsprechend reduzieren. »Mein Endziel ist es, dass wir keine Tiere mehr kommerziell in unserem Lebensmittelsystem einsetzen«, sagt er in einem Interview mit dem Nachhaltigkeitsjournalisten Arnoud Cornelissen.Für einen großen Eierproduzenten eine bemerkenswerte Aussage.

Verweisen die Antworten der Eier- und Hühnerindustrie auf all die Tierwohlfragen der Gegenwart immer einen Schritt weiter in eine noch erschreckendere Zukunft, so machen diese zwei Vorzeigebetriebe Hoffnung auf eine große Wende in der industriellen Haltung. Denn waren bis jetzt Schnabelkupieren,[657] Züchtungen blinder Hühner[658] und die Installation von Hühnerbrillen[659] die Antwort auf Federpicken und Kannibalismus, denkt man nun an die Verarbeitung von Lebensmitteln, die sonst vernichtet würden. Es gibt gangbare Lösungen und noch mehr Ideen, und es bleibt zu hoffen, dass solche Modelle Furore machen in einer Welt, in der geschätzte 85 % der Eier noch aus Käfighaltung kommen.[660]

Hühner sind außerdem, nebst bei Rasseliebhabern auch in vielen Haushalten als Familienmitglieder – wenn auch zumseist in ihrem eigenen Stall – immer beliebter. Sie bekommen Namen und werden zum Tierarzt gebracht (vgl. Seite 205) Viele Menschen erkennen daher Hühner zunehmend als eierlegende Persönlichkeiten und Charaktertiere an und wenden sich von ihrer Funktion als reine Nutztiere ab Gleichzeitig nimmt die Bedeutung des Federviehs als Therapietier stetig zu.[661]

Wie geht es aber weiter mit den Broilern? Stimmen werden laut, die eine massive Verbesserung in der Masthuhnhaltung und -aufzucht, ja selbst in der zugrunde liegenden Genetik fordern. In den Niederlanden wurde bereits großteils auf langsamer wachsende Rassen umgerüstet, laufend ziehen andere europäische Länder nach.[662] Christine Nicol kommt hier noch einmal zu Wort:

Die Zusammenarbeit der universitären Forschung mit dem Lebensmitteleinzelhandel trage Früchte: Einige Supermarktketten Europas hätten sich dem *Better Chicken Commitment*[663] verschrieben, das bessere Haltungsbedingungen für Masthühner erreichen möchte. Der Handel sichere den Landwirten die Abnahme der (etwas teureren) Produkte, könne dafür aber mit einem besseren Leben der verarbeiteten Tiere werben. Auf den Verpackungen des Hühnerfleischs sei dann beispielsweise zu lesen: »Aus Haltung mit Pickmaterial und erhöhten Ruheplätzen.«[664] Letzteres kann bei Broilern etwa bedeuten, dass Strohballen verfügbar sind, denn höher können Masthühner nicht springen oder fliegen.

Die Abkehr von Turbo-Mast-Rassen ist ein weiterer Punkt in diesem Übereinkommen. Für Christine Nicol hat die Landwirtschaft die biologischen Grenzen bereits ausgereizt. Eine Entwicklung zurück zu weniger extremen Züchtungen müsse erfolgen, um das Tierwohl im kurzen Leben der Broiler zu erhöhen. Ein paar Wochen mehr Zeit zum Wachsen zu haben, könnte den Tieren bereits viel Leid ersparen. Im Moment kämen die Knochen mit dem Wachstum der Vögel nicht nach, was sie weitgehend unbeweglich mache. Daher würden schon viele Broiler im Stall verenden, weil sie aufgrund ihrer unnatürlichen Brustgröße und der schwachen Beinmuskulatur nicht mehr von selbst wieder auf die Beine kommen. Viele stürben auch beim Transport zum Schlachthof. Sie arbeite gerade mit einem führenden Unternehmen an der Entwicklung einer langsam wachsenden Rasse, die zumindest in der Nische der Biohaltung Fuß fassen könnte, erzählt Nicol. Das Fleisch sei um ein paar Prozentpunkte teurer als herkömmliches Hühnerfleisch, der Preisunterschied betrüge aber bei Weitem nicht das Drei- oder Vierfache, wie zurzeit.

Eine weitere interessante Option für die Zukunft wäre ihrer Meinung nach Fleisch aus dem Labor. Großbritannien hat im Sommer 2024 die erste Lizenz für Laborfleisch an ein britisches Unternehmen erteilt, vorerst nur für Heimtierfutter.[665] Das Gewebe sei das gleiche, doch hierfür müsste kein Tier Schmerzen empfinden.[666] Denn die grundlegende Frage sei: »Ist es besser, ein kurzes, schlechtes Leben gehabt oder lieber gar nicht gelebt zu haben?« Bei dem, was Christine Nicol in ihrem beruflichen Leben schon alles gesehen hat, fällt ihr die Antwort nicht schwer. Wenn man gar nicht auf Fleisch verzichten wolle, dann spreche doch nichts gegen Muskelgewebe aus In-vitro-Produktion. Es sei schließlich das gleiche Produkt, nur ohne Leiden. Und so schließt Christine Nicol mit den Worten: »Ich blicke hoffnungsvoll in die Zukunft, wenn einmal Kinder zu ihren Eltern sagen werden: ›Wirklich, Mama, ihr habt früher einmal Hühner gegessen?‹«

Interviewpartner*innen

© privat

Joris Peters
Interview ab Seite 17

© Autorin

Konstantina Saliari
Interview ab Seite 29

© R. Larson

Greger Larson
Interview ab Seite 44

© Autorin

Laurent Frantz
ab Seite 56

© privat

Naomi Sykes
Interview ab Seite 59

© privat

Angela Trentacoste
Interview ab Seite 69

© P. Radeczki

Alain Epelboin
Interview ab Seite 93

© Autorin

Serge Bahuchet
Interview ab Seite 113

© S. Steidl, LEIZA

Henriette Baron
Interview ab Seite 129

© Autorin

Handbuch des deutschen Aberglaubens
»Interview« ab Seite 166

© Autorin

Christine Nicol
Interview ab Seite 200

Anhang

Danksagung

Mein Dank gilt meiner Familie und ihrer unentbehrlichen Unterstützung bei der Entstehung dieses Buchs: Thomas, Laurenz und Alexander, die meine unorthodoxen Arbeitszeiten und -methoden mit großer Geduld und Ausdauer mitgetragen und oft erst ermöglicht haben.

Dieses Buch hätte nicht entstehen können ohne die Mitwirkung meiner Interviewpartnerinnen Christine Nicol, Henriette Baron, Naomi Sykes, Konstantina Saliari, Angela Trentacoste und meiner Interviewpartner Joris Peters, Serge Bahuchet, Greger Larson, Alain Epelboin, und Laurent Frantz, welche mir ihre kostbare Zeit für angenehme Gespräche geschenkt haben und auch noch später bereitwillig für Fragen und die Weitergabe von Informationen und Bildmaterial bereitgestanden sind.

Petra Radeczki hat wie keine andere am Gelingen dieses Textes teilgehabt. Ich danke ihr für die gemeinsame Reise nach Paris, das erste Lektorat meines Manuskripts, ihre Fotografien und ihre konstruktiven Rückmeldungen, die immer ehrlich und wertschätzend sind.

Mein Dank gilt im Besonderen auch meiner Lektorin Ulrike Moshammer für ihre sprachlichen und inhaltlichen

Inputs und dafür, dass sie meinen Schaffensdrang zügelt. Dank ihr passt dieses Buch noch gut in jede Tasche. Maria Schlager, Kate Reiserer und Verena Minoggio-Weixlbaumer waren und sind meine verlässlichen Ansprechpartnerinnen im Goldegg Verlag. Bei ihnen und dem gesamten Goldegg-Team fühle ich mich gut aufgehoben, nicht zuletzt, weil sie meine gelegentliche Sturheit mit Geduld ertragen und meine Wünsche (und Befürchtungen) stets ernst nehmen.

Durch die Bereitstellung von Informationen in Wort und Bild von Peter Ramsl (Wien), Sabine Obermaier (Mainz), Pauline Rameau (Paris), Emese Gábor (Budapest), Georg Geml (KochKulturMuseum, Wien), Nicholas Sanchez aka AlfAlfA (Toronto), Gabriela Kompatscher-Gufler (Innsbruck) und Mario Nonaka (München) wurde dieses Buch erst zu dem, was es ist. Danke!

Auch danke ich Nina Hofstädter (Verein Rette (d)ein Huhn), Katharina Kalser (Krems-Mautern), Angela Vobornik und Cornelia Konicek (VMU Wien) für ihre fachliche Beratung, die mir enorm weitergeholfen hat.

Unvergesslich bleibt der Zuspruch von Thomas Macho und Isabella Farkasch, die mich von Anfang an als Autorin gesehen haben.

Schließlich möchte ich mich bei all jenen bedanken, die ihre Arbeit, seien es nun wissenschaftliche Studien oder Fotomaterial, als Common oder Open Source deklarieren, um sie uns allen zur Verfügung zu stellen.

Glossar

Abstract: Ein kurzer Text, der den Inhalt eines wissenschaftlichen Artikels zusammenfasst und am Beginn eines solchen steht. Die Leserschaft kann sich so einen schnellen Überblick über den Inhalt verschaffen.

aDNA = ancient DNA: Alte (oder sehr alte) DNA aus paläontologischen oder archäologischen Kontexten. Je nach den Umständen der Konservierung bleibt die DNA eines Organismus nach dessen Tod erhalten. Anhand modernster Technik kann auch schwerbeschädigte DNA inzwischen rekonstruiert und mit modernen Genomen verglichen werden. aDNA ist heute ein wichtiger Baustein der Erforschung von biologischen Überresten verschiedenster Epochen, der Archäologie und der Evolutionsbiologie.

Bias: Meist unbewusste und unbemerkte Einflüsse, die Forschungs- und Erkenntnisprozesse verzerren. Etwa Annahmen, die beim Design einer Untersuchung mitspielen und diese in eine bestimmte Richtung lenken.

Biodiversität: Artenvielfalt im Ökosystem. Bedingt durch evolutionäre Prozesse und ökologische Verstrickungen hat sich eine Vielfalt von Arten entwickelt, die in komplexen Verhältnissen zueinander und ihrer Umwelt stehen. Die Biodiversität nimmt stetig ab, da die Menschheit Ökosysteme nach ihren Bedürfnissen verändert und stört.

Biologischer Artbegriff: Vertreter der gleichen biologischen Art sind nach Charles Darwin dadurch geprägt, dass sie miteinander fruchtbare Nachkommen zeugen können. Dazu müssen sie nahe (genug) miteinander verwandt sein, also die gleiche Abstammungsgeschichte haben. Darwins Theorie wurde Jahrzehnte nach seinem Tod durch die Entdeckung der DNA bestätigt, ohne dass er von deren Existenz gewusst hatte.

Carotinoide: Organische Farbstoffe (Pigmente) im roten, orangen und gelben Farbspektrum. Sie können durch die Nahrung aufgenommen und durch Enzyme abgebaut oder umgewandelt oder aber im Körper eingelagert werden, besonders in der Haut, wodurch sich diese entsprechend färbt.

DNA: Die DNA (auch DNS) besteht aus einem leiterförmigen Doppelstrang, bei dem die ›Leitersprossen‹ an den Seiten vier verschiedene Nukleinbasen (abgekürzt A, C, G, T) verbinden, die nur in bestimmten Paarbindungen auf jeweils einem DNA-Strang auftreten (A-T und C-G). Die Anordnung dieser ›Basenpaare‹ bestimmt, welche Proteine gebaut werden, und unterscheidet sich bei jedem Individuum in kleineren oder größeren Details. Daher ist jedes Lebewesen einzigartig. Die DNA kommt im Zellkern und in den Mitochondrien (mtDNA) vor.

Domestikation: Haustierwerdung. Die Entwicklung von Wildtieren zu Haustieren unter menschlichem Einfluss und alle damit verbundenen Prozesse.

Eliminationsritus: Ein Ritual, das dazu dienen soll, Böses abzuwenden oder auszulöschen. Bösen Geistern oder Göttern wird geopfert, um zerstörerische Kräfte zu besänftigen oder fernzuhalten. Häufig wurden Stellvertreter geopfert, um jemand anderen zu schützen.

Epigenetik: Veränderungen, die sich während des Lebens eines Individuums ergeben, besonders durch veränderte ›Genexpression‹, nicht am genetischen Code selbst. Besonders wichtig erscheinen das An- und Abschalten bestimmter Gene und somit die Produktion oder Nichtproduktion bestimmter Proteine. Auch können sich andere Umwelteinflüsse (z. B. Traumata, Gifte, Strahlung, Gefangenschaft) epigenetisch auswirken. Die Epigenetik steht im Zentrum der aktuellen Forschung und bietet noch ein breites Spektrum an offenen Fragestellungen. Man vermutet jedoch dahinter etwa die Mechanismen der Weitergabe von psychischen Mechanismen und die Neigung zu Krankheiten (z. B. Krebs,

Depressionen, Diabetes, Angst) von einer Generation zur nächsten, aber auch deren Heilung, da epigenetische Veränderungen meist reversibel sind.

Epiphyse: Die Wachstumsfuge der Röhrenknochen bei Säugetieren. An ihr findet das Längenwachstum statt. Das Alter von Säugetieren ist anhand des Zustands der Epiphyse gut abzuschätzen. Vögel haben keine Epiphysen, weshalb man das Wachstumsstadium nicht erkennen kann.

FAO: Ernährungs- und Landwirtschaftsorganisation der Vereinten Nationen. Ihr Ziel ist es, den Hunger weltweit zu bekämpfen.

Fibromelanose: Schwarzfasrigkeit. Durch Genmutation bedingte Einlagerung des schwarzen Pigments Melanin ins Gewebe. Solche Hühner haben schwarzes Fleisch und schwarze Haut und innere Organe. Relativ früh bereits in bestimmten Rassen fixiert: z. B. Ayam Cemani, Seidenhuhn.

Gen: Ein Abschnitt auf der DNA, der als Funktionseinheit auftritt. Gene enthalten die Baupläne für die Eiweißmoleküle (Proteine) im Körper eines jeden Lebewesens.

Genetischer Code: Alle Abfolgen der Basenpaare einer DNA. Entschlüsselung des Genoms.

Genexpression: Werden Gene abgelesen und zum Bau von Proteinen verwendet, spricht man von Genexpression. Welches Gen für welches Protein codiert, ist oft nicht leicht herauszufinden.

Genom: Die gesamte nukleare DNA einer Zelle (alle Chromosomen) und somit die vollständige Erbinformation eines Lebewesens. Ein Genom zu entschlüsseln bedeutet, alle Abfolgen der Basenpaare einer DNA zu kennen.

Geschlechtsdimorphismus: Beschreibt, wenn männliche und weibliche Angehörige einer biologischen Art unterschiedlich aussehen. Das biologische Geschlecht lässt sich also auch von Artfremden bereits anhand bestimmter Merkmale erkennen: Körpergröße, Färbung, Statur usw.

Intrusion: Verbringung archäologischer Funde in Schichten, denen sie nicht ursprünglich zugehören. So können etwa Knochen nach oben oder unten ›wandern‹, durch Bauarbeiten, Ackerbau, Tiere usw.

Kaulschwänzigkeit: Eine relativ häufige und typische Symptomatik bei Hühnern. Durch Genmutation gehen die Schwanzwirbel gemeinsam mit dem Bürzel und der Bürzeldrüse verloren. Diese Mutation kommt nicht selten vor und wird weitervererbt. Daher waren Kaulhühner (übersetzt: Kugelhühner) schon relativ früh (bei den Römern) bekannt. Heute wird Kaulschwänzigkeit als Qualzucht diskutiert, da die Tiere in ihrem Flugverhalten und der Gefiederpflege eingeschränkt sind (z. B. Rumpless Araucana, Kaulhuhn, vgl. 12.5.a).

Keulung: Tötung eines Nutztiers, jedoch nicht zum Zwecke der Nahrungsgewinnung (dann spricht man von Schlachtung). Der Hauptgrund sind Krankheiten und Seuchenprävention oder ökonomische Gesichtspunkte (Legehennen nach der ersten Legeperiode im Alter von 18 Monaten). Die Körper werden anschließend vernichtet.

Morphologischer Artbegriff: Tiere werden nur anhand der Ähnlichkeit ihrer äußeren Erscheinung kategorisiert. Dabei wurden oft – aus heutiger Sicht – fälschliche Schlüsse auf Gruppenzugehörigkeit und Verwandtschaft gezogen. Mit Darwin änderte sich dies hin zu einem biologischen Artbegriff.

mtDNA: Ist ringförmig, einfach aufgebaut (einige zigtausend Basenpaare) und kommt tausendfach in jeder Zelle vor, da sie in den zahlreichen ›Kraftwerken‹ der Zelle (Mitochondrien) verankert ist. Sie wird nur mütterlich vererbt und eignet sich zur Analyse grober Verwandtschaftsverhältnisse.

Mutation: Genetische Veränderung. Mutationen können zufällig passieren, durch Umwelteinflüsse oder Kopierfehler entstehen. Betroffen sein können einzelne Basenpaare, Gene oder die Anzahl der Chromosomen (z. B. Trisomien). Viele Mutationen bringen gar keine Veränderungen, andere kleine Veränderungen zutage, die die Funktion des Organismus nicht beeinträchtigen, aber dennoch in der Lebenswelt günstig oder ungünstig sein können (z. B. Fellfarbe, Blattform). Andere verändern den Bauplan massiv, was – je nach Umweltfaktoren – Vorteile, Nachteile oder keines von beidem für das Individuum bedeutet. Mutationen können die Funktionen des Organismus so weit beeinträchtigen, dass sie tödlich enden (z. B. Verformungen von Ionenkanälen, Rezeptoren, Organen). Sie treiben aber auch Veränderungen an, sorgen so für Weiterentwicklung und gelten als Schlüsselfaktoren der Evolution.

Nukleare DNA (auch: DNA): Stellt ›das Erbgut‹ eines Lebewesens dar, enthält den Bau- und Funktionsplan eines Lebewesens und ist sehr komplex (einige Millionen Basenpaare). Im Kern (Nukleus) jeder Zelle befindet sich eine Kopie der individuellen DNA, aufgeteilt in mehrere Einzelketten (Chromosomen). Vererbt wird sie von beiden Elternteilen und enthält außerdem neue Kombinationen und Veränderungen (Mutationen). Daher ist die DNA eines jeden Individuums einzigartig.

Paläogenetik: Genetische Forschungsrichtung, die sich mit aDNA befasst. Anfangs stand besonders die alte mtDNA im Mittelpunkt, da die technischen Möglichkeiten noch nicht ausgereift waren.

Paläogenomik: Durch die modernen Möglichkeiten der Analyse von nuklearer aDNA entwickelte sich diese Forschungsrichtung, die sich mit der Rekonstruktion alter Genome aus archäologischen und paläontologischen Kontexten befasst. Das Ziel dabei ist, alte mit modernen Genomen zu vergleichen und Verwandtschaftsverhältnisse und evolutionäre Veränderungen festzustellen sowie Entwicklungen der Domestikation von Haustieren nachzuvollziehen.

Paradigma: Das herrschende Denkmuster, die aktuell anerkannten Theorien in einer wissenschaftlichen Fachrichtung. Das herrschende Paradigma ist jenes, dem der Großteil der aktiven Forschenden beipflichtet.

PCR = Polymerase-Kettenreaktion: Eine Labortechnik, bei der DNA-Stücke schnell vervielfacht werden können. Entwickelt 1983 in Kalifornien, bedeutete die PCR einen revolutionären Meilenstein in der Genetik, der die rasche Untersuchung von DNA, auch in großen Mengen, erst möglich gemacht hat.

Peer-Review: In der Wissenschaft üblicher Prozess, bei dem Publikationen vor Veröffentlichung von Mitgliedern derselben Fachkollegschaft redigiert, hinterfragt und geprüft werden. Nicht selten wird ein Artikel abgelehnt, muss erst überarbeitet werden, bevor er in einem Fachjournal zur Publikation freigegeben wird. Dadurch soll die Qualität wissenschaftlicher Schriften hochgehalten werden.

Phylogenetischer Baum: Eine grafische Darstellung der Verwandtschaftsverhältnisse zwischen Individuen, Arten oder Gruppen. Knoten deuten auf gemeinsame Verwandte hin, Äste zeigen die Verwandtschaftsverhältnisse. Die Bäume können stark verzweigt sein. Meist gilt: Je näher sich zwei Lebewesen am Baum sind, desto enger ihr Verwandtschaftsverhältnis (vgl. Abb. 4.1).

Pinax: Begriff aus der antiken Kulturgeschichte. Ein kleines bemaltes oder verziertes Täfelchen, aus Holz oder Ton, das häufig religiöse oder mythologische Szenen darstellt. Pinakes dienten kultischen und dekorativen Zwecken. Auch Schreibtafeln aus Wachs nannte man Pinax (vgl. Abb. 6.4).

Plastizität: Formbarkeit. Ein Begriff, der auch häufig in der Biologie angewendet wird, um besonders flexible Strukturen zu beschreiben, etwa das Gehirn, das sich ständig umbildet, oder aber die Formenvielfalt innerhalb bestimmter Arten wie des Huhns.

Protuberanz: Höckerartige Vorwölbung des Schädelknochens (vgl. Abb. 12.6)

Retroviren: Viren, die das Erbgut ihres Wirts verändern und sich in dasselbe einbauen können (z. B. HIV). Durch Retroviren können aber auch Gene von einem Individuum zum anderen transferiert werden. Die Fortpflanzungsmechanismen von Retroviren stehen im Mittelpunkt medizinischer Forschung. Auch die Paläogenomik beschäftigt sich zunehmend mit ihnen, da sie Spuren im Genom hinterlassen.

Rezent (auch: modern): Aktuell auf der Erde vorkommend. Der Begriff steht im Gegensatz zu fossil oder ausgestorben, kann aber auch auf die evolutionäre Veränderung innerhalb einer Art hindeuten.

Scientific Community: Die Gemeinschaft von Forschenden aus einem Fachgebiet, die sich regelmäßig austauscht (über Kongresse, Symposien, Fachzeitschriften) und in engem fachlichen Austausch miteinander steht.

Taphonomische Prozesse (Taphonomie): Alle Einflüsse, die auf einen toten Körper und dessen Überreste nach dessen Tode wirken und so Einfluss auf seinen späteren Erhaltungszustand, etwa zur Zeit der Bergung, haben (vgl. Abb. 3.2).

Tarsometatarsus: Der Tarsometatarsus der Vögel ist ein Laufbeinknochen. Er entspricht anatomisch drei Mittelfuß- und einem Handwurzelknochen, die miteinander verschmolzen sind, und befindet sich oberhalb der Zehen des Huhns; dort, wo (moderne) Hühner ihre Ringe tragen.

Taxon: Eine Einheit in der Taxonomie, in der bestimmte Lebewesen, die miteinander verwandt sind, zusammengenommen werden. Taxa werden meist hierarchisch geordnet und in Stammbäumen (vgl. phylogenetische Bäume) dargestellt. Das kann eine Art, eine Familie, Gruppe oder Klasse oder andere biologische Einheit sein. So ist die Art *Gallus gallus* (das Haus- und Bankivahuhn) genauso ein Taxon wie die Familie der Hominiden (Menschenähnlichen), die Klasse der Fische oder das Reich der Pilze.

Taxonomie: Benennung verschiedener Taxa in der biologischen Nomenklatur, eingeführt von Carl von Linné (1707–1778).

Sie folgt bestimmten Regeln und soll nach Möglichkeit auch Verwandtschaftsverhältnisse widerspiegeln.

Unbewusste Zuchtselektion: Vermehrung von Haustieren ohne bewusstes Zuchtziel (etwa Körpergröße oder Eiproduktion). Unter Einfluss des Menschen verpaaren sich Haustiere miteinander, ohne dass diese bewusst zusammengeführt werden, um bestimmte Merkmale zu verstärken. Selektiert wird dennoch, aber unbewusst: So kommen etwa nur solche Tiere zur Vermehrung, die unter bestimmten Haltungsbedingungen überleben.

Abbildungsquellenverzeichnis

Abbildung 1.1.a (Seite 12): Lip Kee Yap from Singapore, Republic of Singapore, CC BY-SA 2.0 <https://creativecommons.org/licenses/by-sa/2.0>, via Wikimedia Commons, https://upload.wikimedia.org/wikipedia/commons/d/d8/Gallus_gallus_female_Kaziranga_1.jpg [16.12.2024]

Abbildung 1.1.b (Seite 12): Lip Kee Yap from Singapore CC BY-SA 2.0 https://creativecommons.org/licenses/by-sa/2.0, https://www.flickr.com/photos/lipkee/21637881105/sizes/o/ [13.01.2025]

Abbildung 1.1.c (Seite 12): Mit freundlicher Genehmigung von Mario Nonaka, www.fascinationwildlife.org

Abbildung 3.1 (Seite 36): Baron (2018, S. 45), Mit freundlicher Genehmigung von Henriette Baron. Zeichnung: Michel Coutureau.

Abbildung 3.2 (Seite 38): Baron (2018, S. 37), bearbeitet. Mit freundlicher Genehmigung von Henriette Baron

Abbildung 4.1 (Seite 54): In Anlehnung an Wang et al., 2020, S. 696, stark vereinfacht, Grafik: Autorin

Abbildung 4.2 (Seite 56): Sai Adikarla, CC BY-SA 2.0 <https://creativecommons.org/licenses/by-sa/2.0>, via Flickr, https://live.staticflickr.com/7414/16414828631_77eb075a05_o_d.jpg [16.12.2024]

Abbildung 5.1 (Seite 64): Benecke, (1993, S. 22), bearbeitet

Abbildung 5.2.a und b (Seite 67): Petra Radeczki

Abbildung 6.1 (Seite 72): Peters et al (2022), https://www.pnas.org/doi/10.1073/pnas.2121978119

Abbildung 6.2 (Seite 74): Carter (1923, Plate XX), Howard Carter, gemeinfrei

Abbildung 6.3 (Seite 76): Trentacoste, (2020, S. 10), bearbeitet. Mit freundlicher Genehmigung von Angela Trentacoste

Abbildung 6.4 (Seite 79): Daderot, CC0 1.0 Universal Public Domain Dedication via Wikimedia Commons, https://fy.m.wikipedia.org/wiki/Ofbyld:Pinax_with_Persephone_and_Hades_Enthroned,_500-450_BC,_Greek,_Locri_Epizephirii,_Mannella_district,_Sanctuary_of_Persephone,_terracotta_-_Cleveland_Museum_of_Art_-_DSC08242

Abbildung 6.5 (Seite 86): Mit freundlicher Genehmigung von CGB Numismatique Paris

Abbildung 6.6 (Seite 87): Nicholas Sanchez, mit freundlicher Genehmigung von AlfAlfA

Abbildung 6.7 (Seite 90): Rameau et al. (2017, S. 62), Pauline ameau

Abbildung 7.1 (Seite 96): Rameau et al. (2017, S. 62), Delphine Brabant

Abbildung 8.1 (Seite 116): Mit freundlicher Genehmigung von Wen Keong Liew, www.liewwkphoto.com, https://www.flickr.com/photos/liewwk/12383237223/in/faves-196613516@N03/lightbox/

Abbildung 8.2 (Seite 119): Carole Raddato from FRANKFURT, Germany, CC BY-SA 2.0 <https://creativecommons.org/licenses/by-sa/2.0>, via Wikimedia Commons, https://commons.wikimedia.org/wiki/File:Mosaic_from_Pompeii_depicting_a_cockfight,_Naples_National_Archaeological_Museum_(15156391839).jpg

Abbildung 8.3.b (Seite 121): Rameau et al., (2017, S. 37) Pauline Rameau nach Danaë (1989)

Abbildung 8.3.b (Seite 121): Rameau et al., (2017, S. 33), Pauline Rameau

Abbildung 8.4 (Seite 122): Rameau et al., (2017, S. 34), Pauline Rameau

Abbildung 8.5 (Seite 128): Rijksmuseum, CC0, via Wikimedia Commons, https://www.rijksmuseum.nl/nl/collectie/object/Spotprent-op-de-ondergang-van-de-Republiek-Veneti%C3%AB-1797--60ef0f5a57a031fbb615caba7a91b378

Abbildung 9.1 (Seite 134): Von der Autorin mithilfe von künstlicher Intelligenz erstellt

Abbildung 9.2 (Seite 137): Colbeck (1905), The Public Schools Historical Atlas by Charles Colbeck. Longmans, Green; New York; London; Bombay. 1905. gemeinfrei. https://commons.wikimedia.org/wiki/File:Europe_814.jpg#/media/File:Europe_814.jpg

Abbildung 9.3 (Seite 139): Mit freundlicher Genehmigung von Emese Gábor, portraitsculptures.eu

Abbildung 9.4 (Seite 140): Baron (2018, S. 373) Angaben zu den Datenquellen in Tab. 38 (ebenda S. 356 f.), mit freundlicher Genehmigung von Henriette Baron

Abbildung 10.1 (Seite 151): Diagramm erstellt von Thomas Drapela nach Daten von Peters (1997)

Abbildung 10.2 (Seite 159): Loog & Larson (2017, S. 1986), bearbeitet, https://pmc.ncbi.nlm.nih.gov/articles/PMC5850110/figure/msx142-F3/, https://creativecommons.org/licenses/by/4.0/

Abbildung 10.3.a (Seite 163): KAGfreiland, CC BY-SA 3.0 DE <https://creativecommons.org/licenses/by-sa/3.0/de/deed.en>, via

Wikimedia Commons, https://commons.wikimedia.org/wiki/File:KAGfreiland_H%C3%BChnervergleich_3.Tag.jpg

Abbildung 10.3.b (Seite 163): KAGfreiland, CC BY-SA 3.0 DE <https://creativecommons.org/licenses/by-sa/3.0/de/deed.en>, via Wikimedia Commons, https://commons.wikimedia.org/wiki/File:KAGfreiland_H%C3%BChnervergleich_34.Tag.jpg

Abbildung 10.3.c (Seite 163): Bennett et al. (2018, S. 5)

Abbildung 10.4.a (Seite 164): Bennett et al. (2018, S. 2), https://pmc.ncbi.nlm.nih.gov/articles/PMC6304135/figure/RSOS180325F1/

Abbildung 10.4.b (Seite 164): Max Roser (2023), https://ourworldindata.org/how-many-animals-get-slaughtered-every-day?trk=public_post_comment-text#article-citation

Abbildung 11.1 (Seite 173): Rameau et al., (2017, S. 52ff.), Pauline Rameau

Abbildung 11.2 (Seite 174): Ansgar Koreng <https://creativecommons.org/licenses/by-sa/3.0>, via Wikimedia Commons, https://commons.wikimedia.org/wiki/File:H%C3%BChnergott,_150615,_ako.jpg

Abbildung 12.1 (Seite 183): Aldrovandi (1600, S. 328)

Abbildung 12.2 (Seite 184): Landois 1875, https://www.zobodat.at/pdf/Jber-Westfaelische-Porv-Verein-Wiss-Kunst_4_0088-0090.pdf [20.10.2022]

Abbildung 12.3 (Seite 188): Manning (1881, S. 918 f), https://www.biodiversitylibrary.org/pdf4/1765507i00086313.pdf, bearbeitet von Julie J, https://olddesignshop.com/2019/02/buff-cochin-chickens-clip-art/ [15.01.2025]

Abbildung 12.4 (Seite 192 f.): Koen Vanmechelen; bearbeitet. Mit freundlicher Genehmigung von Koen Vanmechelen. https://www.koenvanmechelen.be/

Abbildung 12.5.a (Seite 195): Melanie Marfeld, http://www.lachshuhnzucht-herne.com/, https://cdn.pixabay.com/photo/2019/04/05/19/30/hen-4105873_1280.jpg

Abbildung 12.5.b (Seite 195): 岡本作彌 Sakuya Okamoto, Public domain, via Wikimedia Commons, https://commons.wikimedia.org/wiki/File:Onagadori_(white,_brown,_hen,_chicks)_from_K%C5%8Dchi_Pref.,_Japan._circa_1923.jpg

Abbildung 12.6 (Seite 198): Darwin (1875, 277), Charles Darwin. https://archive.org/details/b21994493_0001/page/276/mode/2up?q=polish

Abbildung 13.1.a und b (Seite 209): Mit freundlicher Genehmigung von Rondeel. www.rondeeleieren.nl

Abbildung 13.2.a und b (Seite 210): Mit freundlicher Genehmigung von Kipster. https://kipster.farm/

Literaturverzeichnis

Agnvall, Beatrix; Anser Ali, Sara Olby und Per Jensen. 2014. Red Junglefowl (*Gallus gallus*) selected for low fear of humans are larger, more dominant and produce larger offspring. *Animal: an international journal of animal bioscience* 8 (9): 1498–1505.

Agnvall, Beatrix; Johan Bélteky und Per Jensen. 2017. Brain size is reduced by selection for tameness in Red Junglefowl- correlated effects in vital organs. *Scientific reports* 7 (1): 3306.

Agnvall, Beatrix; Johan Bélteky, Rebecca Katajamaa und Per Jensen. 2018. Is evolution of domestication driven by tameness? A selective review with focus on chickens. *Applied Animal Behaviour Science* 205: 227–233.

Agnvall, Beatrix; Markus Jöngren, Erling Strandberg und Per Jensen. 2012. Heritability and genetic correlations of fear-related behaviour in Red Junglefowl–possible implications for early domestication. *PloS one* 7 (4): e35162.

Aigner, Ursula. 2021. Qualzuchtmerkmale bei Haustieren: Wichtige Informationen für Halter und Züchter, Version November 2021.

Aklilu, Hailemichael A.; Conny J. M. Almekinders, H. M. J. Udo und Akke van der Zijpp. 2007. Village poultry consumption and marketing in relation to gender, religious festivals and market access. *Tropical Animal Health and Production* 39 (3): 165–177.

Alanamu, Temilola. 2019. Yoruba, in: Thomas, D. H.; Alanamu, T. (Hrsg.). 2019. African religions. Santa Barbara, California, Denver, Colorado: ABC-CLIO, 257–258.

Alanamu, Temilola und Douglas Thomas (Hrsg.). 2023. African Religions: Beliefs and Practices through History. Westport, CT, London: Praeger; Bloomsbury Publishing (UK).

Albarella, Umberto; Polydora Baker, Evelyne Browaeys und Chiara A. Corbino. 2022. The Archaeology of Human-Bird Interactions: Essays in Honour of Dale Serjeantson: Part II. *Quaternary International* (626–627).

Aldrovandi, Ulisse. 1600. Ornithologiae: tomus alter cum indice copiosissimo variarum linguarum. Bononiae apud Io. Bapt. Bellagamba.

Aldrovandi, Ulisse und L. R. Lind. 1600/ 1963 / 2012. Aldrovandi on chickens: The ornithology of Ulisse Aldrovandi. Norman, Oklahoma: University of Oklahoma Press.

AlfAlfA *(pers. Komm.)*. E-Mail mit Astrid Drapela, 11. 04. 2024, Toronto.

Ali, Ahmed und Kimberly M. Cheng. 1985. Early egg production in genetically blind (rc/rc) chickens in comparison with sighted (Rc+/rc) controls. *Poultry science* 64 (5): 789–794.

Alliance to End Chickens as Kaporos. www.endchickensaskaporos.com. Zugegriffen: 24. August 2022.

Altmann, Peter und Abra Spiciarich. 2020. Chickens, Partridges, and the /tor/ of Ancient Israel and the Hebrew Bible. *Die Welt des Orients* 50 (1): 2–30.

American Poultry Association. Accepted Breeds and Varieties. https://amerpoultryassn.com/accepted-breeds-varieties/. Zugegriffen: 10. Oktober 2022.

Antolin, Michael F. und William C. Black. 2013. Genes, Description of, in: Levin, S. A. (Hrsg.). 2013. Encyclopedia of biodiversity. Amsterdam: Academic Press, 654–661.

Äsop. 2016. Fabeln. Braunschweig: Ideenbrücke Verlag.

Assadourian, Erik und Lisa Mastny (Hrsg.). 2017. EarthEd: Rethinking education on a changing planet. Washington, Convelo, London: Island Press.

Augustinus von Hippo. 1994. A Barnyard Cockfight of the Fourth Century, in: Dundes, A. (Hrsg.). 1994. The cockfight. Madison, Wis.: Univ. of Wisconsin Press.

Bächtold-Stäubli, Hanns (Hrsg.). 1930a. Handwörterbuch des deutschen Aberglaubens: Band 3. Freen – Hexenschuss. Berlin: De Gruyter.

Bächtold-Stäubli, Hanns (Hrsg.). 1930b. Handwörterbuch des deutschen Aberglaubens: Band 4. Hiebfest – Knistern. Berlin: De Gruyter.

Bahuchet, Serge *(pers. Komm.)*. Interview mit Astrid Drapela, 31. 05. 2024, Paris. Dauer: 02:22:14.

Baker, Polydora und Fay Worley. 2014. Animal Bones and Archaeology: Guidelines for Best Practice. English Heritage.

Bandyopadhyay, Anuradha und S. P. Bhattacharyya. 1999. Influence of fowl uropygial gland and its secretory lipid components on the growth of skin surface fungi of fowl. 0975–1009.

Barnett, Ross. 2019. Zooarchaeology and Ancient DNA, in: López Varela, S. L. (Hrsg.). 2019. The encyclopedia of archaeological sciences. Malden, MA: Wiley-Blackwell.

Baron, Henriette. 2016. Auf Gedeih und Verderb: Mensch, Tier und Umwelt im Byzantinischen Reich. Mainz: Verlag des Römisch-Germanischen Zentralmuseums.

Baron, Henriette. 2018. Quasi liber et pictura. Dissertation. Mainz: Verlag des Römisch-Germanischen Zentralmuseums.

Baron, Henriette (*pers. Komm.)*. Interview mit Astrid Drapela, 20. 08. 2024, Mainz. Dauer: 01:38:16.

Baron, Henriette; Daniel Lau, Martin Renger, Stefan Schreiber und Alexander Veling. 2023. Die Hinwendung zum Tier: Ein Interview mit Daniel Lau und Henriette Baron zu (kritischen) Tierstudien, in: Renger, M., et al. (Hrsg.). 2023. Theorie | Archäologie | Reflexion. Heidelberg: Propylaeum, 377–396.

Bartels, Thomas. 2003. Variations in the morphology, distribution, and arrangement of feathers in domesticated birds. *Journal of experimental zoology. Part B, Molecular and developmental evolution* 298 (1): 91–108.

Bartels, Thomas. 2017. »Qualzucht« bei Rassegeflügel und Ziervögeln, in: Baumgartner, J. (Hrsg.). 2017. Tierschutz. Wien: ÖTT, 23–31.

Bauer, R. W. 1898. Ueber das Doppelei eines Haushuhns: Biologisches Centralblatt 18: 304.

Baumgartner, Johannes (Hrsg.). 2017. Tierschutz: Anspruch – Verantwortung – Realität. Wien: ÖTT.

Baysinger, Angela; Michael Senn, Jordan Gebhardt, Christopher Rademacher und Monique Pairis-Garcia. 2021. A case study of ventilation shutdown with the addition of high temperature and humidity for depopulation of pigs. *Journal of the American Veterinary Medical Association* 259 (4): 415–424.

Bazer, Daniela. 2005. Einfluss einer Auslaufstrukturierung auf das Verhalten, den Gesundheitszustand und die Leistung von Legehennen in Freilandhaltung. Dissertation. München.

Beaune, Colette. 1986. Pour une préhistoire du coq gaulois. *Médiévales* 5 (10): 69–80.

Beaune, Colette. 1996. Le coq gaulois, in: Société d'ethnozootechnie (Hrsg.). 1996. Le coq, 25–30.

Beebe, William. 1926. Pheasants, Their Lives And Homes. Garden City, N.Y.: Doubleday Page & Company.

Behera, Hari C. 2021. Traditional Agriculture, Culture and the Indigenous Knowledge (IK) among the Kondhs in Odisha, India. *Journal of Human Ecology* 73 (1–3).

Bélteky, Johan; Beatrix Agnvall und Per Jensen. 2017. Gene expression of behaviorally relevant genes in the cerebral hemisphere changes after selection for tameness in Red Junglefowl. *PloS one* 12 (5): e0177004.

Bender, Bradley S. 2000. Barbara, what's a nice girl like you doing writing an article like this?: the scientific basis of folk remedies for colds and flu. *Chest* 118 (4): 887–888.

Bender, Helmut und Hartmut Wolff (Hrsg.). 1991. Ländliche Besiedlung und Landwirtschaft in den Rhein – Donau – Provinzen des Römischen Reiches.

Benecke, Norbert. 1993. On the Utilization of the Domestic Fowl in Central Europe from the Iron Age up to the Midlle Ages. *Archaeofauna:* 21–31.

Benecke, Norbert. 1994. Der Mensch und seine Haustiere: Die Geschichte einer jahrtausendealten Beziehung. Stuttgart: Theiss.

Bennett, Carys E.; Richard Thomas, Mark Williams et al. 2018. The broiler chicken as a signal of a human reconfigured biosphere. *Royal Society open science* 5 (12): 180325.

Best, Julia; Sean Doherty, Ian Armit et al. 2022. Redefining the timing and circumstances of the chicken's introduction to Europe and north-west Africa. *Antiquity* 96 (388): 1–15.

Best, Julia und Jacqui Mulville. 2018. Birds in death: avian archaeology and the mortuary record in the Scottish Islands, in: Livarda, A.; Madgwick, R.; Riera Mora, S. (Hrsg.). 2018. The bioarchaeology of ritual and religion. Oxford: Oxbow Books, 179–192.

Betterchicken. https://betterchicken.org.uk/. Zugegriffen: 21. Januar 2024

Bettzieche, Jochen. 2022. Bitte bloß keinen Schatz finden, 30. 01. 2022. https://www.sueddeutsche.de/kolumne/hausbau-archaeologie-baustopp-immobilien-1.5515445. Zugegriffen: 3. Dezember 2024.

Biel, Jörg, Jörg Heiligmann, und Dirk Krauss (Hrsg.). 2009. Landesarchäologie: Festschrift für Dieter Planck zum 65. Geburtstag.

Binder, Michaela und Jasmin Hangartner. 2022. Habts scho was gfunden? Das schwierige Verhältnis von Archäologie und Öffentlichkeitsarbeit: Archäologieblog, 10. 02. 2022. https://www.derstandard.de/story/2000133227602/habts-scho-was-gfunden-das-schwierige-verhaeltnis-von-archaeologie-und. Zugegriffen: 3. Oktober 2024.

Blécourt, Willem de und Owen Davies (Hrsg.). 2004. Witchcraft continued: Popular magic in modern Europe. Manchester, New York: Manchester University Press; Distributed exclusively in the USA by Palgrave.

Boessneck, Joachim, Mostefa Kokabi, und Joachim Wahl (Hrsg.). 1994. Beiträge zur Archäozoologie und prähistorischen Anthropologie: 8. Arbeitstreffen der Osteologen, Konstanz 1993 im Andenken an Joachim Boessneck. Stuttgart: Kommissionsverlag K. Theiss Verlag.

Bolotnikova, Marina. 2022. 'They're cooking them alive': calls to ban 'cruel' killing methods on US farms, 08. 03. 2022. https://www.theguardian.com/environment/2022/mar/08/theyre-cooking-them-alive-calls-to-ban-cruel-killing-methods-on-us-farms. Zugegriffen: 12. Oktober 2022.

Bongmba, Elias Kifon (Hrsg.). 2012. The Wiley-Blackwell companion to African religions: E-Book. Malden, MA: Wiley-Blackwell.

Bonk, Michael. k.A. Genomik. https://www.spektrum.de/lexikon/biologie/genomik/27369. Zugegriffen: 15. Oktober 2024.

Borrazzo, Karen B. 2019. Taphonomy, in: López Varela, S. L. (Hrsg.). 2019. The encyclopedia of archaeological sciences. Malden, MA: Wiley-Blackwell, 1–3.

Bowman, Sheridan. 1990. Radiocarbon Dating: Interpreting the Past. British Museum Publications.

Brisbin, I. Lehr und A. Townsend Peterson. 2007. Playing chicken with red junglefowl: identifying phenotypic markers of genetic purity in *Gallus gallus*. *Animal Conservation* 10 (4): 429–435.

Brisebarre, Anne-Merie. 1989. La Célébration de l'Ayd el-Kébir en France: les enjeux du Sacrifice. Archives de sciences sociales des religions 68 (1): 9–25.

Broughton, Jack M. 2015. Zooarchaeology, in: Wright, J. D. (Hrsg.). 2015. International encyclopedia of the social & behavioral sciences. Amsterdam: Elsevier, 849–853.

Brown, Lee K.; Albert Miller und Elaine Miller. 2020. Chicken Soup for the Treatment of Respiratory Infections. *Chest* 158 (5): 2231–2232.

Bump, Gardiner und Wayne H. Bohl. 1961. Red Junglefowl and Kalij Pheasants. Washington.

Bundesverband Mobile Geflügelhaltung e.V. Was ist »Mobile Geflügelhaltung«. https://mein-mobil-ei.de/bvmg_extern/mobile-gefluegel haltung/. Zugegriffen: 14. Oktober 2022.

Bungartz, Jean. 1885. Geflügel-Album: Abtheilung 1 Hühner: nach der Natur gemalt von Jean Bungartz, Thiermaler. Lechenich.

Büntgen, Ulf; Vladimir S. Myglan, Fredrik C. Ljungqvist et al. 2016. Cooling and societal change during the Late Antique Little Ice Age from 536 to around 660 AD. *Nature Geoscience* 9 (3): 231–236.

Bynum, William. 2008. The history of medicine: A very short introduction. New York, NY: Oxford Univ. Press.

C. Colmar. 2022. Les poules: stars des jardins, 16. 02. 2022. https://c.colmar.fr/les-poules/. Zugegriffen: 26. Oktober 2022.

Campbell, Gordon Lindsay (Hrsg.). 2014. The Oxford handbook of animals in classical thought and life. Oxford: Oxford University Press.

Caroline, N. L. und H. Schwartz. 1975. Chicken soup rebound and relapse of pneumonia: report of a case. *Chest* 67 (2): 215–216.

Carter, Howard. 1923. An Ostracon Depicting a Red Jungle-Fowl. *The Journal of Egyptian Archaeology* 9 (1): 1–4.

Castle, Nora. 2022. In Vitro Meat and Science Fiction. *Extrapolation* 63 (2): 149–179.

Cersoy, Sophie; Antoine Zazzo, Juan Rofes et al. 2017. Radiocarbon dating minute amounts of bone (3–60 mg) with ECHoMICADAS. *Scientific Reports* 7 (1): 7141.

Christie, Shaheen M. 2023. Deconstructing Decapitation in Late Roman Gloucestershire and Oxfordshire, UK. PhD thesis.

Ciaraldi, Marina und Jane Richardson. 2017. Food, Ritual and Rubbish in the Making of Pompeii. *Theoretical Roman Archaeology Journal* 0 (1999): 74.

Civitello, Linda. 2011. Cuisine and culture: A history of food and people. Hoboken, NJ: John Wiley and Sons.

Collins, James H. 2021. Philosophers on animals in ancient Greek religion, in: Kindt, J. (Hrsg.). 2021. Animals in ancient Greek religion. Abingdon, Oxon, New York, NY: Routledge, 150–168.

Collins, Sophie; Björn Forkman, Helle H. Kristensen, Peter Sandøe und Paul M. Hocking. 2011. Investigating the importance of vision in poultry: Comparing the behaviour of blind and sighted chickens. *Applied Animal Behaviour Science* 133 (1–2): 60–69.

Compassion in World Farming. 2023. Info Sheet 1 – Egg Production – Global. https://www.compassioninfoodbusiness.com/media/7455153/review-of-global-egg-production-2023.pdf. Zugegriffen: 16. Januar 2025.

Cook, Edward R. 2013. Megadroughts, ENSO, and the Invasion of Late-Roman Europe by the Huns and Avars, in: Harris, W. V.

(Hrsg.). 2013. The ancient Mediterranean environment between science and history. Lceiden, Boston: BRILL, 89–102.
Cornelissen, Arnoud. 2020. Kipster-Hühner legen die nachhaltigsten Eier der Welt: Interview mit Ruud Zanders, 17. 04. 2020. https://innovationorigins.com/de/kipster-huehner-legen-die-nachhaltigsten-eier-der-welt/. Zugegriffen: 16. Januar 2025.
Corti, Elio; Irina G. Moiseyeva und Mikhail N. Romanov. 2010. Five-Toed Chickens: Their Origin, Genetics, Geographical Spreading And History. *Izvestiya of TAA* (7): 156–170.
Cosentino, Augusto. 2016. Persephone's Cockerel, in: Johnston, P. A.; Mastrocinque, A.; Papaioannou, S. (Hrsg.). 2016. Animals in Greek and Roman religion and myth. Newcastle upon Tyne: Cambridge Scholars Publishing, 189–212.
Croxford, Ben. 2017. Humour In Roman Archaeology. *Theoretical Roman Archaeology Journal* 0 (2007): 151.
Croxford, Ben, Nick Ray, Roman Roth, und Natalie C. C. White (Hrsg.). 2007. TRAC 2006: Proceedings of the 16th Annua Theoretical Roman Archaeology Conference. Oxford: Oxbow Books.
Cruccas, Emiliano. 2016. Ὁ περσικὸς ὄρνις: The symbology of the rooster in the cult of Kabiroi, in: Johnston, P. A.; Mastrocinque, A.; Papaioannou, S. (Hrsg.). 2016. Animals in Greek and Roman religion and myth. Newcastle upon Tyne: Cambridge Scholars Publishing, 171–187.
Csáky, Veronika; Dániel Gerber, István Koncz et al. 2020. Genetic insights into the social organisation of the Avar period elite in the 7th century AD Carpathian Basin. *Scientific reports* 10 (1): 948.
Curta, Florin. 2021. A social history of the Avars: Historical and archaeological perspectives. *History Compass* 19 (12).
Daehner, Jens, Kenneth Lapatin, Ambra Spinelli, und Jens M. Daehner (Hrsg.). 2017. Artistry in Bronze: The Greeks and their Legacy. Los Angeles: The J. Paul Getty Museum and the Gettty Conservation Insitute; Getty Publications.
D'Arrigo, Rosanne; Gordon Jacoby, David Frank et al. 2001. 1738 years of Mongolian temperature variability inferred from a tree-ring width chronology of Siberian pine. *Geophysical Research Letters* 28 (3): 543–546.
Darwin, Charles. 1859. Die Entstehung der Arten. Ausgabe 1995. Stuttgart: Reclam.
Davidson, James M. 2015. «A Cluster of Sacred Symbols«: Interpreting an Act of Animal Sacrifice at Kingsley Plantation, Fort George

Island, Florida (1814–39). *International Journal of Historical Archaeology* 19 (1): 76–121.

Dawkins, Marian S. 1989. Time Budgets in Red Junglefowl as a Baseline for the Assessment of Welfare in Domestic Fowl. *Applied Animal Behaviour Science* (24): 77–80.

Dharmayanthi, Anik B.; Yohei Terai, Sri Sulandari, M. S. A. Zein, Toyoko Akiyama und Yoko Satta. 2017. The origin and evolution of fibromelanosis in domesticated chickens: Genomic comparison of Indonesian Cemani and Chinese Silkie breeds. *PloS one* 12 (4): e0173147.

Dirrigl, Frank J., JR.; Adriana Diaz und Reyna Chavez. 2022. Effects of soil shrink-swell on bird bones: An experimental taphonomy pilot study, in: Albarella, U., et al. (Hrsg.). 2022. The Archaeology of Human-Bird Interactions: Essays in Honour of Dale Serjeantson. Pergamon, 6–13.

Dixon, Edmund S. 1848. Ornamental and Domestic Poultry. London: The Gardeners' Chronicle.

Doherty, Sean P. 2013. New perspectives on urban cockfighting in Roman Britain. *Archaeological Review from Cambridge* 28 (2).

Doherty, Sean P.; Alison Foster, Julia Best et al. 2021. Estimating the age of domestic fowl (*Gallus gallus domesticus L.* 1758) cockerels through spur development. *International Journal of Osteoarchaeology* 31 (5): 770–781.

Drapela, Astrid. 2023. Ich wollt, ich hätt ein Huhn: Fakten & Haltung, neuer Stand der Forschung, Beziehung Mensch & Huhn. Berlin: Goldegg.

Drauschke, Jörg, Ewald Kislinger, Karin Kühtreiber et al. (Hrsg.). 2018. Lebenswelten zwischen Archäologie und Geschichte: Festschrift für Falko Daim zu seinem 65. Geburtstag. Mainz: Verlag des Römisch-Germanischen Zentralmuseums.

Drexler, Arthur; Klaus Niedermair und Britta Suesserott. 2019. Der Forschungsprozess, in: Hug, T., et al. (Hrsg.). 2019. Wissenschaftliches Arbeiten. Innsbruck: Studia Universitätsverlag, 25–32.

Dueppen, Stephen A. 2011. Early evidence for chickens at Iron Age Kirikongo (c. AD 100–1450), Burkina Faso. *Antiquity* 85: 142–157.

Dufault, Olivier. 2017. Who Wrote Greek Curse Tablets?, in: Richard, E. (Hrsg.). 2017. Prophets and Profits. First [edition]. New York: Routledge, 31–49.

Duncan, Ian J.; G. S. Slee, E. Seawright und J. Breward. 1989. Behavioural consequences of partial beak amputation (beak trimming) in poultry. *British poultry science* 30 (3): 479–488.
Dundes, Alan. 1994a. Gallus as Phallus: A Psychoanalytic Cross-Cultural Consideration of the Cockfight as Fowl Play, in: Dundes, A. (Hrsg.). 1994. The cockfight. Madison, Wis.: Univ. of Wisconsin Press.
Dundes, Alan. 1994b. Preface, in: Dundes, A. (Hrsg.). 1994. The cockfight. Madison, Wis.: Univ. of Wisconsin Press.
Dundes, Alan (Hrsg.). 1994. The cockfight: A casebook. Madison, Wis.: Univ. of Wisconsin Press.
Duran, Anne-Aël. 2023. Qu'est-ce que l'Aïd-el-Kébir, la « grande fête » des musulmans ?, 27. 06. 2023. https://www.lemonde.fr/les-decodeurs/article/2023/06/27/qu-est-ce-que-l-aid-el-kebir-la-grande-fete-des-musulmans_4996447_4355771.html. Zugegriffen: 2. November 2024.
Durand-Guédy, David (Hrsg.). 2013. Turko-Mongol rulers, cities and city life. Leiden: BRILL.
Durfee, A. 2001. Free range chicken soup. *Chest* 119 (6): 1976.
Duval, Colin und Benoit Clavel. 2022. Birds as status symbols in northern France: Boves Castle during the High Middle Ages, in its regional context, in: Albarella, U., et al. (Hrsg.). 2022. The Archaeology of Human-Bird Interactions: Essays in Honour of Dale Serjeantson. Pergamon, 113–120.
Eda, M.; R. Shoocongdej, P. Auetrakulvit und J. Kachajiwa. 2019. The history of chicken and other bird exploitation in Thailand: Preliminary analysis of bird remains from four archaeological sites. *International Journal of Osteoarchaeology* 29 (2): 231–237.
Eda, Masaki. 2022. The osteological microevolution of red junglefowl and domestic fowl under the domestication process, in: Albarella, U., et al. (Hrsg.). 2022. The Archaeology of Human-Bird Interactions: Essays in Honour of Dale Serjeantson. Pergamon, 14–21.
Eda, Masaki; Peng Lu, Hiroki Kikuchi, Zhipeng Li, Fan Li und Jing Yuan. 2016. Reevaluation of early Holocene chicken domestication in northern China. *Journal of Archaeological Science* 67: 25–31.
Ekroth, Gunnell. 2014. Animal sacrifice in antiquity, in: Campbell, G. L. (Hrsg.). 2014. The Oxford handbook of animals in classical thought and life. Oxford: Oxford University Press, 324–354.

Elkhoraibi, Carine; Richard A. Blatchford, Maurice E. Pitesky und Joy A. Mench. 2014. Backyard chickens in the United States: a survey of flock owners. *Poultry science* 93 (11): 2920–2931.

Epelboin, Alain (*pers. Komm.).* Interview mit Astrid Drapela, 29. 05. 2024, Paris. Dauer: 01:52:12.

Epelboin, Alain; Jean-Charles Coulon und Andrea-Luz Gutierrez-Choquevilca. 2021. Avec Alain Epelboin et Jean-Charles Coulon. D'hier à aujourd'hui: enquêtes sur les talismans et les manuscrits de sciences occultes en Islam. *Gradhiva* (32): 159–173.

Eriksson, Jonas; Greger Larson, Ulrika Gunnarsson et al. 2008. Identification of the yellow skin gene reveals a hybrid origin of the domestic chicken. *PLoS genetics* 4 (2): e1000010.

Eyes On Animals. 2018. Home » News » Rondeel chickens first to be caught and loaded in a more friendly manner, 20. 04. 2018. https://www.eyesonanimals.com/diervriendelijkere-vangmethode-voor-rondeelkippen/. Zugegriffen: 7. November 2024.

Fao. 2022. Gateway to poultry production and products. https://www.fao.org/poultry-production-products/production/poultry-species/chickens/en/. Zugegriffen: 10. September 2022.

Faraone, Christopher A. 2018. Roman-Period Mystery Cults as the Focal Points of Cursing Rituals? *Acta Antiqua Academiae Scientiarum Hungaricae* 58 (1–4): 465–479.

Faraone, Christopher A. 2019. Animals – Effigies in Ancient Curses: The Role of Gender, Age and Natural Behavior in their Selection. *Mediterraneo Antico* XXII (1–2): 307–334.

Feider, Michael P. 2017. Chickens in the archaeological material culture of Roman Britain, France, and Belgium. Doctoral Thesis. Dorset, UK.

Feider, Michael P.; Ellen Hambleton und Mark Maltby. 2020. Chicken Hybrid Imagery on Late Iron Age Coinage in Northern Gaul and Southern England during the Iron Age–Roman Transition, in: Selsvold, I.; Webb, L. (Hrsg.). 2020. Beyond the Romans. Oxford, Philadelphia: Oxbow Books, 67–77.

Fessler, Daniel und Carlos D. Navarrete. 2003. Meat Is Good to Taboo: Dietary Proscriptions as a Product of the Interaction of Psychological Mechanisms and Social Processes. *Journal of Cognition and Culture* 3 (1): 1–40.

Fiddaman, Steven R.; Evangelos A. Dimopoulos, Ophélie Lebrasseur et al. 2023. Ancient chicken remains reveal the origins of virulence in Marek's disease virus. *Science (New York, N.Y.)* 382 (6676): 1276–1281.

Fischer, Lars. 2024. Vogelgrippe springt von Kuh auf Mensch über, 02. 04. 2024. https://www.spektrum.de/news/was-die-uebertragung-von-h5n1-von-kuehen-auf-menschen-bedeutet/2212725. Zugegriffen: 10. November 2024.

Flohr, Stefan (Hrsg.). 2015. Beiträge zur Archäozoologie und prähistorischen Anthropologie. Langenweißbach: Beier & Beran.

Fothergill, B. Tyr; Julia Best, Alison Foster und Beatrice Demarchi. 2017. Hens, Health and Husbandry: Integrated Approaches to Past Poultry-keeping in England. *Open Quaternary* 3.

Frantz, Laurent (*pers. Komm.).* Interview mit Astrid Drapela, 19. 08. 2024, München. Dauer: 00:15:04.

Frantz, Laurent A. F.; Daniel G. Bradley, Greger Larson und Ludovic Orlando. 2020. Animal domestication in the era of ancient genomics. *Nature Reviews Genetics* 21 (8): 449–460.

Frantz, Laurent A. F. und Greger Larson. 2019. A genetic perspective on the domestication continuum, in: Stépanoff, C.; Vigne, J.-D. (Hrsg.). 2019. Hybrid communities. Abingdon, Oxon, New York, NY: Routledge, 23–37.

Gál, Erika (Hrsg.). 2006. Archaeological and Cultural Heritage Preservation within the Light of New Technologies. Budapest.

Gál, Erika. 2006. The Role of Archaeo-Ornithology in Environmental and Animal History Studies, in: Gál, E. (Hrsg.). 2006. Archaeological and Cultural Heritage Preservation within the Light of New Technologies. Budapest, 46–62.

Gál, Erika. 2020. Remains of small domestic and game birds from medieval sites in Hungary. *Quaternary International* 543: 99–107.

Galanakis, Andreas; Efrastios Theodosiou und Martin Jenkins. 2019. Alektryon. *BSS Bulletin Volume* 31 (i).

Geigl, Eva-Maria. 2023. Palaeogenetics and Palaeogenomics to Study the Domestication of Animals, in: Pollard, A. M.; Armitage, R. Ann; Makarewicz, C. (Hrsg.). 2023. Handbook of archaeological sciences. Hoboken, NJ: Wiley, 657–676.

Gersmann, Karl-Heinz (Hrsg.). 2018. Raptor and human: Folconry and birg symbolism throughout the millenia on a global scale; publication in considerable extension of the workshop at the Centre for Baltic and Scandinavian Archaeology (ZBSA) in Schleswig, March 5th to 7th 2014. Kiel, Hamburg: Wachholtz Murmann Publ.

Gibson, Kate. 2019. MoneyWatch The biggest source of salmonella outbreaks? It's clucking in U.S. backyards, 30. 07. 2019. https://www.cbsnews.com/news/the-biggest-source-of-salmonella-out

breaks-in-u-s-may-be-in-your-backyard/. Zugegriffen: 9. November 2024.

Gilhus, Ingvild S. 2006. Animals, gods and humans: Changing attitudes to animals in Greek, Roman and Early Christian ideas. London: Routledge.

Girdland Flink, Linus; Richard Allen, Ross Barnett et al. 2014. Establishing the validity of domestication genes using DNA from ancient chickens. *Proceedings of the National Academy of Sciences of the United States of America* 111 (17): 6184–6189.

Gnecchi-Ruscone, Guido A.; Zsófia Rácz, Levente Samu et al. 2024. Network of large pedigrees reveals social practices of Avar communities. *Nature* 629 (8011): 376–383.

Gnecchi-Ruscone, Guido A.; Anna Szécsényi-Nagy, István Koncz et al. 2022. Ancient genomes reveal origin and rapid trans-Eurasian migration of 7th century Avar elites. *Cell* 185 (8): 1402–1413.e21.

Goffette, Quentin. 2020. Archaeological structures as factors affecting bird abundance and spectra in archaeological contexts from medieval and modern Belgium. *Quaternary International* 543: 119–124.

Goffette, Quentin; Anton Ervynck und Wim van Neer. 2019. Have birds ever mattered? An evaluation of the contribution of avian species to the archaeozoological record of Belgium (Iron Age to recent times). *Archaeological and Anthropological Sciences* 11 (12): 6353–6369.

Golden, Peter. 2013. Courts and Court Culture in the Proto-urban and Urban Developments among the Pre-Chinggisid Türkic Peoples, in: Durand-Guédy, D. (Hrsg.). 2013. Turko-Mongol rulers, cities and city life. Leiden: BRILL, 21–73.

Gosden, Chris. 2020. Magic: A history: from alchemy to witchcraft, from the Ice Age to the present. New York: Farrar Straus and Giroux.

Gotfredsen, Anne B. 2013. The role of birds as grave gifts in richly furnished Roman Iron Age inhumation graves c. 1–375 AD, eastern Denmark. *Anthropozoologica* 48 (2): 355–370.

Graf, Fritz. 2021. Caloric Codes: Ancient Greek Animal Sacrifice, in: Kindt, J. (Hrsg.). 2021. Animals in ancient Greek religion. Abingdon, Oxon, New York, NY: Routledge, 171–197.

Green, Miranda. 1992. Animals in Celtic life and myth. London, New York: Routledge.

Grefen-Peters, Silke. 2010. Die Tierknochenfunde aus der awarischen Siedlung von Zillingtal., in: Herold, H. (Hrsg.). 2010. Zillingtal

(Burgenland). Mainz, Heidelberg: Verlag des Römisch-Germanischen Zentralmuseums; Propylaeum, 185–202.

Grefen-Peters, Silke. 2018. Haferbrei und Schweinskotelett: Mittelalterliche Tierknochenfunde aus Stadt und Land. *Archäologie in Niedersachsen.*

Grimm, Jacob und Wilhelm Grimm. 1818. Deutsche Sagen: 443. Der Hahnenkampf.

Grisebach, Jochen. 2016. Ein vielseitiger Wächter: Der Hahn in der Antike, in: Ornithologische Arbeitsgemeinschaft in Unterfranken Region 2 (Hrsg.). 2016. Jahrbuch der Ornithologischen Arbeitsgemeinschaft in Unterfranken Region 2. Würzburg, 199–204.

Groot, Maaike. 2008. Animals in Ritual and Economy in a Roman Frontier Community: Excavations in Tiel-Passewaaij. Amsterdam: University Press.

Groot, Maaike. 2018. How to Feed a Roman Camp, in: Sommer, C. S.; Matešić, S. (Hrsg.). 2018. Limes XXIII – Proceedings of the 23rd International Congress of Roman Frontier Studies Ingolstadt 2015 – Akten des 23. Internationalen Limeskongresses in Ingolstadt 2015. Mainz: in Kommission Nünnerich-Asmus Verlag, 972–976.

Grossi, Federica. 2017. Through Celts and Romans: Technology and Symbolism of Bronze Enameled Roosters, in: Daehner, J., et al. (Hrsg.). 2017. Artistry in Bronze. Los Angeles: The J. Paul Getty Museum and the Gettty Conservation Insitute; Getty Publications, 159–176.

Guggenheim, Scott. 1994. Cock or Bull: Cockfighting, Social Structure, and Political Commentary in the Philippines, in: Dundes, A. (Hrsg.). 1994. The cockfight. Madison: Univ. of Wisconsin Press.

Guhl, Alphaeus M.; John V. Craig und C. D. Mueller. 1960. Selective Breeding for Aggressiveness in Chickens. *Poultry science* 39 (4): 970–980.

Haase, Felix. 1980. Volksglaube und Brauchtum der Ostslaven. Hildesheim: Olms.

Häberle, Simone; Sabine Deschler-Erb, Heide Hüster Plogmann und Barbara Stopp. 2018. Animals in ritual and domestic context: A comparative study between the faunal assemblages from residential areas and two sanctuaries at the vicus of Kempraten (Rapperswil-Jona, CH), in: Sabine Deschler-Erb, et al. (Hrsg.). 2018. Roman Animals in ritual and funerary contexts. Deutsches Archäologisches Institut, 79–99.

Haferland, Harald. 2017. Der Fuchs, in: Klinger, J.; Kraß, A. (Hrsg.). 2017. Tiere. Köln, Weimar, Wien: Böhlau Verlag, 119–138.

Harris, William V. (Hrsg.). 2013. The ancient Mediterranean environment between science and history. Leiden, Boston: BRILL.

Harrison, Adrian P. 2013. Animals in the Etruscan Household and Environment, in: MacIntosh Turfa, J. (Hrsg.). 2013. The Etruscan World. London: Routledge, 890–918.

Henninger, Josef. 1946. Über Huhnopfer und Verwandtes in Arabien und seinen Randgebieten. *Anthropos* 41/44 (1/3): 337–346.

Henry, Simon. 2024. Cockfighting is on the decline in Northern France, 16. 03. 2024. https://www.lemonde.fr/en/m-le-mag/article/2024/03/16/cockfighting-is-on-the-decline-in-northern-france_6625614_117.html. Zugegriffen: 4. Dezember 2024.

Herold, Hajnalka (Hrsg.). 2010. Zillingtal (Burgenland): Die awarenzeitliche Siedlung und die Keramikfunde des Gräberfeldes. Mainz, Heidelberg: Verlag des Römisch-Germanischen Zentralmuseums; Propylaeum.

Herrera, Michael B.; Spiridoula Kraitsek, Jose A. Alcalde et al. 2020. European and Asian contribution to the genetic diversity of mainland South American chickens. *Royal Society open science* 7 (2): 191558.

Hitch, Sarah und Ian Rutherford (Hrsg.). 2017. Animal Sacrifice in the Ancient Greek World. Cambridge University Press.

Hofstädter, Nina *(pers. Komm.)*. Online-Interview mit Astrid Drapela, 16. 10. 2022, Hainburg/Klosterneuburg. Dauer: 01:29:18.

Hölzer, Veronika (Hrsg.). 2009. Roseldorf: Interdisziplinäre Forschung zur größten keltischen Zentralsiedlung Österreichs.

Höppner, Franka und Björn Rauchfuß. 2017. Die Tierknochenfunde von zwei Siedlungsplätzen der vorrömischen Eisenzeit bei Groß Luckow, Lkr. Vorpommern-Greifswald. *Plural* 5 (2): 199–236.

Horton, Helena. 2024. UK first European country to approve lab-grown meat, starting with pet food, 17. 07. 2024. https://www.theguardian.com/environment/article/2024/jul/17/uk-first-european-country-to-approve-cultivated-meat-starting-with-pet-food. Zugegriffen: 10. November 2024.

Hug, Theo, Klaus Niedermair, Arthur Drexler, und Otto Kruse (Hrsg.). 2019. Wissenschaftliches Arbeiten: Eine Handreichung. Innsbruck: Studia Universitätsverlag.

Hung-Tao, Yuan. 1994. A Cock Fight from the Ming Dynasty, in: Dundes, A. (Hrsg.). 1994. The cockfight. Madison, Wis.: Univ. of Wisconsin Press.

Huxley, Robert (Hrsg.). 2007. The great naturalists. London: Thames & Hudson.

Johnston, Patricia A., Attilio Mastrocinque, und Sophia Papaioannou (Hrsg.). 2016. Animals in Greek and Roman religion and myth: Proceedings of the Symposium Grumentinum Grumento Nova (Potenza) 5–7 june 2013. Newcastle upon Tyne: Cambridge Scholars Publishing.

Jones, Myfanwy L. 2005. Food and drink in Wales: the impact of the Roman occupation. *Journal of Roman Pottery Studies* 12: 136–140.

Jugli, Salomi; Jharna Chakravorty und Victor B. Meyer-Rochow. 2020. Tangsa and Wancho of North-East India Use Animals not only as Food and Medicine but also as Additional Cultural Attributes. *Foods* 9 (4): 528.

Kainrath, Verena. 2023. Billiges Fleisch, strengere Auflagen: In der Hühnermast flattern die Nerven, 14. 12. 2023. https://www.derstandard.at/story/3000000199563/in-der-h252hnermast-flattern-die-nerven. Zugegriffen: 9. November 2024.

Karlsson, Anna-Carin; Frida Svemer, Jonas Eriksson, Veerle M. Darras, Leif Andersson und Per Jensen. 2015. The Effect of a Mutation in the Thyroid Stimulating Hormone Receptor (TSHR) on Development, Behaviour and TH Levels in Domesticated Chickens. *PloS one* 10 (6): e0129040.

Kaufmann, Bruno. 1994. Tierknochenfunde aus römischen und frühmittelalterlichen Gräberfeldern der Nordwestschweiz und ihre Deutung, in: Boessneck, J.; Kokabi, M.; Wahl, J. (Hrsg.). 1994. Beiträge zur Archäozoologie und prähistorischen Anthropologie. Stuttgart: Kommissionsverlag K. Theiss Verlag, 369–376.

Ke, Lijing; Jianwu Zhou, Wei Lu, Guanzhen Gao und Pingfan Rao. 2011. The power of soups: Super-hero or team-work? *Trends in Food Science & Technology* 22 (9): 492–497.

Kevany, Sophie. 2020. Millions of farm animals culled as US food supply chain chokes up, 29. 04. 2020. https://www.theguardian.com/environment/2020/apr/29/millions-of-farm-animals-culled-as-us-food-supply-chain-chokes-up-coronavirus. Zugegriffen: 31. Oktober 2022.

Kindt, Julia (Hrsg.). 2021. Animals in ancient Greek religion. Abingdon, Oxon, New York, NY: Routledge.

Kipster. 2024a. About. https://kipster.farm/about-us/. Zugegriffen: 7. November 2024.

Kipster. 2024b. Chickens. https://kipster.farm/kipster-chickens/. Zugegriffen: 7. November 2024.

Klaura, Juliane; Gerard Breeman und Laura Scherer. 2023. Animal lives embodied in food loss and waste. *Sustainable Production and Consumption* 43: 308–318.

Klinger, Judith und Andreas Kraß (Hrsg.). 2017. Tiere: Begleiter des Menschen in der Literatur des Mittelalters. Köln, Weimar, Wien: Böhlau Verlag.

Knüsel, Christopher und Martin J. Smith (Hrsg.). 2014. The Routledge handbook of the bioarchaeology of human conflict. London: Routledge.

KochKulturMuseum. 2019. Ein mittelalterliches Hochzeitsmahl: Rezepte für ein Festbankett. Eggenburg: KochKulturMuseum.

Kompatscher, Gabriela. 2016. »...nicht, um es zu töten, sondern um es zu streichen.« (Herbert von Clairvaux, 12. Jh.): Literarische Dokumente der Tierliebe im Mittelalter, in: Ullrich, J.; Weltzien, F. (Hrsg.). 2016. Tierliebe. Berlin: Neofelis Verlag, 14–23.

Kompatscher-Gufler, Gabriela und Sonja Schreiner. 2022. (Un)gleiches Miteinander: Konzepte, Methoden und Ideen zu Mensch-Tier-Beziehungen in einem tierethisch begleiteten Lateinunterricht. Darmstadt: wbg Academic.

Koppensteiner, Thomas. 2016. Ein Hühnerstall auf dem Hauptaltar, 24. 12. 2016. https://noe.orf.at/v2/tv/stories/2816499/index.html. Zugegriffen: 28. September 2022.

Kroll, Henriette. 2012. Ihrer Hühner waren drei und ein stolzer Hahn dabei: Überlegungen zur Beigabe von Hühnern im awarischen Gräberfeld an der Wiener Csokorgasse. *offa* (69/70): 201–216.

Kuhn, Thomas S. 1996. The Structure of Scientific Revolutions. University of Chicago Press.

Kühtreiber, Thomas. 2006. Ernährung auf mittelalterlichen Burgen und ihre wirtschaftlichen Grundlagen, in: Zeune, J.; Hofrichter, H. (Hrsg.). 2006. Alltag auf Burgen im Mittelalter. Braubach: Deutsche Burgenvereinigung e.V, 145–158.

Künssberg, Eberhard F. v. 1925. Hühnerrecht und Hühnerzauber. *JbHistVk.* 1: 126–135.

Kusch, Heinrich. 2016. Höhlen in der Urgeschichte, in: Spötl, C., et al. (Hrsg.). 2016. Höhlen und Karst in Österreich. Linz: Biologiezentrum des Oberösterreichischen Landesmuseums., 273–286.

Lamm, Lisa. 2023. Warum Archäologen ihre Funde wieder eingraben, 14. 09. 2023. https://www.nationalgeographic.de/geschichte-und-

kultur/2023/09/warum-archaeologen-funde-wieder-eingegraben-verfuellung. Zugegriffen: 3. Oktober 2024.
Landois, Hermann. 1875. Ein vierbeiniges Haushuhn 88–90. *Jahresbericht des Westfälischen Provinzial-Vereins für Wissenschaft und Kunst* 4: 88–90.
Lauermann, Ernst. 2009. Wo sind eigentlich die Gräber zu den Siedlungen?: Bemerkungen zum Bestattungswesen der Latènekultur im norddanubischen Niederösterreich, in: Hölzer, V. (Hrsg.). 2009. Roseldorf, 307–325.
Lawler, Andrew. 2016. Why did the chicken cross the world?: The epic saga of the bird that powers civilization. London: Duckworth Overlook.
Leimbach, Rüdiger. 2008. Was hat Asklepios für Sokrates getan? *Hermes* 136 (3): 275–292.
Lentacker, An; Anton Ervynck und Wim van Neer. 2004. The symbolic meaning of the cock. The animal remains from the Mitrhaeum at Tienen (Belgium). Institute for the Archaeological Heritage of the Flemish Community.
Levin, Simon A. (Hrsg.). 2013. Encyclopedia of biodiversity. Amsterdam: Academic Press.
Levitt, Tom. 2022. 'Free-range eggs' in EU could be from birds housed all their lives indoors, 08. 09. 2022. https://amp.theguardian.com/environment/2022/sep/08/free-range-eggs-in-eu-could-be-from-birds-housed-all-their-lives-indoors. Zugegriffen: 27. September 2022.
Li, Zuyue; Xiaomeng Li, Zhaoxia Cai, Guofeng Jin, Dong U. Ahn und Xi Huang. 2022. Immunomodulatory effects of chicken soups prepared with the native cage-free chickens and the commercial caged broilers. *Poultry science* 101 (10): 102053.
Linderholm, Anna E. 2019. DNA: Next Generation Sequencing, in: López Varela, S. L. (Hrsg.). 2019. The encyclopedia of archaeological sciences. Malden, MA: Wiley-Blackwell, 1–3.
Livarda, Alexandra, Richard Madgwick, und Santiago Riera Mora (Hrsg.). 2018. The bioarchaeology of ritual and religion. Oxford: Oxbow Books.
Loog, Liisa und Greger Larson. 2020. Ancient DNA, in: Richards, M. P.; Britton, K. (Hrsg.). 2020. Archaeological science. Cambridge: Cambridge University Press, 13–34.
Loog, Liisa; Mark G. Thomas, Ross Barnett et al. 2017. Inferring Allele Frequency Trajectories from Ancient DNA Indicates That Selection on a Chicken Gene Coincided with Changes in Medie-

val Husbandry Practices. *Molecular biology and evolution* 34 (8): 1981–1990.

López Hernández, Karen. 2021. Le système de paris et la réputation des hommes-coqs. Une introduction ethnographique autour des combats de coqs au Tampon, île de La Réunion. *Carnets de Recherches de l'océan Indien* (06): 29–51.

López Varela, Sandra L. (Hrsg.). 2019. The encyclopedia of archaeological sciences. Malden, MA: Wiley-Blackwell.

Lord, Kathryn A.; Greger Larson und Elinor K. Karlsson. 2020. Brain Size Does Not Rescue Domestication Syndrome. *Trends in Ecology & Evolution* 35 (12): 1061–1062.

MacDonald, Kevin. 1995. Why Chickens? The Centrality Of The Domestic Fowl In West African Ritual And Magic, in: Ryan, K.; Crabtree, P. J. (Hrsg.). 1995. The symbolic role of animals in archaeology. Philadelphia: University of Pennsylvania Press, 51–56.

Mace, Jenny L. und Andrew Knight. 2024. From the Backyard to Our Beds: The Spectrum of Care, Attitudes, Relationship Types, and Welfare in Non-Commercial Chicken Care. *Animals: an open access journal from MDPI* 14 (2).

Macho, Thomas. 2022. Warum wir Tiere essen. Wien: Molden Verlag in Verlagsgruppe Styria GmbH & Co. KG.

MacHugh, David E.; Greger Larson und Ludovic Orlando. 2017. Taming the Past: Ancient DNA and the Study of Animal Domestication. *Annual review of animal biosciences* 5: 329–351.

MacIntosh Turfa, Jean (Hrsg.). 2013. The Etruscan World. London: Routledge.

Maltby, Mark; Martyn Allen, Julia Best, B. Tyr Fothergill und Beatrice Demarchi. 2018. Counting Roman chickens: Multidisciplinary approaches to human-chicken interactions in Roman Britain. *Journal of Archaeological Science: Reports* 19: 1003–1015.

Marzolph, Ulrich. 1984. Typologie des persischen Volksmarchens. Wiesbaden: Franz Steiner Verlag.

Masseti, Marco. 2022. Representations of birds in Etruscan art (6th – late 4th century BC), in: Albarella, U., et al. (Hrsg.). 2022. The Archaeology of Human-Bird Interactions: Essays in Honour of Dale Serjeantson. Pergamon, 87–94.

McCall, Daniel. 1978. The Marvelous Chicken and Its Companion in Yoruba Art and Myth. *Paideuma: Mitteilungen zur Kulturkunde* (24): 131–146.

Mehl, Véronique und Pierre Brulé (Hrsg.). 2008. Le sacrifice antique: Vestiges, procédures et stratégies; IVe Celtic Conference in Classics. Rennes: Presses Univ. de Rennes.

Midoh, Naoki und Takanori Noguchi. 2009. Effect of Chicken Soup Intake on Mood States and Peripheral Blood Flow in Humans. *Journal of Health Science* 55 (1): 56–61.

Miller, Brittney J. 2022. Unprecedented Bird Flu Outbreaks Concern Scientists. *Nature* (606): 18–19.

Millman, Suzanne T.; Ian J. Duncan und Tina M. Widowski. 2000. Male broiler breeder fowl display high levels of aggression toward females. *Poultry science* 79 (9): 1233–1241.

Moser, Dietz-Rüdiger. 1993. Bräuche und Feste im christlichen Jahreslauf: Brauchformen der Gegenwart in kulturgeschichtlichen Zusammenhängen. Graz: Ed. Kaleidoskop im Verl. Styria.

Mwacharo, Joram M.; Greger Bjørnstad, Jianlin. Han und Olivier Hanotte. 2013. The History of African Village Chickens: an Archaeological and Molecular Perspective. *The African archaeological review* 30: 97–114.

Nasr, Mohammed A.; Joanne Murrell, Lindsay J. Wilkins und Christine J. Nicol. 2012. The effect of keel fractures on egg-production parameters, mobility and behaviour in individual laying hens. *Animal Welfare* 21 (1): 127–135.

National Human Genome Research Institute. 2004. Researchers Compare Chicken, Human Genomes: Analysis of First Avian Genome Uncovers Differences Between Birds and Mammals, 17. 11. 2011. https://www.genome.gov/12514316/2004-release-researchers-compare-chicken-human-genomes#:~:text=Researchers%20estimate%20that%20the%20chicken,2.8%20billion%20DNA%20base%20pairs. Zugegriffen: 16. Oktober 2024.

Newfield, Timothy P. 2018. The Climate Downturn of 536–50, in: White, S.; Pfister, C.; Mauelshagen, F. (Hrsg.). 2018. The Palgrave Handbook of Climate History. London: Palgrave Macmillan UK, 447–493.

Nickel, Richard et al. (Hrsg.). 2004. Anatomie der Vögel. Stuttgart: Parey.

Nicol, Christine J. 2015. The behavioural biology of chickens. Wallingford: CABI.

Nicol, Christine J. *(pers. Komm.)*. Interview mit Astrid Drapela, 25. 07. 2024, Hestercombe, Somerset. Dauer: 01:29:18.

Nind, Fred und Pam Mosedale. 2022. Backyard Poultry: BSAVA Guide to the Use of Veterinary Medicines. UK.

Obermaier, Sabine. 2018. You Are the Animal That You Eat, in: Schmidt, T.; Pahlitzsch, J. (Hrsg.). 2018. Impious dogs, haughty foxes and exquisite fish. Berlin/Boston: De Gruyter, 133–164.

Obermaier, Sabine (*pers. Komm.)*. E-Mail mit Astrid Drapela, 19. 08. 2024, Mainz.

O'Connor, Terry. 2019. Zooarchaeology, in: López Varela, S. L. (Hrsg.). 2019. The encyclopedia of archaeological sciences. Malden, MA: Wiley-Blackwell, 1–7.

Olmi, Giuseppe. 2007. Ulisse Aldrovandi, in: Huxley, R. (Hrsg.). 2007. The great naturalists. London: Thames & Hudson, 59–62.

Ornithologische Arbeitsgemeinschaft in Unterfranken Region 2 (Hrsg.). 2016. Jahrbuch der Ornithologischen Arbeitsgemeinschaft in Unterfranken Region 2. Würzburg.

Ornithologischer Verein in Wien. 1890. Geflügelausstellung Wien. *Mittheilungen des Ornithologischen Vereines in Wien.*

Orzechowski, Karol. 2022. Global Animal Slaughter Statistics & Charts: 2022 Update, 13. 07. 2022. https://faunalytics.org/global-animal-slaughter-statistics-charts-2022-update/. Zugegriffen: 20. Oktober 2022.

Pastoureau, Michel. 2017. Le coq médiéval. *Revue d'ethnoécologie* (12).

Patel, Bhvishya. 2020. More than 1,500 hens and cockerels bought during lockdown have been dumped and abandoned amid fears over return of bird flu, RSPCA warns, 29. 12. 2020. https://www.dailymail.co.uk/news/article-9095319/More-1-500-hens-cockerels-bought-lockdown-dumped-abandoned.html. Zugegriffen: 10. November 2024.

Pennick, Nigel. 2021. The Ancestral Power of Amulets, Talismans, and Mascots: Folk Magic in Witchcraft and Religion. Kindle Edition. New York: Inner Traditions International Limited.

Peregrine, Peter N. 2020. Climate and social change at the start of the Late Antique Little Ice Age. *The Holocene* 30 (11): 1643–1648.

Perry-Gal, Lee; Adi Erlich, Ayelet Gilboa und Guy Bar-Oz. 2015. Earliest economic exploitation of chicken outside East Asia: Evidence from the Hellenistic Southern Levant. *Proceedings of the National Academy of Sciences of the United States of America* 112 (32): 9849–9854.

Peters, Carli; Kristine K. Richter, Shevan Wilkin et al. 2024. Archaeological and molecular evidence for ancient chickens in Central Asia. *Nature Communications* 15 (1): 2697.

Peters, Joris. 1991. Nutztiere in den westlichen Rhein-Donau-Provinzen während der römischen Kaiserzeit., in: Bender, H.; Wolff, H. (Hrsg.). 1991. Ländliche Besiedlung und Landwirtschaft in den Rhein – Donau – Provinzen des Römischen Reiches, 37–64.

Peters, Joris. 1997. Zum Stand der Hühnerhaltung in der Antike. *Beitr. z. Archäozool. u. Prähistor. Anthrop.* 1: 42–58.

Peters, Joris (*pers. Komm.).* Interview mit Astrid Drapela, 19. 08. 2024, München. Dauer: 02:27:36.

Peters, Joris; Ophélie Lebrasseur, Julia Best et al. 2015. Questioning new answers regarding Holocene chicken domestication in China. *Proceedings of the National Academy of Sciences* 112 (19): E2415.

Peters, Joris; Ophélie Lebrasseur, Evan K. Irving-Pease et al. 2022a. Supplementary Information for: The biocultural origins and dispersal of domestic chickens.

Peters, Joris; Ophélie Lebrasseur, Evan K. Irving-Pease et al. 2022b. The biocultural origins and dispersal of domestic chickens. *Proceedings of the National Academy of Sciences of the United States of America* 119 (24): e2121978119.

Peterson, A. Townsend und I. Lehr Brisbin. 1998. Genetic endangerment of wild Red Junglefowl Gallus gallus? *Bird Conservation International* 8 (4): 387–394.

Pettersson, Isabelle C.; Claire A. Weeks, Lorna R. M. Wilson und Christine J. Nicol. 2016. Consumer perceptions of free-range laying hen welfare. *British Food Journal* 118 (8): 1999–2013.

Pfarre Neuhofen a. d. Ybbs. Filialkirche St. Veit. http://www.pfarre-neuhofen.at/filialkirche-st.-veit.html. Zugegriffen: 28. September 2022.

Pohl, Walter. 1988. Die Awarenkriege Karls des Grossen: 788–803. Wien: Bundesverl.

Pohl, Walter. 2015. Die Awaren: Ein Steppenvolk in Mitteleuropa; 567–822 n. Chr. München: Beck.

Pollard, A. Mark, Ruth Ann Armitage, und Cheryl Makarewicz (Hrsg.). 2023. Handbook of archaeological sciences. Hoboken, NJ: Wiley.

Pope, Bailey. 2019. The Ancient Celtic Religion of Gaul During the Iron Age.

Potts, Annie. 2012. Chicken. London: Reaktion Books.

Preiser-Kapeller, Johannes. 2018. The Climate of the Khagan. Observations on palaeo-environmental Factors of the History of the Avars (6th-9th century AD), in: Drauschke, J., et al. (Hrsg.). 2018.

Lebenswelten zwischen Archäologie und Geschichte. Mainz: Verlag des Römisch-Germanischen Zentralmuseums, 311–324.

Preston Blier, Suzanne. 2012. Religion and Art in Ile-Ife, in: Bongmba, E. K. (Hrsg.). 2012. The Wiley-Blackwell companion to African religions. Malden, MA: Wiley-Blackwell.

Pruvost, Mélanie; Reinhard Schwarz, Virginia Bessa Correia, Sophie Champlot, Thierry Grange und Eva-Maria Geigl. 2008. DNA diagenesis and palaeogenetic analysis: Critical assessment and methodological progress. *Palaeogeography, Palaeoclimatology, Palaeoecology* 266 (3–4): 211–219.

Pucher, Erich 2005. Die Tierknochen aus einem keltischen Bauernhof in Göttlesbrunn (Niederösterreich). *Annalen des Naturhistorischen Museums in Wien* Serie A (107): 197–220.

Rameau, Pauline; Delphine Brabant und Serge Bahuchet. 2017. La poule et le coq dans les collections du Musée de l'Homme. *Revue d'ethnoécologie* (12).

Ramsey, Christopher B. 2019. Radiocarbon Calibration and Age Estimation, in: López Varela, S. L. (Hrsg.). 2019. The encyclopedia of archaeological sciences. Malden, MA: Wiley-Blackwell, 1–4.

Ramsl, Peter C. (Hrsg.). 2002. Das eisenzeitliche Gräberfeld von Pottenbrunn: Forschungsansätze zu wirtschaftlichen Grundlagen und sozialen Strukturen der latènezeitlichen Bevölkerung des Traisentales, Niederösterreich. Horn: Berger.

Ramsl, Peter C. 2002. Die Tierknochen in den Gräbern von Pottenbrunn, in: Ramsl, P. C. (Hrsg.). 2002. Das eisenzeitliche Gräberfeld von Pottenbrunn. Horn: Berger, 333–336.

Ramsl, Peter C. 2011. Das latènezeitliche Gräberfeld von Mannersdorf im Leithagebirge, Flur Reinthal Süd, Niederösterreich: Studien zu Phänomenen der latènezeitlichen Kulturausprägungen. Wien: Verl. der Österreischen Akad. der Wiss.

Rebay-Salisbury, Katharina (Hrsg.). 2006. Das hallstattzeitliche Gräberfeld von Statzendorf in Niederösterreich: Möglichkeiten und Grenzen der Interpretation von Sozialindexberechnungen. Zugl.: Wien, Univ., Diss., 2003 u.d.T.: Rebay, Katharina C.: Aspekte der hallstattzeitlichen Gesellschaftsstruktur anhand ausgewählter metallführender Gräber der Nekropole Statzendorf. Bonn: Habelt.

Renger, Martin et al. (Hrsg.). 2023. Theorie | Archäologie | Reflexion. Heidelberg: Propylaeum.

Rennard, B. O.; R. F. Ertl, G. L. Gossman, R. A. Robbins und S. I. Rennard. 2000. Chicken soup inhibits neutrophil chemotaxis in vitro. *Chest* 118 (4): 1150–1157.

Rennard, Stephen I.; Andre C. Kalil und Richard Casaburi. 2020. Chicken Soup in the Time of COVID. *Chest* 158 (3): 864–865.

Reßmann, Hans. 1993. Der Buschhuhnvater, 2012. https://www.deutsches-buschhuhn.de/41.alfred-muntau/. Zugegriffen: 28. September 2022.

Reuters. 2015. No new cockfight arenas, court tells France. Paris.

Richard, Evans (Hrsg.). 2017. Prophets and Profits. First [edition]. New York: Routledge, 2017.: Routledge.

Richards, Michael P. und Kate Britton (Hrsg.). 2020. Archaeological science: An introduction. Cambridge: Cambridge University Press.

Richardson, Henry D. 1847. Domestic Fowl: Their Natural History, Breeding, Rearing and General Management. Dublin: Purdon Brothers.

Riedel, Anna; Lorena Rieke, Nicole Kemper und Birgit Spindler. 2022. A Place to Be? Use of Winter Gardens with and without Automatic Enrichment Devices by Laying Hens. *Applied Sciences* 12 (7): 3650.

Rondeel. 2024. About, 2024. https://www.rondeeleieren.nl/en/home/. Zugegriffen: 10. November 2024.

Roser, Max. 2023. How many animals get slaughtered every day?, 26. 09. 2023. https://ourworldindata.org/how-many-animals-get-slaughtered-every-day?trk=public_post_comment-text. Zugegriffen: 18. Dezember 2024.

RTL. https://www.youtube.com/watch?v=wOgBDeuUHq8. Zugegriffen: 7. November 2024.

Rubin, Carl-Johan; Michael C. Zody, Jonas Eriksson et al. 2010. Whole-genome resequencing reveals loci under selection during chicken domestication. *Nature* (464): 587–591.

Rude, Emelyn. 2017. Tastes like chicken: A history of America's favorite bird. New York: Pegasus Books.

Ryan, Kathleen und Pam J. Crabtree (Hrsg.). 1995. The symbolic role of animals in archaeology. Philadelphia: University of Pennsylvania Press.

Sabine Deschler-Erb, Umberto Albarella, Silvia Valenzuela Lamas, und Gabriele Rasbach (Hrsg.). 2018. Roman Animals in ritual and funerary contexts.: Proceedings of the 2nd Meeting of the Proceedings of the 2nd Meeting of the Zooarchaeology of the Roman Period Working Group. Deutsches Archäologisches Institut.

Saketkhoo, Kiumars; Adolph Januszkiewicz und Marvin A. Sackner. 1978. Effects of Drinking Hot Water, Cold Water, and Chicken Soup on Nasal Mucus Velocity and Nasal Airflow Resistance. *Chest* 74 (4): 408–410.

Saliari, Konstantina (*pers. Komm.)*. Interview mit Astrid Drapela, 25. 06. 2024, Wien. Dauer: 01:52:41.

Saliari, Konstantina und Günther K. Kunst. 2015. Fragments of daily life: archaeozoological analysis at the 15th century Dominican Monastery in Tulln (Austria), in: Flohr, S. (Hrsg.). 2015. Beiträge zur Archäozoologie und prähistorischen Anthropologie. Langenweißbach: Beier & Beran, 123–134.

Saliari, Konstantina; Bendeguz Tobias, Erich Draganits und Karin Wiltschke-Schrotta. 2018. Animal bones in the burial customs of the Middle Avar Period graves in Podersdorf am See (Burgenland, Austria). *150 Beiträge z. Archäozool. u. Prähist. Anthropol.* IX.

Scheftelowitz, Isidor. 1914. Das stellvertretende Huhnopfer: Mit besonderer Berücksichtigung des jüdischen Volksglaubens. Berlin, Boston, Erscheinungsort nicht ermittelbar: De Gruyter; Alfred Töpelmann.

Schibler, Jörg und Alex Fugler. 1988. Die Tierknochenfunde aus Augusta Raurica:(Grabungen 1955–1974). Augst: Römermuseum Augst.

Schmidt, Horst und Rudolf Proll. 2011. Rassegeflügel kompakt: 525 Rassen für Garten, Haus, Hof und Ausstellung. Stuttgart: Ulmer.

Schmidt, Tristan und Johannes Pahlitzsch (Hrsg.). 2018. Impious dogs, haughty foxes and exquisite fish: Evaluative perception and interpretation of animals in Ancient and Medieval Mediterranean thought. Berlin/Boston: De Gruyter.

Schoeninger, Margaret. 2018. Isotope analysis, in: Trevathan, W. (Hrsg.). 2018. The international encyclopedia of biological anthropology. Hoboken, NJ: Wiley-Blackwell, 1–5.

Schoon, Reinhold; Lukas Clemens und Dirk Heinrich. 2006. Huhn, Rebhuhn, Aal und Wels: Zu den Tierknochenfunden aus dem Kloster St. Irminen-Oeren in Trier (8. und 10. Jahrhundert). *Trierer Zeitschrift* (69/70): 209–219.

Schwab, Gustav und Richard Carstensen. 2020. Griechische Sagen: Die schönsten Sagen des klassischen Altertums. München: Dt. Taschenbuch-Verl.

Seigle, Michaël. 2016. Le coq gaulois et le coq des Gaulois: mythes et réalité. *Anthropozoologica* 51 (2): 115–125.

Selsvold, Irene und Lewis Webb (Hrsg.). 2020. Beyond the Romans: Posthuman perspectives in Roman archaeology. Oxford, Philadelphia: Oxbow Books.

Serjeantson, Dale. 2006. Birds: Food and a Mark of Status, in: Woolgar, C. M.; Serjeantson, D.; Waldron, T. (Hrsg.). 2006. Food in medieval England. Oxford, New York: Oxford University Press, 131–147.

Serjeantson, Dale. 2019a. Animals in the sanctuary. Bird bones and eggshell. *Opuscula. Annual of the Swedish Institutes at Athens and Rome* (12): 223–231.

Serjeantson, Dale. 2019b. Birds, in: López Varela, S. L. (Hrsg.). 2019. The encyclopedia of archaeological sciences. Malden, MA: Wiley-Blackwell.

Sigl, M.; M. Winstrup, J. R. McConnell et al. 2015. Timing and climate forcing of volcanic eruptions for the past 2,500 years. *Nature* 523 (7562): 543–549.

Signer, David. 2006. Vom Fluch der Magie, 20. 08. 2006. https://www.geo.de/reisen/reisewissen/8800-rtkl-vom-fluch-der-magie. Zugegriffen: 22. September 2022.

Sike, Yvonne de. 1996. Du Coq à l'Âme. Parcours, tours et détours du Coq dans le monde hellénique., in: Société d'ethnozootechnie (Hrsg.). 1996. Le coq, 13–24.

Simpson, Jacqueline. 2003. A dictionary of English folklore. Oxford, New York: Oxford University Press.

Sinel, Martin und Tony Weis. 2024. Ventilation shutdown and the breath-taking violence of infectious disease emergency management in industrial livestock production. *Environment and Planning E: Nature and Space* 7 (3): 1076–1097.

Siripurapu, Kanna und Sabyasachi Das. 2018. A Chicken for Every Occasion: Exploring the Cultural Significance of India's Native Poultry Breeds. *Langscape Magazine* 7 (2).

Six, Armin und Robert Höck. 2022. Happy Huhn – Das Hühnerrassenbuch. München: Cadmos Verlag GmbH.

Société d'ethnozootechnie. 1996. Le coq. *Ethnozootechnie* (58).

Sommer, C. Sebastian und Suzana Matešić (Hrsg.). 2018. Limes XXIII – Proceedings of the 23rd International Congress of Roman Frontier Studies Ingolstadt 2015 – Akten des 23. Internationalen Limeskongresses in Ingolstadt 2015. Mainz: in Kommission Nünnerich-Asmus Verlag.

Spötl, C., L. Plan, E. Christian, und M. Behm (Hrsg.). 2016. Höhlen und Karst in Österreich. Linz: Biologiezentrum des Oberösterreichischen Landesmuseums.

Stafford, Emma. 2008. Cocks to Asklepios: sacrificial practice and healing cult, in: Mehl, V.; Brulé, P. (Hrsg.). 2008. Le sacrifice antique. Rennes: Presses Univ. de Rennes, 205–221.

Steger, Florian und Frank Ursin. 2021. Animals in Asclepian medicine: Myth, cult, and miracle healings, in: Kindt, J. (Hrsg.). 2021. Animals in ancient Greek religion. Abingdon, Oxon, New York, NY: Routledge, 239–261.

Steinhilber, F.; J. Beer und C. Fröhlich. 2009. Total solar irradiance during the Holocene. *Geophysical Research Letters* 36 (19).

Stépanoff, Charles und Jean-Denis Vigne (Hrsg.). 2019. Hybrid communities: Biosocial approaches to domestication and other trans-species relationships. Abingdon, Oxon, New York, NY: Routledge.

Stephan, Elisabeth. 2009. Tierknochenfunde aus dem Tempelbezirk von Sumelocenna, Rottenburg a. N., Kreis Tübingen, in: Biel, J.; Heiligmann, J.; Krauss, D. (Hrsg.). 2009. Landesarchäologie, 677–693.

Stewart, John R. M.; Richard B. Allen, Andrew K. G. Jones et al. 2014. Walking on Eggshells: A Study of Egg Use in Anglo-Scandinavian York Based on Eggshell Identification Using ZooMS. *International Journal of Osteoarchaeology* 24 (3): 247–255.

Stinckens, Anneleen; Addie Vereijken; Ellen Ons et al. 2015. Art meets science: The Cosmopolitan Chicken Research Project. *Fact Views Vis Obgyn* 7 (3): 163–172.

Stone, David J. 2006. The Consumption and Supply of Birds in Late Medieval England, in: Woolgar, C. M.; Serjeantson, D.; Waldron, T. (Hrsg.). 2006. Food in medieval England. Oxford, New York: Oxford University Press, 148–161.

Striffler, Steve. 2008. Chicken: The Dangerous Transformation of America's Favorite Food. e-book. New Haven, CT: Yale University Press.

Strutt, Joseph. 1846. The Sports and Pastimes of the People of England from the Earliest Period: Including the Rural and Domestic Recreations, May Games, Mummeries, Pageants, Processions and Pompous Spectacles. Methuen & Company.

Sweeney, Linda B. 2017. All Systems Go! Developing a Generation of «Systems-Smart« Kids, in: Assadourian, E.; Mastny, L. (Hrsg.).

2017. EarthEd. Washington, Convelo, London: Island Press, 141–153.
Sykes, Naomi. 2012. A social perspective on the introduction of exotic animals: the case of the chicken. *World Archaeology* 44 (1): 158–169.
Sykes, Naomi (*pers. Komm.)*. Interview mit Astrid Drapela, 25. 07. 2024, Botley, Oxford. Dauer: 01:10:15.
Sykes, Naomi J. 2014. Beastly questions: Animal answers to archaeological issues. London: Bloomsbury Academic an imprint of Bloomsbury Publishing Plc.
Tanga, Carmen; Marta Remigio und Joan Viciano. 2022. Transmission of Zoonotic Diseases in the Daily Life of Ancient Pompeii and Herculaneum (79 CE, Italy): A Review of Animal-Human-Environment Interactions through Biological, Historical and Archaeological Sources. *Animals: an open access journal from MDPI* 12 (2).
Thilderkvist, Johan G. M. 2013. Ritual bones or common waste: A study of Early Medieval bone deposits in Northern Europe. Rijksuniversiteit Groningen.
Thomas, Douglas. 2023. Ngewo-Wa, in: Alanamu, T.; Thomas, D. (Hrsg.). 2023. African Religions. Westport, CT, London: Praeger; Bloomsbury Publishing (UK), 187–188.
Thomas, Douglas H. und Temilola Alanamu (Hrsg.). 2019. African religions: Beliefs and practices through history. Santa Barbara, California, Denver, Colorado: ABC-CLIO.
Thomas, Richard; Matilda Holmes und James Morris. 2013. »So bigge as bigge may be«: tracking size and shape change in domestic livestock in London (AD 1220–1900). *Journal of Archaeological Science* 40 (8): 3309–3325.
Thomas, Richard und Holly Miller. 2019. Zooarchaeology and Stable Isotopes, in: López Varela, S. L. (Hrsg.). 2019. The encyclopedia of archaeological sciences. Malden, MA: Wiley-Blackwell.
Thomson, Vicki A.; Ophélie Lebrasseur, Jeremy J. Austin et al. 2014. Using ancient DNA to study the origins and dispersal of ancestral Polynesian chickens across the Pacific. *Proceedings of the National Academy of Sciences of the United States of America* 111 (13): 4826–4831.
Tiemann, Inga und Gerd Rehkämper. 2012. Evolutionary pets: offspring numbers reveal speciation process in domesticated chickens. *PloS one* 7 (8): e41453.

Trentacoste, Angela. 2020. Fodder for Change: Animals, Urbanisation, and Socio-Economic Transformation in Protohistoric Italy. *Theoretical Roman Archaeology Journal* 3 (1): 1.

Trentacoste, Angela (*pers. Komm.*). Online-Interview mit Astrid Drapela, 23. 09. 2024, Rom/Klosterneuburg. Dauer: 01:12:25.

Trentacoste, Angela; Ariadna Nieto-Espinet und Silvia Valenzuela-Lamas. 2018. Pre-Roman improvements to agricultural production: Evidence from livestock husbandry in late prehistoric Italy. *PloS one* 13 (12): e0208109.

Trevathan, Wenda (Hrsg.). 2018. The international encyclopedia of biological anthropology. Hoboken, NJ: Wiley-Blackwell.

Tucker, Katie. 2014. The osteology of decapitation burials from Roman Britain: a post-mortem burial rite?, in: Knüsel, C.; Smith, M. J. (Hrsg.). 2014. The Routledge handbook of the bioarchaeology of human conflict. London: Routledge, 213–236.

Ullrich, Jessica und Friedrich Weltzien (Hrsg.). 2016. Tierliebe. Berlin: Neofelis Verlag.

University of Bristol. 2013. Improving Feather Cover: A guide to reducing the risk of injurious pecking occurring in non-cage laying hens.

Upex, Beth und Keith Dobney. 2020. Vertebrate Zooarchaeology, in: Richards, M. P.; Britton, K. (Hrsg.). 2020. Archaeological science. Cambridge: Cambridge University Press, 215–232.

USDA Agricultural Marketing Service. 31.10.24 08:50 AM. Weekly Poultry Slaughtered Under Federal Inspection (Thu), 31.10.24 08:50 AM. https://www.ams.usda.gov/mnreports/nw_py017.txt. Zugegriffen: 5. November 2024.

Väisänen, Johanna; Jennie. Håkansson und Per Jensen. 2005. Social interactions in Red Junglefowl (Gallus gallus) and White Leghorn layers in stable groups and after re-grouping. *British poultry science* 46 (2): 156–168.

van Grouw, Hein und Wim Dekkers. 2019. Various Gallus varius hybrids: variation in junglefowl hybrids and Darwin's interest in them. *Bulletin of the British Ornithologists' Club* 139 (4): 355.

van Neer, Wim; Katrien Noyen, Bea de Cupere und Ingrid Beuls. 2002. On the Use of Endosteal Layers and Medullary Bone from Domestic Fowl in Archaeozoological Studies. *Journal of Archaeological Science* 29 (2): 123–134.

Vanmechelen, Koen. 2024. www.koenvanmechelen.be. https://www.koenvanmechelen.be/single-post/mechelse-j%C3%A6r-ccp29-

kunsthall-3–14-bergen-no-13-sept-8-dec-2024. Zugegriffen: 6. November 2024.
VAVSD. 2024. Veterinarians Against Ventilation Shutdown. https://www.vavsd.org/. Zugegriffen: 10. November 2024.
Vehling, Joseph D. und Apicius. 1977. Cookery and dining in imperial Rome: A bibliography, critical review and translation of the ancient book known as Apicius de re coquinaria. New York: Dover.
Verdolini, Gaby. 2021. Meghan Markle & Prince Harry Rescue Chickens and Show Off Their Coop, 13. 07. 2021. https://thebeet.com/meghan-markle-prince-harry-rescue-chickens-and-show-off-their-coop/. Zugegriffen: 9. November 2024.
Villing, Alexandra. 2017. Don't Kill the Goose that Lays the Golden Egg? Some Thoughts on Bird Sacrifices in Ancient Greece, in: Hitch, S.; Rutherford, I. (Hrsg.). 2017. Animal Sacrifice in the Ancient Greek World. Cambridge University Press, 63–102.
Vollmerhaus, Bernd. 2004. Spezielle Anatomie des Bewegungsapparats, in: Nickel, R., et al. (Hrsg.). 2004. Anatomie der Vögel. Stuttgart: Parey, 54–154.
Wang, Ming-Shan; Mukesh Thakur, Min-Sheng Peng et al. 2020. 863 genomes reveal the origin and domestication of chicken. *Cell research* 30 (8): 693–701.
Weiss, W. 1978. «And the Lord said to Moses and Aaron«. *Chest* 74 (5): 487–489.
Welker, Martin H.; Alison Foster und Eric Tourigny. 2021. Pioneering Poultry: A Morphometric Investigation of Seventeenth- to Early Twentieth-Century Domestic Chickens (Gallus gallus) in Eastern North America. *International Journal of Historical Archaeology* (27): 458–479.
Wessing, Robert. 2006. Symbolic animals in the land between the waters: Markers of place and transition. *Asian Folklore Studies* (65): 205–239.
West, Barbara und Ben-Xiong Zhou. 1989. Did chickens go north? New evidence for domestication. *World's Poultry Science Journal* 45 (3): 205–218.
White, Natalie C. C. 2007. Catering for the Cultural Identities of the Deceased in Roman Britain: Interpretative Potential and Problems, in: Croxford, B., et al. (Hrsg.). 2007. TRAC 2006. Oxford: Oxbow Books, 115–132.
White, Sam, Christian Pfister, und Franz Mauelshagen (Hrsg.). 2018. The Palgrave Handbook of Climate History. London: Palgrave Macmillan UK.

Wiemann, Katja. 2005. Beitrag zur Geschichte der Ernährungsforschung beim Haushuhn (bis 1950). Dissertation. Hannover.
Wilkins, Lindsay J.; Steven N. Brown, Patrick. H. Zimmerman, Christine Leeb und C. J. Nicol. 2004. Investigation of palpation as a method for determining the prevalence of keel and furculum damage in laying hens. *The Veterinary record* 155 (18): 547–549.
Wilkins, Lindsay J.; J. L. McKinstry, N. C. Avery et al. 2011. Influence of housing system and design on bone strength and keel bone fractures in laying hens. *Veterinary Record* 169 (16): 414.
Wolf, Helga M. 1992. Das Brauch-Buch: Alte Bräuche, neue Bräuche, Antibräuche. Freiburg Breisgau, Basel, Wien: Herder.
Wood-Gush, David G. M. 1959. A History of the Domestic Chicken from Antiquity to the 19th Century. *Poultry science* 38 (2): 321–326.
Wood-Gush, David G. M. 1971. The behaviour of the domestic fowl. West Sussex: Beech Publishing House; Nimrod Press.
Woodring, Kimberly D. 2013. Religion and Burial Roman Domination, Celtic Acceptance, or Mutual Understanding.
Woolgar, Christopher M., Dale Serjeantson und Tony Waldron (Hrsg.). 2006. Food in medieval England: Diet and nutrition. Oxford, New York: Oxford University Press.
Wright, James D. (Hrsg.). 2015. International encyclopedia of the social & behavioral sciences. Amsterdam: Elsevier.
Wu, Meng Y.; Giovanni Forcina, Gabriel W. Low et al. 2023. Historic samples reveal loss of wild genotype through domestic chicken introgression during the Anthropocene. *PLOS Genetics* 19 (1): e1010551.
Xiang, Hai; Jianqiang Gao, Baoquan Yu et al. 2014. Early Holocene chicken domestication in northern China. *Proceedings of the National Academy of Sciences* 111 (49): 17564–17569.
Zeder, Melinda A. 2015. Core questions in domestication research. *Proceedings of the National Academy of Sciences of the United States of America* 112 (11): 3191–3198.
Zeiler, Jørn T. 2014. Birds for the Elite? Fowling in the Northern Netherlands in the Roman Period and the Early Middle Ages. *International Journal of Osteoarchaeology* 24 (3): 378–383.
Zeltner, Esther. 2004a. Projektbeschreibung Legehennenhaltung: Auslauf – Effekt von Staubbadeunterständen.
Zeltner, Esther. 2004b. Projektbeschreibung Legehennenhaltung: Auslaufnutzung – Herdengewöhnung mit Tunnel.

Zeune, Joachim und Hartmut Hofrichter (Hrsg.). 2006. Alltag auf Burgen im Mittelalter: Wissenschaftliches Kolloquium des Wissenschaftlichen Beirats der Deutschen Burgenvereinigung Passau 2005. Braubach: Deutsche Burgenvereinigung e.V.
Zeuner, Frederick E. 1963. A history of domesticated animals. New York: Harper & Row.

Endnoten

1 Xiang et al. (2014).
2 Peters et al. (2015).
3 Peters, J. (pers. Komm.); Eda et al. (2016); Dueppen (2011).
4 Peters, J. (pers. Komm.).
5 Drexler et al. (2019).
6 Drexler et al. (2019, S. 29).
7 Kuhn (1996, S. 10), übersetzt von der Autorin.
8 Kuhn (1996, S. 111).
9 Peters, J. (pers. Komm.).
10 West und Zhou (1989); Zeuner (1963).
11 Peters et al. (2022b).
12 Peters et al. (2022a).
13 Herrera et al. (2020).
14 Peters, J. (pers. Komm.).
15 Peters, J. (pers. Komm.).
16 Agnvall et al. (2014); Agnvall et al. (2012).
17 Bélteky et al. (2017); Agnvall et al. (2018).
18 Peters, J. (pers. Komm.); Zeder (2015).
19 Peters, J. (pers. Komm.).
20 Eda (2022).
21 Eda (2022).
22 Lord et al. (2020).
23 Tiemann und Rehkämper (2012); Brisbin und Peterson (2007); Peterson und Brisbin (1998).
24 Eda (2022).
25 Eda (2022).
26 Wu et al. (2023).
27 Agnvall et al. (2017).
28 Frantz und Larson (2019).
29 Lord et al. (2020).
30 Peters et al. (2022b).
31 Binder und Hangartner (2022).
32 Bettzieche (30. 01. 2022).
33 Binder und Hangartner (2022); Lamm (2023).
34 Lamm (2023).
35 Broughton (2015).
36 Baron (2016, S. 2).
37 Upex und Dobney (2020).
38 Broughton (2015).
39 Upex und Dobney (2020).
40 Baron, H. (pers. Komm.); Upex und Dobney (2020).
41 Upex und Dobney (2020); Broughton (2015).
42 Baron (2018, S. 47)
43 Sykes, N. (pers. Komm.).
44 Baron, H. (pers. Komm.).
45 Best und Mulville (2018).
46 Serjeantson (2019b).
47 Gál (2020); Goffette et al. (2019); Zeiler (2014); Serjeantson (2006); Duval und Clavel (2022).
48 Gersmann (2018); Best und Mulville (2018).
49 Best et al. (2022).
50 Best et al. (2022, S. 10).
51 Gál (2006).
52 Goffette 2020.; Serjeantson (2019b).
53 Borrazzo (2019).
54 Dirrigl, JR. et al. (2022).
55 Baron (2018, S. 47).
56 Best et al. (2022, S. 10).
57 Saliari, K. (pers. Komm.).
58 Best et al. (2022).
59 Baron, H. (pers. Komm.); Saliari, K. (pers. Komm.).
60 Baron, H. (pers. Komm.).
61 Saliari, K. (pers. Komm.).
62 Trentacoste, A. (pers. Komm.).
63 Baker und Worley (2014, S. 17).
64 Loog und Larson (2020)
65 O‹Connor (2019).
66 Benecke (1994, S. 220 f.).
67 Thomas et al. (2013).
68 Peters (1997).
69 Fothergill et al. (2017).
70 Saliari, K. (pers. Komm.).
71 Saliari, K. (pers. Komm.); Peters, J. (pers. Komm.).
72 Schoeninger (2018).
73 Bowman (1990); Ramsey (2019).

74 Bowman (1990).
75 Cersoy et al. (2017).
76 Thomas und Miller (2019).
77 Sykes (2014).
78 Schoeninger (2018).
79 Sykes (2014, S. 134).
80 Schoeninger (2018).
81 Larson (pers. Komm.).
82 Siehe dazu detailliert Drapela (2023, 20–28, 46–47).
83 Frantz et al. (2020).
84 Antolin und Black (2013).
85 Antolin und Black (2013).
86 Barnett (2019).
87 MacHugh et al. (2017).
88 Frantz, L. (pers. Komm.).
89 Loog und Larson (2020).
90 Loog und Larson (2020).
91 Pruvost et al. (2008).
92 Geigl (2023).
93 Geigl (2023); MacHugh et al. (2017).
94 Barnett (2019, S. 1), übersetzt von der Autorin.
95 Geigl (2023, S. 660).
96 Für Interessierte, die tiefer in die Materie eintauchen wollen, gibt es exzellente Erklärvideos unter dem Stichwort ›Gensequenzierung‹ im Internet.
97 Loog und Larson (2020).
98 Bonk (k. A.).
99 Loog und Larson (2020).
100 Geigl (2023).
101 Pettersson et al. (2016).
102 Loog und Larson (2020); Thomson et al. (2014); Geigl (2023).
103 Linderholm (2019).
104 National Human Genome Research Institute (2004).
105 Antolin und Black (2013).
106 Wang et al. (2020); van Grouw und Dekkers (2019).
107 Girdland Flink et al. (2014).
108 Rubin et al. (2010, S. 589).
109 Karlsson et al. (2015).
110 Girdland Flink et al. (2014).
111 Peters (1997); Aldrovandi und Lind (1600/1963/2012).
112 Girdland Flink et al. (2014).
113 Loog et al. (2017).
114 Nicol (2015, S. 3), übersetzt von der Autorin.
115 Bump und Bohl (1961); Nicol (2015, S. 48).
116 Eriksson et al. (2008).
117 Loog et al. (2017).
118 Girdland Flink et al. (2014).
119 van Grouw und Dekkers (2019).
120 Frantz, L. (pers. Komm.).
121 Fiddaman et al. (2023).
122 Fiddaman et al. (2023); Frantz, L. (pers. Komm.).
123 Frantz, L. (pers. Komm.).
124 Aldrovandi und Lind (1600/1963/2012).
125 Frantz, L. (pers. Komm.).
126 MacDonald (1995).
127 Baron (2013, S. 2)
128 Sykes (2014, S. 2).
129 Sykes, N. (pers. Komm.).
130 Sykes (2014, S. 17), übersetzt von der Autorin.
131 Baron et al. (2023, S. 380).
132 Sykes (2014, S. 121).
133 Sykes (2014, S. 122).
134 Saliari, K. (pers. Komm.).
135 Fessler und Navarrete (2003).
136 Best et al. (2022).
137 Best et al. (2022).
138 Best et al. (2022).
139 Benecke (1993, S. 21).
140 Sykes (2014, S. 115).
141 Sykes (2014, S. 115).
142 Groot (2008, S. 99 ff.).
143 Sykes (2014, S. 115).
144 Sykes, N. (pers. Komm.).
145 Vollmerhaus (2004, S. 130).
146 Baron (2018, S. 368).
147 Doherty et al. (2021).
148 Graf (2021).
149 Best et al. (2022).
150 Rebay-Salisbury (2006, S. 190).
151 Sykes (2012).
152 Peters et al. (2022a).
153 Carter (1923); Peters, J. (pers. Komm.).
154 Best et al. (2022).
155 Best et al. (2022, S. 10).
156 Doherty et al. (2021).
157 Harrison (2013, S. 896).

158 Harrison (2013, S. 892); Masseti (2022).
159 Trentacoste et al. (2018); Trentacoste, A. (pers. Komm.).
160 Laut Green (1992) lag er bei den Hasen falsch, bei den Hühnern ist man sich nicht ganz sicher.
161 Woodring (2013).
162 Lauermann (2009, S. 320); Benecke (1993).
163 Best et al. (2022); Jones (2005).
164 Höppner und Rauchfuß (2017).
165 Benecke (1993); Best und Mulville (2018, S. 185); Feider (2017, S. 279).
166 Serjeantson (2019a).
167 Serjeantson (2019a).
168 Sike (1996).
169 Sike (1996).
170 Aldrovandi und Lind (1600/1963/2012).
171 Sike (1996).
172 Marzolph (1984).
173 Trentacoste (2020).
174 Sike (1996); Schwab und Carstensen (2020, S. 15 f.).
175 Cosentino (2016).
176 Cosentino (2016, S. 191).
177 Cosentino (2016, S. 195).
178 Dundes (1994a).
179 Obert (2013).
180 Mastrocinque (2016).
181 Mavrogonatou (2018).
182 Galanakis et al. (2019); Sike (1996); Schwab und Carstensen (2020).
183 Steger und Ursin (2021, S. 247).
184 Steger und Ursin (2021, S. 250).
185 Graf (2021, S. 186).
186 Graf (2021, S. 186).
187 Feider (2017).
188 Grossi (2017).
189 Gotfredsen (2013).
190 Doherty et al. (2021); Best et al. (2022); Baron (2018).
191 Green (1992, S. 2285).
192 Gotfredsen (2013).
193 Ramsl (2002).
194 Ramsl (2011).
195 Ramsl (2011).
196 Kroll (2012, S. 211).
197 Kaufmann (1994, S. 369).
198 Kroll (2012).
199 Croxford (2017, S. 157).
200 White (2007, S. 129).
201 Best und Mulville (2018, S. 185).
202 Christie (2023); Green (1992).
203 Sweeney (2017).
204 Tucker (2014); Christie (2023).
205 Groot (2008).
206 Sykes (2014, S. 124).
207 Sykes (2014, S. 134 f.).
208 Sike (1996, S. 15).
209 Feider (2017).
210 Feider (2017, S. 282).
211 Feider et al. (2020).
212 Sykes (2014, S. 147).
213 AlfAlfA (pers. Komm.).
214 Cruccas (2016).
215 Aldrovandi und Lind (1600/1963/2012, S. 199 f.).
216 Beaune (1986).
217 Duchet-Suchaux und Pastoureau (2005, S. 267).
218 Paál (04. 06. 2022).
219 Gavinelli (2005).
220 Pennick (2021, S. 316).
221 Duchet-Suchaux und Pastoureau (2005, S. 132).
222 Henninger (1946).
223 Sike (1996).
224 Obermaier, S. (pers. Komm.).
225 Haferland (2017).
226 Äsop (2016).
227 Feider (2017, S. 137).
228 Huang et al. (2018).
229 Huang et al. (2018).
230 Drapela (2023, S. 70 ff.).
231 Künssberg (1925).
232 Künssberg (1925, S. 127).
233 Künssberg (1925, S. 126).
234 Künssberg (1925, S. 130).
235 Künssberg (1925, S. 130).
236 Devisch (2012, Pos. 3272–3299).
237 MacDonald (1995, S. 53).
238 MacDonald (1995).
239 Peters et al. (2022b, 4); Best et al. (2022).
240 Kompatscher-Gufler und Schreiner (2022, S. 90).
241 Mwacharo et al. (2013); MacDonald (1995).

242 Rameau et al. (2017).
243 Aklilu et al. (2007); Mwacharo et al. (2013).
244 Best et al. (2022).
245 Rameau et al. (2017); Signer (2006).
246 MacDonald (1995).
247 Signer (2006).
248 Thomas (2023).
249 McCall (1978).
250 Preston Blier (2012, Pos. 12218).
251 McCall (1978).
252 Alanamu (2019, S. 258), übersetzt von der Autorin.
253 Sykes (2014, S. 116).
254 Lawler (2016, S. 175).
255 Serjeantson (2019a).
256 Gilhus (2006).
257 Collins (2021); Kompatscher (2016, S. 14 f.).
258 Gilhus (2006, S. 138).
259 Collins (2021).
260 Kompatscher (2016, S. 14 f.).
261 Collins (2021).
262 Gilhus (2006, S. 24).
263 Steger und Ursin (2021, S. 247).
264 Leimbach (2008).
265 Stafford (2008).
266 Henninger (1946).
267 Wessing (2006).
268 Groot (2008).
269 Graf (2021, S. 175).
270 Villing (2017, S. 69).
271 Stephan (2009); Lentacker et al. (2004).
272 Ekroth (2014); Serjeantson (2019a); Lentacker et al. (2004).
273 Stephan (2009).
274 Villing (2017).
275 White (2007, S. 129).
276 Grossi (2017); Serjeantson (2019a).
277 Woodring (2013).
278 Woodring (2013).
279 Woodring (2013).
280 Pope (2019).
281 Thilderkvist (2013, S. 32).
282 Kusch (2016, S. 283).
283 Gilhus (2006, S. 154).
284 Lawler (2016, S. 180).
285 Altmann und Spiciarich (2020).
286 Scheftelowitz (1914).
287 Lawler (2016).
288 Alliance to End Chickens as Kaporos; Scheftelowitz (1914).
289 Für einen Augenzeugenbericht und Geschichte s. Lawler (2016, S. 175 ff.). Weitere Hintergründe und aktuelle Informationen finden sich bei der Alliance to End Chickens as Kaporos unter www.endchickensaskaporos.com.
290 Duran (2023).
291 Brisebarre.
292 Duran (2023).
293 Graf (2021, S. 175); Aldrovandi und Lind (1600/1963/2012).
294 Siripurapu und Das (2018).
295 Siripurapu und Das (2018).
296 Jugli et al. (2020); Siripurapu und Das (2018); Behera (2021).
297 Rameau et al. (2017, S. 48); Epelboin, A. (pers. Komm.); MacDonald (1995).
298 Henninger (1946).
299 Simpson (2003, S. 95).
300 Siehe dazu detailliert Henninger (1946).
301 Bächtold-Stäubli (1930b, S. 456).
302 Scheftelowitz (1914, S. 18).
303 Scheftelowitz (1914, S. 18).
304 Scheftelowitz (1914).
305 Scheftelowitz (1914).
306 Blécourt und Davies (2004).
307 Sykes (2014, S. 129).
308 Koppensteiner (24. 12. 2016).
309 Wolf (1992, S. 233).
310 Pfarre Neuhofen a. d. Ybbs.
311 Koppensteiner (24. 12. 2016).
312 Bächtold-Stäubli (1930b, S. 453).
313 Bächtold-Stäubli (1930a, S. 1328).
314 Kindt (2021, S. 199).
315 Behera (2021).
316 Rameau et al. (2017).
317 Sykes (2014, S. 126).
318 Gosden (2020, Pos. 749).
319 Faraone (2019), übersetzt von der Autorin.
320 Faraone (2018).
321 Dufault (2017).
322 Sykes (2014, S. 119).
323 Gilhus (2006).

324 Gilhus (2006, S. 26).
325 Siehe dazu detailliert Drapela (2023, S. 135 f.).
326 Wood-Gush (1971, S. 21 ff.).
327 Väisänen et al. (2005); Beebe (1926).
328 Beebe (1926).
329 Augustinus von Hippo (1994).
330 Hung-Tao (1994).
331 Dundes (1994b).
332 Sykes (2012, S. 161).
333 Dundes (1994a); Sykes (2012).
334 Stewart et al. (2014).
335 Übersetzung nach Sike (1996).
336 Sike (1996).
337 Doherty (2013).
338 Dundes (1994b); Lawler (2016, S. 92).
339 Doherty (2013).
340 Sykes (2012).
341 Lawler (2016, S. 108).
342 Peters, J. (pers. Komm.).
343 Simpson (2003, S. 74); Strutt (1846, S. 226).
344 Strutt (1846).
345 Bächtold-Stäubli (1930a, S. 1343 f.).
346 Serjeantson (2006).
347 Lawler (2016, S. 103).
348 Reuters (31. 7. 2015).
349 López Hernández (2021).
350 Henry (2024).
351 Dundes (1994b).
352 Sykes (2014, S. 134 f.).
353 Guggenheim (1994).
354 Guggenheim (1994, S. 3339).
355 Lawler (2016, S. 87), übersetzt von der Autorin.
356 Lawler (2016).
357 Sykes (2012).
358 Sykes (2012).
359 Sykes (2012).
360 Sykes, N. (pers. Komm.).
361 Guhl et al. (1960).
362 Millman et al. (2000).
363 Pennick (2021, S. 218 f.).
364 Pennick (2021, S. 218 f.).
365 Seigle (2016).
366 Seigle (2016).
367 Pastoureau (2017).
368 Seigle (2016).
369 Pastoureau (2017); Beaune (1986).
370 Seigle (2016).
371 Pastoureau (2017).
372 Seigle (2016).
373 Beaune (1996).
374 Seigle (2016); Pastoureau (2017).
375 Pastoureau (2017).
376 Grimm und Grimm (1818).
377 Baron, H. (pers. Komm.).
378 Baron (2018).
379 Gnecchi-Ruscone et al. (2022).
380 Pohl (1988, S. 3 f.).
381 Pohl (2015, S. 172 f.).
382 Pohl (2015, S. 170 ff.).
383 Saliari, K. (pers. Komm.).
384 Sykes, N. (pers. Komm.).
385 Wood-Gush (1959).
386 Büntgen et al. (2016).
387 Newfield (2018, S. 464).
388 Büntgen et al. (2016).
389 Newfield (2018).
390 Sigl et al. (2015); D‹Arrigo et al. (2001); Cook (2013).
391 Büntgen et al. (2016); Newfield (2018).
392 Steinhilber et al. (2009).
393 Sigl et al. (2015).
394 Preiser-Kapeller (2018); Newfield (2018).
395 Sigl et al. (2015).
396 Büntgen et al. (2016).
397 Büntgen et al. (2016).
398 Cook (2013).
399 Peregrine (2020).
400 Gnecchi-Ruscone et al. (2022, e6).
401 Golden (2013); Pohl (2015).
402 Csáky et al. (2020).
403 Gnecchi-Ruscone et al. (2022).
404 Pohl (2015, S. 181).
405 Preiser-Kapeller (2018).
406 Pohl (2015, S. 329).
407 Saliari, K. (pers. Komm.).
408 Gnecchi-Ruscone et al. (2022); Csáky et al. (2020).
409 Gnecchi-Ruscone et al. (2022).
410 Gnecchi-Ruscone et al. (2022).
411 Curta (2021).
412 Sykes, N. (pers. Komm.).

413 Gnecchi-Ruscone et al. (2022); Gnecchi-Ruscone et al. (2024).
414 Peters et al. (2024).
415 Kroll (2012).
416 Gnecchi-Ruscone et al. (2024).
417 Baron, H. (pers. Komm.).
418 Sykes (2014, S. 134 f.).
419 Saliari et al. (2018).
420 Saliari, K. (pers. Komm.).
421 Baron (2018, S. 192).
422 Baron, H. (pers. Komm.).
423 Baron (2018, S. 145).
424 Baron (2018, S. 324).
425 Baron (2018, S. 317).
426 Baron (2018, S. 145).
427 Baron (2018, S. 145).
428 Sykes (2014, S. 2).
429 Epelboin, A. (pers. Komm.).
430 Pohl (2015, S. 202).
431 Newfield (2018); Preiser-Kapeller (2018).
432 Pohl (2015, S. 288 f.).
433 Baron, H. (pers. Komm.); Gnecchi-Ruscone et al. (2022, e6).
434 Grefen-Peters (2010).
435 Skyes (2014, S. 126).
436 Pohl (1988).
437 Pohl (2015, S. 325).
438 Gnecchi-Ruscone et al. (2022).
439 Pohl (2015, S. 327).
440 Fessler und Navarrete (2003).
441 Bahuchet, S. (pers. Komm.).
442 Aklilu et al. (2007).
443 Bei Hasen lag der römische Imperator jedenfalls falsch, denn Hasen wurden sehr wohl bejagt. Gegen den Verzehr von Hühnern spricht allerdings ihre Exotik und Seltenheit und außerdem ihre Zugehörigkeit zu den kultisch bedeutenden Vögeln.
444 Peters, J. (pers. Komm.).
445 Ciaraldi und Richardson (2017).
446 Sykes (2014, S. 15 f.).
447 Peters (1997).
448 Perry-Gal et al. (2015).
449 Peters (1991).
450 Vehling und Apicius (1977, S. 151), übersetzt von der Autorin.
451 Peters (1997).
452 Benecke (1994, S. 169).
453 Peters (1997, S. 46).
454 Peters (1997, S. 46).
455 Perry-Gal et al. (2015).
456 Maltby et al. (2018).
457 Bennett et al. (2018).
458 Peters (1997).
459 Peters (1997).
460 Groot (2018).
461 Häberle et al. (2018).
462 Schibler und Fugler (1988, S. 26).
463 Fothergill et al. (2017).
464 Fothergill et al. (2017).
465 Maltby et al. (2018).
466 Ciaraldi und Richardson (2017); Tanga et al. (2022).
467 Green (1992, Pos. 289).
468 Sykes, N. (pers. Komm.).
469 Sykes, N. (pers. Komm.).
470 Stone (2006, S. 148).
471 Aldrovandi und Lind (1600/1963/2012, S. 410 f.), übersetzt von der Autorin.
472 Peters (1991); Aldrovandi und Lind (1600/1963/2012); Peters, J. (pers. Komm.).
473 Peters (1997).
474 Peters (1997).
475 Peters, J. (pers. Komm.).
476 Stone (2006); Serjeantson (2006).
477 Peters, J. (pers. Komm.).
478 Grefen-Peters (2018).
479 Benecke (1994).
480 Schoon et al. (2006); Saliari und Kunst (2015).
481 Fothergill et al. (2017).
482 Saliari und Kunst (2015).
483 Serjeantson (2006).
484 KochKulturMuseum (2019, S. 135).
485 KochKulturMuseum (2019, S. 135).
486 Stone (2006).
487 Serjeantson (2006).
488 Macho (2022, S. 71 ff.).
489 Grefen-Peters (2018); Moser (1993).
490 Civitello (2011).
491 Kühtreiber (2006).
492 Stone (2006); Kühtreiber (2006).
493 Serjeantson (2006).

494 Loog et al. (2017).
495 Thomas et al. (2013).
496 Thomas et al. (2013).
497 Aldrovandi und Lind (1600/1963/2012).
498 Wiemann (2005)
499 Lawler (2016).
500 Wiemann (2005); Potts (2012, S. 139 ff.).
501 Civitello (2011, S. 119).
502 Rude (2017, S. 44 ff.).
503 Aklilu et al. (2007); Potts (2012).
504 Potts (2012, S. 147 ff.); Bennett et al. (2018).
505 Potts (2012, S. 147 ff.); Bennett et al. (2018).
506 Frantz, L. (pers. Komm.).
507 Potts (2012, S. 149).
508 Potts (2012, S. 149).
509 Potts (2012); Hofstädter (pers. Komm., 2022).
510 Orzechowski (2022).
511 Roser (2023).
512 Für Details zu Legehennen und ihrer Haltung vgl. Drapela (2023, S. 164 ff.).
513 Bennett et al. (2018).
514 Bächtold-Stäubli (1930a, S. 1356).
515 Bächtold-Stäubli (1930a, S. 1339).
516 Bächtold-Stäubli (1930b, S. 456).
517 Bächtold-Stäubli (1930b, S. 1350).
518 Bächtold-Stäubli (1930a, S. 457).
519 Bächtold-Stäubli (1930b, S. 449).
520 Bächtold-Stäubli (1930b, S. 455).
521 Bächtold-Stäubli (1930b, S. 450).
522 Simpson (2003, S. 237).
523 Simpson (2003, S. 65).
524 Groot (2008).
525 Sykes (2014, S. 129).
526 Sike (1996).
527 Bächtold-Stäubli (1930a, S. 1344 f.).
528 Bächtold-Stäubli (1930a, S. 1344).
529 Beebe (1926, S. 204).
530 Sike (1996).
531 Pennick (2021, S. 11 f.).
532 Signer (2006); Rameau et al. (2017); Epelboin, A. (pers. Komm.).
533 Pennick (2021, S. 11 f.).
534 Pucher (2005).
535 Haase (1980, S. 87).
536 Bynum (2008, S. 11).
537 Bynum (2008, S. 7).
538 Bynum (2008, S. 7).
539 Gilhus (2006); Collins (2021).
540 Henninger (1946).
541 Gilhus (2006).
542 Henninger (1946); Scheftelowitz (1914).
543 Gilhus (2006, S. 20 f.).
544 Aldrovandi und Lind (1600/1963/2012, S. 259), übersetzt von der Autorin.
545 Aldrovandi und Lind (1600/1963/2012, S. 265).
546 Aldrovandi und Lind (1600/1963/2012).
547 Pastoureau (2017).
548 Aldrovandi und Lind (1600/1963/2012, S. 294 f.).
549 Aldrovandi und Lind (1600/1963/2012, S. 296 f.).
550 Bächtold-Stäubli (1930a, S. 1336).
551 Bächtold-Stäubli (1930a, S. 1136).
552 Bächtold-Stäubli (1930b, S. 456).
553 Aldrovandi und Lind (1600/1963/2012).
554 Rude (2017, S. 105).
555 Rude (2017, S. 21).
556 Rude (2017, S. 21).
557 Midoh und Noguchi (2009).
558 Rennard et al. (2000); Weiss (1978).
559 Rennard et al. (2020); Bender (2000); Durfee (2001).
560 Rennard et al. (2020).
561 Li et al. (2022).
562 Ke et al. (2011).
563 Saketkhoo et al. (1978).
564 Brown et al. (2020).
565 Caroline und Schwartz (1975).
566 Weiss (1978).
567 Lawler (2016, S. 61).
568 Striffler (2008, Pos. 176); Rude (2017); USDA Agricultural Marketing Service (31.10.24 08:50 AM).
569 Aldrovandi (1600).
570 Aldrovandi und Lind (1600/1963/2012, S. xxxvi); Olmi (2007).

571 Landois (1875).
572 Landois (1875).
573 Charles Davenport zitiert in Beebe (1926, S. 218), übersetzt von der Autorin.
574 Peters (1997).
575 Benecke (1994).
576 Benecke (1994, S. 355).
577 Welker et al. (2021); Thomas et al. (2013).
578 Rude (2017, S. 56).
579 Rude (2017, S. 56).
580 Richardson (1847, S. 45).
581 Richardson (1847, S. 45).
582 Richardson (1847, S. 37 f.).
583 Dixon (1848, 167, 268).
584 Dixon (1848, S. 270 f.).
585 Kroll (2012).
586 Lawler (2016, S. 137).
587 Kroll (2012).
588 Bungartz (1885).
589 Fao (2022).
590 American Poultry Association.
591 Ornithologischer Verein in Wien (1890).
592 Bauer (1898).
593 Reßmann (1993).
594 Reßmann (1993).
595 Reßmann (1993).
596 Stinckens et al. (2015).
597 Vanmechelen. www.labiomista.be/en/ccp und www.labiomista.be/en/pcc.
598 Aldrovandi (1600, S. 366).
599 Schmidt und Proll (2011).
600 Siehe dazu detailliert Drapela (2023, S. 90).
601 Bandyopadhyay und Bhattacharyya (1999).
602 Bartels (2017).
603 Hofstädter, N. (pers. Komm.).
604 https://www.huehner-hof.com/rassen/huehnerrassen/araucana/
605 Six und Höck (2022, S. 11).
606 Six und Höck (2022).
607 Bartels (2017).
608 Schmidt und Proll (2011, S. 93).
609 Schmidt und Proll (2011, S. 93).
610 Aigner (2021, S. 61).
611 Beebe (1926).
612 Schmidt und Proll (2011, S. 112).
613 Corti et al. (2010).
614 Richardson (1847, S. 42).
615 Dharmayanthi et al. (2017).
616 Schmidt und Proll (2011).
617 Corti et al. (2010).
618 Corti et al. (2010).
619 Aldrovandi und Lind (1600/1963/2012).
620 Corti et al. (2010).
621 Bartels (2017); Schmidt und Proll (2011, S. 98); Tiemann (2010).
622 Bartels (2003).
623 Peters (1997).
624 Aldrovandi und Lind (1600/1963/2012, 355, 399).
625 Aigner (2021).
626 Bartels (2017, S. 30).
627 Wilkins et al. (2004); Wilkins et al. (2011); Nasr et al. (2012).
628 University of Bristol (2013).
629 Mace und Knight (2024).
630 In D: Rette das Huhn, in Ö: Rette (d)ein Huhn, in GB: British Hen Welfare Trust, in F: Champs Libres Aux Poules, in CH: Stiftung Tiere in Not u. v. m.
631 Verdolini (13. 07. 2021).
632 C. Colmar (2022).
633 Mace und Knight (2024); Nind und Mosedale (2022); Elkhoraibi et al. (2014).
634 Gibson (30. 07. 2019).
635 Patel (2020).
636 Fischer (02. 04. 2024).
637 Miller (2022).
638 Miller (2022).
639 Miller (2022).
640 Sinel und Weis (2024); Kevany (2020); Bolotnikova (08. 03. 2022); Baysinger et al. (2021); VAVSD (2024).
641 Levitt (08. 09. 2022).
642 Bazer (2005).
643 Bazer (2005); Zeltner (2004a, 2004b).
644 Bundesverband Mobile Geflügelhaltung e. V.
645 Nicol, C. (pers. Komm.); Riedel et al. (2022).
646 Rondeel (2024).

647 Siehe dazu detailliert Drapela (2023, S. 171 ff.).
648 Rondeel (2024).
649 Kipster (2024a).
650 RTL (2019); Cornelissen (2020); Kipster (2024b).
651 RTL (2019).
652 Kipster (2024b).
653 Dawkins (1989).
654 Eyes On Animals (20. 04. 2018); Kipster (2024b).
655 https://kipster.farm/ [10. 11. 2024]
656 Kipster (2024b).
657 Duncan et al. (1989).
658 Ali und Cheng (1985); Collins et al. (2011).
659 Bahuchet, S. (pers. Komm.); Rameau et al. (2017).
660 Compassion in World Farming (2023).
661 vgl. Drapela (2023, S. 178–195).
662 Kainrath (14. 12. 2023).
663 Betterchicken.
664 Gesehen bei M&S, Frome, Juli 2024.
665 Horton (17. 07. 2024).
666 Castle (2022).

Index

Zu *kursiven Begriffen* finden Sie erklärende Einträge im Glossar.
Ziffern in Bold verweisen auf Abbildungen.